"十四五"高等院校规划教材

Office高级办公应用教程

罗冬梅　林　颖　张　玲◎主编

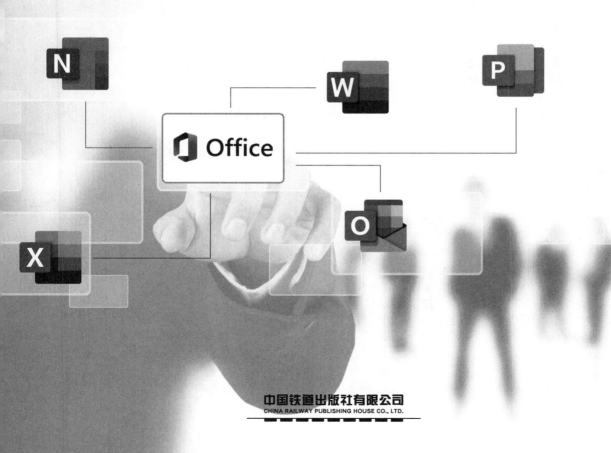

中国铁道出版社有限公司
CHINA RAILWAY PUBLISHING HOUSE CO., LTD.

内 容 简 介

本书系根据教育部高等学校大学计算机课程教学指导委员会关于大学计算机基础课程教学的基本要求，结合全国计算机等级考试"二级 MS Office 高级应用"的考试要求以及当前高等院校大学计算机基础教学的实际需要而编写。书中全面介绍了计算机基础知识和 MS Office 2016 办公软件的使用。全书共分 13 章，包括计算机基础知识、Word 文档创建及编辑、Word 文档美化、长文档的编辑与管理、文档审阅与邮件合并、Excel 制表基础与数据共享、Excel 公式与函数、Excel 图表、Excel 数据管理与分析、PowerPoint 演示文稿创建、PowerPoint 演示文稿内容编辑、PowerPoint 演示文稿的交互和优化、放映与发布演示文稿。

本书结构清晰、内容翔实、图文并茂，突出实用性和可操作性，既包含各个软件的基础操作，也包含各个软件的高级功能。

本书适合作为高等院校及各类培训学校的教学用书，也可供计算机爱好者自学。

图书在版编目（CIP）数据

Office 高级办公应用教程/罗冬梅，林颖，张玲主编. —北京：中国铁道出版社有限公司，2021.8（2024.12 重印）

"十四五"高等院校规划教材

ISBN 978-7-113-28292-9

Ⅰ.①O… Ⅱ.①罗… ②林… ③张… Ⅲ.①办公自动化-应用软件-高等学校-教材 Ⅳ.①TP317.1

中国版本图书馆 CIP 数据核字(2021)第 166788 号

书　　名：Office 高级办公应用教程

作　　者：罗冬梅　林　颖　张　玲

策　　划：张围伟		编辑部电话：（010）63549458	
责任编辑：祁　云　绳　超			
封面设计：付　巍			
封面制作：刘　颖			
责任校对：孙　玫			
责任印制：赵星辰			

出版发行：中国铁道出版社有限公司（100054，北京市西城区右安门西街 8 号）

网　　址：https://www.tdpress.com/51eds

印　　刷：三河市宏盛印务有限公司

版　　次：2021 年 8 月第 1 版　2024 年 12 月第 6 次印刷

开　　本：850 mm×1 168 mm　1/16　印张：18.75　字数：487 千

书　　号：ISBN 978-7-113-28292-9

定　　价：50.00 元

前 言

随着信息化技术的发展，数字化和智能化的办公都离不开办公软件的支持，办公软件的应用范围极其广泛，大到社会统计，小到会议记录。在现代社会，人人都应该学会办公软件的使用，大学生更应具备熟练的办公软件应用技能。

从 2021 年起，全国计算机等级考试一级、二级相关的 MS Office 模块应用软件已改为 2016 版（中文专业版）。升级后的软件在功能、操作上均有变动，为了适应软件环境及考试需求，本书以 MS Office 2016 版为环境进行编写。

全书共分为 13 章。第 1 章介绍计算机基础知识，第 2～5 章介绍 Word 2016 文字处理软件的使用，第 6～9 章介绍 Excel 2016 电子表格软件的使用，第 10～13 章介绍 PowerPoint 2016 演示文稿制作软件的使用。每章（除第 1 章）都有相应内容的案例分析及操作步骤，突出操作技能与应用能力训练。本书可让读者从任何基础开始学习，帮助读者得心应手地处理日常工作中的各种办公文档，提高办公软件的使用水平和办公效率，最终成为办公软件的使用高手。本书提供所有案例与课后习题素材、章节的课件（可登录 http://www.tdpress.com/51eds/获取）及知识点的微视频（扫描书中二维码观看），便于读者练习、巩固、提高。

本书由罗冬梅、林颖、张玲主编。

感谢熊孝存、黄凤、吴发辉以及武夷学院大学计算机基础教研室各位同仁的大力支持，特别感谢刘瑞军对本书提出的宝贵建议。

由于时间仓促，加之编者水平有限，书中难免有疏漏与不妥之处，恳请读者和同行批评指正，我们将不断加以改进和完善。

编 者

2021 年 5 月

目　录

第1章　计算机基础知识 ……………… 1
1.1　概述 ………………………………… 1
　1.1.1　计算机的发展 …………………… 1
　1.1.2　计算机的分类 …………………… 2
　1.1.3　计算机的应用 …………………… 3
1.2　计算机系统 ………………………… 4
　1.2.1　计算机系统的组成 ……………… 4
　1.2.2　计算机的工作原理 ……………… 6
　1.2.3　计算机的主要技术指标 ………… 7
1.3　数制和信息编码 …………………… 8
　1.3.1　计算机中的数据 ………………… 8
　1.3.2　计算机中信息的表示 …………… 11
　1.3.3　字符的编码 ……………………… 11
1.4　计算机网络 ………………………… 12
　1.4.1　计算机网络的概念、组成
　　　　 及分类 ………………………… 12
　1.4.2　网络体系结构 …………………… 16
　1.4.3　网络安全 ………………………… 19
　1.4.4　Internet 基础 …………………… 22
1.5　程序设计基础 ……………………… 26
　1.5.1　程序设计风格 …………………… 27
　1.5.2　结构化程序设计 ………………… 28
　1.5.3　面向对象的程序设计 …………… 28
1.6　数据库设计基础 …………………… 30
　1.6.1　数据库系统的相关概念 ………… 30
　1.6.2　数据模型 ………………………… 32
　1.6.3　关系代数 ………………………… 35
　1.6.4　数据库设计方法和步骤 ………… 37

1.7　算法与数据结构 …………………… 39
　1.7.1　算法和数据结构的基本概念 …… 39
　1.7.2　线性表及其顺序存储结构 ……… 42
　1.7.3　栈和队列 ………………………… 42
　1.7.4　树与二叉树 ……………………… 44
　1.7.5　查找与排序技术 ………………… 46
1.8　软件工程基础 ……………………… 49
　1.8.1　软件工程基本概念 ……………… 49
　1.8.2　结构化分析方法 ………………… 52
　1.8.3　结构化设计方法 ………………… 53
　1.8.4　软件测试 ………………………… 55
　1.8.5　程序调试 ………………………… 57
1.9　多媒体技术 ………………………… 58
　1.9.1　媒体和多媒体的基本概念 ……… 58
　1.9.2　多媒体 …………………………… 62
　1.9.3　多媒体计算机系统 ……………… 65
课后习题 1 ………………………………… 68

第2章　Word 文档创建及编辑 ……… 71
2.1　Microsoft Office 2016 用户界面 …… 71
　2.1.1　功能区与选项卡 ………………… 71
　2.1.2　上下文选项卡 …………………… 73
　2.1.3　实时预览 ………………………… 73
　2.1.4　屏幕提示 ………………………… 74
　2.1.5　快速访问工具栏 ………………… 74
　2.1.6　后台视图 ………………………… 75
2.2　创建文档 …………………………… 75
　2.2.1　创建空白的新文档 ……………… 75
　2.2.2　利用模板创建新文档 …………… 76

2.3　输入并编辑文本 77
　2.3.1　输入文本 77
　2.3.2　选择文本 78
　2.3.3　删除与移动文本 79
　2.3.4　复制与粘贴文本 81
2.4　查找与替换文本 81
　2.4.1　查找文本 82
　2.4.2　替换文本 83
　2.4.3　在文档中定位 84
2.5　保存与打印文档 85
　2.5.1　保存文档 85
　2.5.2　打印文档 86
2.6　Office 组件之间的数据共享 87
　2.6.1　Office 主题共享 87
　2.6.2　Office 数据共享 88
课后习题 2 91

第 3 章　Word 文档美化 92
3.1　设置文档格式 92
　3.1.1　字体格式 92
　3.1.2　段落格式 94
　3.1.3　其他格式 97
　3.1.4　使用主题调整文档外观 100
3.2　调整页面布局 100
　3.2.1　页边距设置 101
　3.2.2　纸张设置 102
　3.2.3　文档网格设置 103
　3.2.4　页面背景设置 103
3.3　图文混排 104
　3.3.1　插入图片与图片格式 104
　3.3.2　艺术字与文本框 106
　3.3.3　绘制图形 108
　3.3.4　SmartArt 智能图形 109
3.4　表格应用 110

　3.4.1　表格的创建 110
　3.4.2　表格的编辑与修饰 112
　3.4.3　表格数据处理 114
3.5　在文档中插入其他内容 115
　3.5.1　构建并使用文档部件 115
　3.5.2　插入其他对象 117
课后习题 3 119

第 4 章　长文档的编辑与管理 120
4.1　样式 120
　4.1.1　应用样式 120
　4.1.2　新建样式 121
　4.1.3　复制与管理样式 122
　4.1.4　修改样式 123
　4.1.5　多级列表标题样式 124
4.2　文档分页、分节与分栏 126
　4.2.1　分页与分节 126
　4.2.2　分栏 128
4.3　页码、页眉与页脚 129
　4.3.1　插入页码 129
　4.3.2　插入页眉或页脚 130
　4.3.3　删除页眉或页脚 132
4.4　引用内容 133
　4.4.1　域 133
　4.4.2　目录 134
　4.4.3　脚注和尾注 136
　4.4.4　题注与交叉引用 137
　4.4.5　索引 139
　4.4.6　书目 140
课后习题 4 141

第 5 章　文档审阅与邮件合并 145
5.1　审阅与修订文档 145
　5.1.1　修订文档 145
　5.1.2　添加批注 147

5.1.3　审阅修订和批注 148

5.2　管理与共享文档 148

5.2.1　拼写与语法 148

5.2.2　比较与合并文档 149

5.2.3　删除个人信息 150

5.2.4　标记最终状态 151

5.2.5　与他人共享文档 152

5.3　邮件合并 152

5.3.1　邮件合并基础 152

5.3.2　邮件合并应用案例 153

课后习题 5 155

第 6 章　Excel 制表基础与数据共享 158

6.1　数据的输入和编辑 158

6.1.1　常用术语 158

6.1.2　数据输入 159

6.1.3　数据自动填充 160

6.1.4　数据验证 163

6.1.5　数据编辑 165

6.2　单元格和工作表修饰 165

6.2.1　单元格操作 165

6.2.2　行、列操作 165

6.2.3　单元格格式设置 166

6.2.4　套用表格格式 168

6.2.5　条件格式 169

6.3　工作簿和工作表操作 170

6.3.1　工作簿基本操作 170

6.3.2　工作表基本操作 172

6.4　Excel 数据共享 174

6.4.1　获取外部数据 174

6.4.2　与其他程序共享数据 177

6.4.3　宏 178

课后习题 6 180

第 7 章　Excel 公式与函数 182

7.1　Excel 公式 182

7.1.1　公式的输入与编辑 182

7.1.2　公式的复制与填充 183

7.1.3　单元格引用 183

7.2　名称的定义与引用 184

7.2.1　名称的定义 184

7.2.2　名称的引用 185

7.2.3　名称的编辑和删除 186

7.3　Excel 函数 186

7.3.1　函数的分类 186

7.3.2　函数的输入与编辑 188

7.3.3　常用函数 189

课后习题 7 199

第 8 章　Excel 图表 202

8.1　图表基本知识 202

8.1.1　图表类型 202

8.1.2　图表元素 205

8.2　图表的创建 206

8.3　图表的编辑与修饰 208

8.3.1　更改图表类型 208

8.3.2　添加或删除图表元素 208

8.4　迷你图的创建与编辑 215

8.4.1　迷你图的创建 215

8.4.2　迷你图的编辑 216

课后习题 8 217

第 9 章　Excel 数据管理与分析 221

9.1　数据排序 221

9.1.1　按关键字排序 221

9.1.2　按自定义序列排序 223

9.2　数据筛选 224

9.2.1　自动筛选 224

9.2.2　高级筛选 225

9.3 分类汇总 227
9.3.1 建立分类汇总 227
9.3.2 删除分类汇总 227
9.3.3 数据分级显示 228
9.4 数据透视表 229
9.4.1 创建数据透视表 229
9.4.2 数据透视表工具 230
9.4.3 数据透视图 234
9.4.4 删除数据透视表和数据透视图 ... 236
9.5 合并计算 236
9.6 模拟分析 237
9.6.1 单变量求解 237
9.6.2 模拟运算表 238
9.6.3 方案管理器 240
课后习题 9 241

第 10 章 PowerPoint 演示文稿创建 244
10.1 创建新演示文稿 244
10.1.1 新建空白演示文稿 244
10.1.2 创建基于模板和主题的演示
文稿 245
10.1.3 从 Word 文档中直接发送 ... 246
10.2 幻灯片的基本操作 246
10.2.1 选择幻灯片 246
10.2.2 幻灯片添加内容 246
10.2.3 插入和删除幻灯片 246
10.2.4 移动幻灯片 247
10.2.5 复制幻灯片 248
10.2.6 重用幻灯片 248
10.2.7 隐藏幻灯片 248
10.3 组织和管理幻灯片 249
10.3.1 调整幻灯片的大小和方向 ... 249
10.3.2 添加幻灯片编号、日期
和时间 249

10.3.3 将幻灯片组织成节的形式 249
10.4 演示文稿视图 250
10.4.1 视图模式 250
10.4.2 切换视图模式 253
课后习题 10 253

第 11 章 PowerPoint 演示文稿内容
编辑 255
11.1 幻灯片版式应用 255
11.1.1 演示文稿中包含的版式 ... 255
11.1.2 应用内置版式 255
11.1.3 创建自定义版式 256
11.2 PowerPoint 的各种对象 257
11.2.1 文本 257
11.2.2 图像 257
11.2.3 形状 258
11.2.4 图表 259
11.2.5 SmartArt 图形 259
11.2.6 影片和声音 260
11.3 设计幻灯片主题与背景 261
11.3.1 应用设计主题 262
11.3.2 背景设置 263
11.3.3 模板 264
11.3.4 水印应用 264
11.4 幻灯片母版 265
11.4.1 幻灯片母版概述 265
11.4.2 创建及应用自定义幻灯片母版 ... 266
课后习题 11 267

第 12 章 PowerPoint 演示文稿的交互
和优化 270
12.1 动画效果设置 270
12.1.1 为文本、图片等对象添加动画 ... 270
12.1.2 设置效果选项、计时或顺序 271
12.1.3 自定义动作路径 272

12.2　幻灯片切换设置 273

12.3　幻灯片超链接与导航设置 273

   12.3.1　超链接 274

   12.3.2　动作按钮 274

12.4　保护并检查演示文稿 275

   12.4.1　保护演示文稿 275

   12.4.2　检查演示文稿 278

12.5　应用案例 279

   12.5.1　案例描述 279

   12.5.2　操作步骤 280

课后习题 12 282

第 13 章　放映与发布演示文稿 284

13.1　放映演示文稿 284

   13.1.1　幻灯片放映控制 284

   13.1.2　应用排练计时 285

   13.1.3　录制语音旁白和墨迹 286

   13.1.4　自定义放映方案 287

13.2　演示文稿的发布 287

   13.2.1　发布为视频文件 287

   13.2.2　转换为直接放映格式 288

   13.2.3　打包为 CD 288

   13.2.4　转换为 PDF 文件 289

13.3　打印演示文稿 289

课后习题 13 290

第❶章

科学技术的飞速发展给人类社会带来了翻天覆地的变化，让遥不可及的梦想变成了现实。计算机的诞生，是人类历史上最伟大的发明之一，是新技术革命的重要基础。计算机的应用领域已渗透社会各行各业，正改变着人们传统的工作、学习和生活方式，推动着社会的发展。

本章知识要点包括计算机的发展、分类和应用；计算机系统的组成及主要技术指标；数字和信息编码；计算机网络；程序设计；数据库的基础知识；数据结构与算法及软件工程等相关知识。

1.1 概　　述

计算机是现代一种用于高速计算的电子计算机器，可以进行数值计算，又可以进行逻辑计算，还具有存储记忆功能。它是能够按照程序运行，自动、高速处理海量数据的现代化智能电子设备。掌握计算机知识并具备较强的计算机应用能力，已经成为人们必备的基本素质。

1.1.1 计算机的发展

计算工具的演化经历了由简单到复杂、从低级到高级的不同阶段，例如从"结绳记事"中的绳结到算筹、算盘、计算尺、机械计算机等。它们在不同的历史时期发挥了各自的历史作用，同时也启发了现代电子计算机的研制思想。

1. 计算机的起源

（1）ENIAC

目前,大家公认的世界上第一台计算机是在 1946 年 2 月由美国宾夕法尼亚大学研制成功的 ENIAC（electronic numerical integrator and calculator，电子数字积分计算机）。ENIAC 的问世，表明了电子计算机时代的到来，具有划时代的意义。

ENIAC 长 30.48 m，宽 6 m，高 2.4 m，占地面积约 170 m^2，ENIAC 这个庞然大物能做什么呢？它每秒能进行 5 000 次加法运算（据测算，人最快的运算速度每秒仅 5 次加法运算），每秒 400 次乘法运算。它还能进行平方和立方运算，计算正弦和余弦等三角函数的值及其他一些更复杂的运算。ENIAC 的问世，表明了电子计算机时代的到来，具有划时代的意义。

ENIAC 本身存在两大缺点：一是没有存储器；二是用布线接板进行控制，计算速度也就被这一工作抵消了。因此，ENIAC 的发明仅仅表明计算机的问世，对以后研制的计算机没有什么影响。

（2）EDVAC

EDVAC（electronic discrete variable automatic computer，离散变量自动电子计算机）是人类制造的第二台计算机。EDVAC 的主要思想有以下 3 点：

① 采用二进制表示数据。

② "存储程序"，即程序和数据一起存储在内存中，计算机按照程序顺序执行。

③ 计算机由运算器、控制器、存储器、输入设备和输出设备 5 个部分组成。

冯·诺依曼所提出的体系结构称为冯·诺依曼体系结构。这种体系结构一直延续至今，现在使用的计算机，其基本工作原理仍然是存储程序和程序控制，所以现在一般计算机被称为冯·诺依曼结构计算机。鉴于冯·诺依曼在发明电子计算机中所起到的关键性作用，他被西方人誉为"计算机之父"。

2．计算机的发展

从 1946 年的第一台计算机诞生以来，短短的几十年，计算机发展取得了惊人的成绩。计算机硬件的发展与构建计算机的元器件紧密相关，因此人们按照计算机所使用的物理元器件的变革作为标志，将计算机的发展大致分为 4 代。

（1）第一代：电子管计算机（1946—1958 年）

这个时期计算机的逻辑元件采用的是真空电子管，主存储器采用汞延迟线、阴极射线示波管静电存储器、磁鼓、磁心等，外存储器采用的是磁带。软件方面采用的是机器语言、汇编语言。主要应用于军事和科学计算方面。缺点是体积大、功耗高、可靠性差、速度慢（一般为每秒数千次至数万次）、价格昂贵，但为以后的计算机发展奠定了基础。

（2）第二代：晶体管计算机（1958—1964 年）

晶体管计算机基本特征是逻辑元件逐步由电子管转为晶体管，外存储器有了磁带、磁盘；运算速度达每秒几十万次，内存容量扩大到了几十千字节。特点是体积缩小、能耗降低、可靠性提高、性能比第一代计算机有很大的提高。

（3）第三代：集成电路计算机（1964—1970 年）

这个时期计算机的逻辑元件采用中、小规模集成电路（MSI、SSI），主存储器仍采用磁心。软件方面出现了分时操作系统以及结构化、规模化程序设计方法。优点是速度更快（一般为每秒数百万次至数千万次），可靠性更高，价格更低，产品走向了通用化、系列化和标准化等。应用领域开始进入文字处理和图形图像处理领域。

（4）第四代：大规模集成电路计算机（1970 年至今）

这个时期计算机的逻辑元件采用大规模和超大规模集成电路（LSI、VLSI）。软件方面出现了数据库管理系统、网络管理系统和面向对象语言等。1971 年世界上第一台微处理器在美国硅谷诞生，开创了微型计算机的新时代。应用领域从科学计算、事务管理、过程控制逐步走向家庭。

1.1.2　计算机的分类

计算机及相关技术的迅速发展带动了计算机类型的不断分化，形成了各种不同种类的计算机。按照计算机的结构原理可分为模拟计算机、数字计算机和混合式计算机；按照计算机的用途可分为专用计算机和通用计算机；按照计算机的运算速度、字长、存储容量等综合性能指标可以将计算机分为巨型机、大型机、中型机、小型机和微机。

随着科技的进步，各种型号的计算机性能指标都在不断地改进和提高，以至于过去一台大型机的性能可能还比不上当下一台微型计算机。按照巨、大、中、小、微的标准来划分计算机的类型也有其时间的局限性，因此计算机的类别划分很难有一个精确的标准。根据计算机的综合性能指标，结合计算机应用领域的分布将其分为如下五大类。

1．高性能计算机

高性能计算机俗称超级计算机，也称巨型机或大型机，是指目前速度最快、处理能力最强的计算机。高性能计算机数量不多，但却有重要和特殊的用途。在军事方面，可用于航天测算、大型预警系统、战略防御等；在民用方面，可用于天气预报、卫星照片的整理、科学计算等。

2．微型计算机

微型计算机也称个人计算机，微型计算机有着通用性好、软件丰富和价格便宜等特点，广泛应用于办公、学习、娱乐等社会生活的方方面面，是发展最快、应用最为普及的计算机。我们日常使用的台式计算机、笔记本计算机、平板计算机、掌上型计算机等都是微型计算机。

3．工作站

工作站是介于小型机和个人计算机之间的一类计算机。工作站具有大、中、小型机的多任务、多用户能力，又兼有微型机的操作便利和良好的人机界面，可连接多种输入/输出设备，具有很强的图形交互处理能力及网络功能。常被应用于工程领域、商业、金融和办公等方面。

4．服务器

服务器专指某些高性能计算机，能通过网络，对外提供服务。相对于普通计算机来说，稳定性、安全性、性能等方面都要求更高，因此在 CPU、芯片组、内存、磁盘系统、网络等硬件上和普通计算机有所不同。服务器主要有网络服务器、打印服务器、终端服务器、磁盘服务器、邮件服务器和文件服务器等。

5．嵌入式计算机

嵌入式计算机是指作为一个信息处理部件，嵌入对象体系中，实现对象体系智能化控制的专用计算机系统。从学术的角度，嵌入式系统是以应用为中心，以计算机技术为基础，并且软硬件可裁剪，适用于应用系统对功能、可靠性、成本、体积、功耗有严格要求的专用计算机系统，它一般由嵌入式微处理器、外围硬件设备、嵌入式操作系统以及用户的应用程序等 4 个部分组成。该系统广泛应用于人们日常生活中。例如，电冰箱、空调、电饭煲和数码产品等。

1.1.3　计算机的应用

1．科学计算

科学计算主要用于解决科学研究和工程技术中提出的数学计算问题。随着现代科技的进步，数值计算在现代科学研究中十分重要，常被用于尖端科学领域中。例如，人造卫星轨迹的计算、房屋抗震强度的计算、火箭和宇宙飞船的研究等。科学计算的特点是计算工作量大、数值变化范围大。

2．数据处理

数据处理也称非数值计算，是指对大量的数据进行加工处理，如统计分析。目前计算机的信息处理应用已非常普遍，常应用于财务系统、图书管理系统、经济管理系统和人事管理系统等。据统计，全世界计算机用于数据处理的工作量占全部计算机应用的 80%以上，提高了工作效率。

3．自动控制

自动控制也称为过程控制，是指利用计算机对工业生产过程中的某些信号自动进行检测，并把检测到的数据存入计算机，再根据需要对这些数据进行处理。目前被广泛用于石油化工、医药生产、人造卫星、宇宙飞船和无人驾驶飞机等。

4．计算机辅助技术

计算机辅助技术是以计算机为工具，辅助人在特定应用领域内完成任务的理论、方法和技术。计算机辅助技术包括计算机辅助设计（CAD）、计算机辅助制造（CAM）、计算机辅助教育（CAI）、计算机辅助测试（CAT）等。

5．电子商务

电子商务是指利用计算机和网络进行的新型商务活动。它作为一种新型的商务方式，将生产企业、流通企业、消费者和政府带入了一个网络经济、数字化生存的新天地，它可让人们不再受时空限制，以一种非常简捷的方式完成过去较为复杂的商务活动。根据交易对象的不同，通常将电子商务分成三类，B2B（企业对企业，如阿里巴巴）、B2C（企业对消费者，如天猫商城）、C2C（消费者对消费者，如淘宝网）。

6．人工智能

人工智能是使计算机模拟人类的智能活动，诸如感知、判断、理解、学习、问题求解和图像识别等。人工智能在计算机领域内，得到了愈加广泛的重视，并在机器人、经济政治决策、控制系统、仿真系统中得到应用。2019 年 3 月 4 日，十三届全国人大二次会议举行新闻发布会，大会发言人张业遂表示，已将与人工智能密切相关的立法项目列入立法规划。

7．多媒体及网络应用

随着 20 世纪 80 年代以来数字化音频和视频技术的发展，逐渐形成了集声音、文字和图像于一体的多媒体计算机系统，它使计算机应用更接近人类习惯的信息交流。生活中，计算机网络广泛应用于电子邮件、WWW 服务、数据检索、电子政务、BBS 和远程教育等。

1.2　计算机系统

根据冯·诺依曼提出的计算机设计思想，计算机系统包括硬件系统和软件系统两大部分。硬件是指计算机装置，即物理设备。硬件系统是组成计算机系统的各种物理设备的总称，是计算机完成各项工作的物质基础。软件是指用某种计算机语言编写的程序、数据和相关文档的集合。软件系统是在计算机上运行的所有软件的总称。硬件是软件建立和依托的基础，软件指计算机完成特定的工作任务，是计算机系统的灵魂。

1.2.1　计算机系统的组成

计算机硬件系统包括组成计算机的所有电子、机械部件和设备，是计算机工作的物质基础。计算机软件系统包括所有在计算机上运行的程序以及相关的文档资料，只有配备完善而丰富的软件，计算机才能充分发挥其硬件的作用。

1．计算机硬件系统

计算机硬件系统主要包括运算器、控制器、存储器和输入设备和输出设备这五大部分。

（1）运算器

运算器指计算机中执行各种算术和逻辑运算操作的部件。运算器的基本操作包括加、减、乘、除四则运算，与、或、非、异或等逻辑操作，以及移位、比较和传送等操作，亦称算术逻辑部件（ALU）。运算器的处理对象是数据，所以数据长度和计算机数据表示方法对运算器的性能影响极大。20 世纪 70 年代，微处理器常以 1 个、4 个、8 个、16 个二进制位作为处理数据的基本单位。按照数据的不同表示方法，可以有二进制运算器、十进制运算器、十六进制运算器、定点整数运算器、定点小数运算器、浮点数运算器等。按照数据的性质，有地址运算器和字符运算器等。运算器的主要功能是进行算术运算和逻辑运算。

（2）控制器

控制器是指挥计算机的各个部件按照指令的功能要求协调工作的部件，是计算机的神经中枢和指挥中心。控制器由程序计数器、指令寄存器、指令译码器、时序产生器和操作控制器组成，它是发布命令的"决策机构"，即完成协调和指挥整个计算机系统的操作。

（3）存储器

存储器是用于存放原始数据、程序以及计算机运算结果的部件。存储器的基本功能是按照指定位置存入或取出二进制信息，通常分为内存储器和外存储器。

① 内存储器。内存储器分为随机存储器（RAM）、只读存储器（ROM）和高速缓冲存储器（Cache）。

通常所说的计算机内存容量指的是 RAM，CPU 对 RAM 既可读出数据又可写入数据。它的特点是断电后 RAM 中所存储的信息将全部丢失，因此被称为临时存储器。

ROM 中的信息是在制造时用专门设备一次写入，用户无法修改。它的特点是用户只能从中读出信息，不能将信息写入其中，且断电后，ROM 中所存储的信息不会丢失。基于以上的特点，ROM 常用来存放计算机系统管理程序，如监控程序、基本输入/输出系统（BIOS）模块等。

高速缓冲存储器位于 CPU 与内存之间，用于解决 CPU 和主存速度不匹配的问题，提高了存储器的速度。高速缓冲存储器由静态存储芯片（SRAM）组成，容量比较小但速度比主存高得多，接近于 CPU 的速度。在计算机存储系统的层次结构中，是介于中央处理器和主存储器之间的高速小容量存储器。它和主存储器一起构成一级的存储器。高速缓冲存储器和主存储器之间信息的调度和传送是由硬件自动进行的。高速缓冲存储器最重要的技术指标是它的命中率。

② 外存储器。外存储器主要用来长期存放"暂时不用"的程序和数据。常见的外存储器有硬盘、光盘和移动存储器等。

（4）输入设备和输出设备

输入设备和输出设备（I/O 设备），是数据处理系统的关键外围设备之一，可以和计算机本体进行交互使用。输入设备和输出设备起了人与机器之间进行联系的作用。

输入设备是向计算机输入数据和信息的设备，是计算机与用户或其他设备通信的桥梁，是用户和计算机系统之间进行信息交换的主要装置之一。输入设备的任务是把数据、指令及某些标志信息等输送到计算机中。如鼠标、键盘、扫描仪、摄像头、光笔、游戏杆、语音输入装置等都属于输入设备，是人或外部与计算机进行交互的一种装置，用于把原始数据和处理这些数据的程序输入计算机中。

输出设备是把计算或处理的结果或中间结果以人能识别的各种形式，如数字、符号、字母等表示出来。常见的输出设备有显示器、打印机、影像输出系统、绘图仪、语音输出系统等。

2．计算机软件系统

计算机软件是计算机程序以及与程序有关的各种文档的总称。没有软件的计算机硬件系统称为"裸机"，不能做任何工作，只有在配备了完善的软件系统之后才具有实际的使用价值。软件是计算机与用户之间的一座桥梁，是计算机不可缺少的部分。通常将软件分为系统软件和应用软件两大类。

（1）系统软件

系统软件是在硬件基础上对硬件功能的扩充和完善，功能主要是控制和管理计算机的硬件资源、软件资源和数据资源，主要包括操作系统、数据库管理系统、语言处理程序和实用软件。

① 操作系统。操作系统是最基本的系统软件，是管理和控制计算机系统软件、硬件和系统资源的程序，是用户和计算机之间的接口。从计算机用户的角度来说，计算机操作系统体现为其提供的各项服务；从程序员的角度来说，其主要是指用户登录的界面或者接口；从设计人员的角度来说，就是指各式各样模块和单元之间的联系。目前，典型的操作系统有 Windows、UNIX、Linux 等。

② 数据库管理系统。数据库管理系统是一种操纵和管理数据库的大型软件，用于建立、使用和维护数据库，简称 DBMS。它对数据库进行统一的管理和控制，以保证数据库的安全性和完整性。数据库管理系统按功能分大致可分为 6 个部分：模式翻译、应用程序的编译、交互式查询、数据的组织与存取、事务运行管理和数据库的维护。

③ 语言处理程序。语言处理程序是将用程序设计语言编写的源程序转换成机器语言的形式，以便计算机能够运行，这一转换是由翻译程序来完成的。翻译程序除了要完成语言间的转换外，还要进行语法、语义等方面的检查，翻译程序统称为语言处理程序，共有 3 种：汇编程序、编译程序和解释程序。

④ 实用软件。实用软件也称实用程序，完成一些与管理计算机系统资源及文件有关的任务，如备份程序、系统优化设置、磁盘整理、文件压缩、反病毒程序等。

（2）应用软件

应用软件是和系统软件相对应的，是用户可以使用的各种程序设计语言，以及用各种程序设计语言编制的应用程序的集合。常见的应用软件包括办公室软件、互联网软件、多媒体软件、分析软件和商务软件等。

1.2.2　计算机的工作原理

1946 年，美国的数学家冯·诺依曼提出了具有现代计算机基本结构的计算机设计方案。计算机的基本原理主要分为存储程序和程序控制，预先要把控制计算机如何进行操作的指令序列（称为程序）和原始数据通过输入设备输送到计算机内存中。每一条指令中明确规定了计算机从哪个地址取数，进行什么操作，然后送到什么地址中去。

扫一扫

计算机的工作原理

1．存储程序

"存储程序"的原理如下：

① 用二进制形式表示数据与指令。

② 指令与数据都存放在存储器中，使计算机在工作时能够自动高速地从存储器中取出指令加以执行。程序中的指令通常是按一定顺序一条条存放的，计算机工作时，只要知道程序中第一条指令放

在什么地方，就能依次取出每一条指令，然后按规定的操作执行程序。

2．程序控制

计算机的工作过程是程序执行的过程。程序是指完成一定功能的指令序列，即程序是计算机指令的有序集合。计算机在运行时，先从内存中取出第一条指令，通过控制器的译码分析，并按指令要求从存储器中取出数据进行指定的运算或逻辑操作，然后按照程序的逻辑结构有序地取出第二条指令，在控制器的控制下完成规定操作。依次执行，直到遇到结束指令。

① 取指令：按照程序计数器中的地址，从内存储器中取出指令，并送往指令寄存器。

② 分析指令：对指令寄存器中存放的指令进行分析，由指令译码器对操作码进行译码，将指令的操作码转换成相应的控制电位信号，由地址码确定操作数地址。

③ 执行指令：由操作控制线路发出完成该操作所需要的一系列控制信息，完成该指令所要求的操作。

一条指令执行完成，程序计数器加 1 或将转移地址码送入程序计数器，继续重复执行下一条指令。

1.2.3　计算机的主要技术指标

计算机的主要技术指标包括字长、运算速度、主频、存储容量和存取周期。

1．字长

在计算机中，作为一个整体参与运算、处理和传送的一串二进制数称为一个字，组成"字"的二进制位数称为字长。通常计算机字长越长，计算机的运算精度就越高，数据处理能力越强，运算速度也越快。通常所说的 CPU 位数就是 CPU 的字长，即 CPU 中通用寄存器的位数。例如，64 位 CPU 是指 CPU 的字长为 64，也就是 CPU 中通用寄存器为 64 位。

2．运算速度

计算机的运算速度是指每秒能执行的指令条数，常以 MIPS 和 MFLOPS 为计量单位来衡量运算速度。MIPS 表示每秒能执行多少百万条指令，这里的指令一般是指加、减运算这类短指令。MFLOPS 表示每秒能执行多少百万次浮点运算。

3．主频

主频即 CPU 的时钟频率，计算机的操作在时钟信号的控制下分步执行，每个时钟信号周期完成一步操作，时钟频率的高低在很大程度上反映了 CPU 速度的快慢。CPU 的主频，即 CPU 内核工作的时钟频率。CPU 的主频表示在 CPU 内数字脉冲信号振荡的速度，与 CPU 实际的运算能力并没有直接关系（也就是说，现今 CPU 主频的高低不会直接影响 CPU 运算能力，并不是说对运算能力没有影响，只是因为现今 CPU 主频再低，也比其他硬件频率如内存高得多）。

4．存储容量

存储容量指存储器所能寄存的数字或指令的数量，即存储器能够存储二进制信息的能力。

5．存取周期

存取周期指存储器进行一次完整的存取操作所需要的时间。存取周期在很大程度上决定着计算机的计算速度，它越短越好。

1.3　数制和信息编码

1.3.1　计算机中的数据

计算机所能表示和使用的数据可分为数值数据和字符数据。数值数据用以表示量的大小、正负，如整数、小数等。字符数据也称为非数值数据，用以表示一些符号、标记，如英文字母、各种专用字符及标点符号等。汉字、图形、声音数据也属于非数值数据。所有的数据信息必须转换成二进制数编码形式，才能存入计算机中。由于二进制的表示规则只需要两个不同的符号，所以在计算机内部，用"0"和"1"来表示。二进制数计算规则简单，符合数字控制逻辑，与其他数制相比计算速度是最快的，与计算机追求的高速度相符，并且具有稳定、可靠的优点。

1. 基本概念

（1）数制

数制也称为"计数制"，是用一组固定的符号和统一的规则来表示数值的方法。任何一个数制都包含两个基本要素：基数和位权。例如人们常用的十进制，钟表使用的六十进制，计算机使用的二进制等。它们的共同点是对于任一数制 R 进制，即逢 R 进位。

（2）基数

一个数制中所包含的数字符号的个数称为该数制的基数，用 R 表示。如二进制有 0 和 1 两个数字符号，其基数为 2；十进制有 0 到 9 十个数字符号，其基数为 10。

（3）位权

任何一个 R 进制的数都是由一串数码表示的，其中每一位数码表示的实际值的大小，除数字本身的数制外，还与它所处的位置有关。该位置上的基准值称为位权。位权的大小是以基数为底，数码所在的位置序号为指数的整数次幂。对于 R 进制数，小数点前第一位的位权为 R^0，小数点前第二位的位权为 R^1，小数点后第一位的位权为 R^{-1}，小数点后第二位的位权为 R^{-2}，依此类推。

例如：十进制数 123.45 可按权展开表示为

$$123.45 = 1 \times 10^2 + 2 \times 10^1 + 3 \times 10^0 + 4 \times 10^{-1} + 5 \times 10^{-2}$$

其中，10^2、10^1、10^0、10^{-1}、10^{-2} 就是每个数码所处位置对应的位权。

2. 计算机中的数制

在计算机内部一律采用二进制表示数据信息，编程时还常常使用八进制和十六进制。二进制基数为 2，即"逢二进一"，它有 0 和 1 两个数码。八进制基数为 8，即"逢八进一"，它有 0、1、2、3、4、5、6 和 7 八个数码。十进制基数为 10，即"逢十进一"，它有 0、1、2、3、4、5、6、7、8 和 9 十个数码。十六进制基数为 16，即"逢十六进一"，它有 0、1、2、3、4、5、6、7、8、9、A、B、C、D、E 和 F 十六个数码。

为了区分不同数制的数，约定对于任一 R 进制的数 N，记为 $(N)_R$。例如用 $(456)_{10}$ 表示十进制 456，用 $(100.01)_2$ 来表示二进制数 100.01 等。人们也习惯在一个数字后面加上字母来表示不同进制的数。字母 B 表示二进制数、字母 O 表示八进制数、字母 D 表示十进制数、字母 H 表示十六进制数。如 1111B 表示二进制数 1111，BEA0BH 表示十六进制数 BEA0B。

3．各种数制之间的转换

（1）非十进制数转换成十进制数

将其他任意 R 进制数转换为十进制数的方法是：对该 R 进制数"按权展开求和"即可。下面举例说明将二、八、十六进制数转换成十进制数的例子。

① 将二进制数 100.01 转换成十进制数：

$(100.01)_2 = 1 \times 2^2 + 0 \times 2^1 + 0 \times 2^0 + 0 \times 2^{-1} + 1 \times 2^{-2} = 4+0+0+0+0.25 = (4.25)_{10}$。

② 将八进制数 101 转换成十进制数：

$(101)_8 = 1 \times 8^2 + 0 \times 8^1 + 1 \times 8^0 = 64+0+1 = (65)_{10}$。

③ 将十六进制数 A3.2 转换成十进制数：

$(A3.2)_{16} = A \times 16^1 + 3 \times 16^0 + 2 \times 16^{-1} = 160+3+0.125 = (163.125)_{10}$。

（2）十进制数转换成非十进制数

将十进制数转换成非十进制数，将此数分成整数与小数两部分并分别转换，然后再拼接起来。

① 整数部分。对被转换的十进制整数连续除以对应 N 进制的基数，直到商为 0 为止，所得的余数（从末位读起）就是这个数的 N 进制表示。简单言之，就是"除基取余倒排列（先低位后高位）"。例如：$(20)_{10} = (10100)_2$（见图 1-1）。

同理，将十进制整数转换成八进制整数的方法就是"除 8 取余倒排列"；将十进制整数转换成十六进制整数的方法就是"除 16 取余倒排列"。

② 小数部分。对被转换的十进制小数连续乘以对应的 N 进制的基数，选取每次进位产生的整数，直到满足精度要求为止（小数部分可能永远不会得到 0）。简单言之，就是"乘基取整顺排列（先高位后低位）"。小数部分转换时可能是不精确的，要保留多少位小数，主要取决于用户对数据精确度的要求。

例如：$(0.234)_{10} = (0.0011)_2$（保留小数点后 4 位，见图 1-2）。

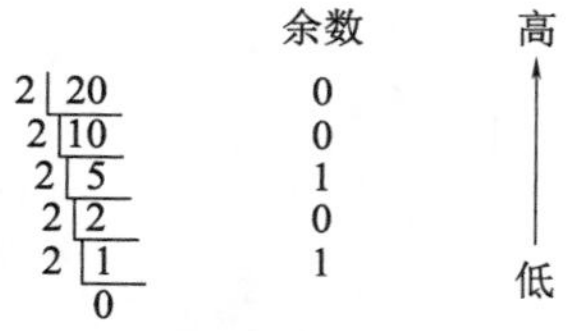

图 1-1　十进制整数转换为二进制整数 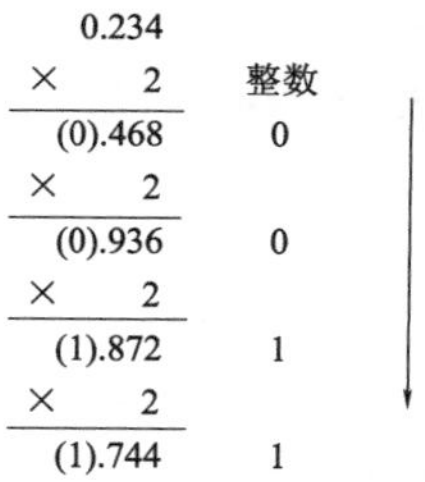　　图 1-2　十进制小数转换为二进制小数

同理，将十进制小数转换成八进制或者十六进制小数的方法分别是"乘 8 取整顺排列""乘 16 取整顺排列"。

综上所述，十进制数 20.234 转换成二进制数为 $(20.234)_{10} = (10100.0011)_2$。

（3）二进制数、八进制数和十六进制数的相互转换

由于 2 位、8 位和 16 位这 3 种进制数的权之间有一定的内在联系，n 位二进制数最多能够表示 2^n 种状态，$8^1 = 2^3$、$16^1 = 2^4$，即 1 位八进制数相当于 3 位二进制数，1 位十六进制数相当于 4 位二进制数。各种进制数码对照表见表 1-1。

表 1-1　各种进制数码对照表

十进制	二进制	八进制	十六进制	十进制	二进制	八进制	十六进制
0	0	0	0	8	1000	10	8
1	1	1	1	9	1001	11	9
2	10	2	2	10	1010	12	A
3	11	3	3	11	1011	13	B
4	100	4	4	12	1100	14	C
5	101	5	5	13	1101	15	D
6	110	6	6	14	1110	16	E
7	111	7	7	15	1111	17	F

① 将二进制数转换成八进制数。把一个二进制数转换成八进制数时，以小数点为中心向左右两边延伸，每 3 位为一组，中间的 0 不省，到了两头不够一组时就用 0 补足位数，算出每一组相对应的十进制数，然后将这些十进制数组合起来就成了一个八进制数。

扫一扫

二进制、八进制和十六进制数的相互转换

例如：$(11101000011.11101)_2 = (3503.72)_8$（见图 1-3）。

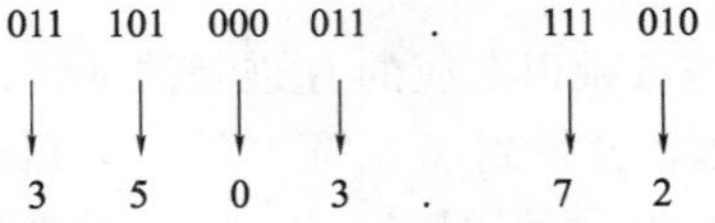

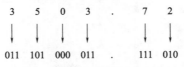

图 1-3　二进制数转换成八进制数

② 将八进制数转换成二进制数。以小数点为界，向左或向右每一位八进制数用相应的 3 位二进制数取代即可。

例如：$(3503.72)_8 = (11101000011.11101)_2$（见图 1-4）。

图 1-4　八进制数转换成二进制数

③ 将二进制数转换成十六进制数。把一个二进制数转换成十六进制数时，以小数点为中心向左右两边延伸，每 4 位为一组，中间的 0 不省，到了两头不够一组时用 0 补足位数，算出每一组相对应的十进制数，然后将这些十进制数组合起来就成了一个十六进制数。

例如：$(100011101000011.11000101)_2 = (4743.C5)_{16}$（见图 1-5）。

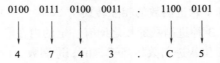

图 1-5　二进制数转换成十六进制数

④ 将十六进制数转换成二进制数。以小数点为界，向左或向右每一位十六进制数用相应的 4 位

二进制数取代，然后将其连在一起。

例如：$(4743.C5)_{16} = (100011101000011.11000101)_2$（见图 1-6）。

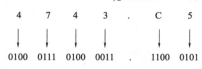

图 1-6　十六进制数转换成二进制数

1.3.2　计算机中信息的表示

在计算机中，数据都是以二进制进行存储的，数据以位、字节、字和字长为度量单位。

1. 位

位是计算机数据的最小单位，也称为比特（bit，缩写为小写字母 b），1 比特为 1 个二进制位，可以存储 1 个二进制数 0 或 1。

2. 字节

字节（Byte，缩写为大写字母 B）是计算机中的基本存储单位，1 字节由 8 位二进制位构成，即 1 B=8 b。

计算机的信息存储单位常用的有 KB、MB、GB 和 TB。换算关系如下：

① 1 KB=1 024 B。

② 1 MB=1 024 KB。

③ 1 GB=1 024 MB。

④ 1 TB=1 024 GB。

3. 字

字（Word，缩写为大写字母 W）是计算机信息交换、加工、存储的基本单元。1 个字由 1 个字节或若干个字节构成，可以表示数据代码、字符代码、操作码地址和它们的组合。计算机用"字"来表示数据或信息的长度。

4. 字长

字长是指计算机的中央处理器中每个字所包含的二进制数的位数或包含的字符的数目。它代表了机器的精度和速度。常见的字长有 8 位、16 位、32 位和 64 位等。目前微机的字长由 32 位发展为 64 位。

1.3.3　字符的编码

计算机中的数据是用二进制表示的，而人们习惯用十进制数，那么输入/输出时，数据就要进行十进制和二进制之间的转换。因此，必须采用一种编码的方法，由计算机自己来承担这种识别和转换工作。用以表示字符的二进制编码称为字符编码。

1. BCD 码

BCD 码是用若干个二进制数表示一个十进制数的编码。BCD 码有多种编码方法，常用的有 8421 码。8421 码是将十进制数码 0~9 中的每个数分别用 4 位二进制编码表示，从高到低每一位的位权值是 8、4、2、1，这种编码方法比较直观、简要，对于多位数，只需要将它的每一位数字根据对应关系用 8421 码直接列出即可。

8421 码与二进制之间的转换不是直接的，要先将 8421 码表示的数转换成十进制数，再将十进制数转换成二进制数。

2．ASCII 码

目前对于小型机和微型机，国际上使用最广泛的字符编码是"美国信息交换用标准代码"（American Standard Code for Information Interchange），简称 ASCII 码。

标准的 ASCII 码采用 7 位二进制编码，可以表示 128 个字符（其中包括 32 个通用控制字符，10 个十进制数码，52 个英文大小写字母和 34 个专用符号），每个字符对应 1 个 7 位的二进制数，这个二进制数的值称为 ASCII 码值。

在计算机中信息处理的基本单位是字节，而 ASCII 码只占用了 1 字节 8 位中的 7 位，规定其最高位为 0。

3．汉字编码

汉字也是字符，与西文字符比较，汉字数量大，字形复杂，同音字多，这就给汉字在计算机内部的存储、传输、交换、输入和输出等带来了一系列的问题。为了能直接使用西文标准键盘输入汉字，必须为汉字设计相应编码，以适应计算机处理汉字的需要。

（1）国标码

计算机内部处理的信息，都是用二进制代码表示的，汉字也不例外。而二进制代码使用起来是不方便的，于是需要采用信息交换码，即国标码。为避免在信息传输过程中与控制字符混淆，国标码从二进制数 100000 开始编码，表示为十六进制，即为 20H。中国标准总局于 1981 年公布的国家标准 GB 2312—1980《信息交换用汉字编码字符集　基本集》，即国标码，共收录汉字、字母、图形和符号共 7 445 个。其中汉字 6 763 个，包括一级汉字 3 755 个，二级汉字 3 008 个，该字符集标准中还包括 682 个非汉字图形字符代码。

（2）外码

外码也称输入码，是为通过键盘输入汉字而编制的汉字编码。常用的输入码有拼音码、五笔字型码和区位码等。

（3）字形码

字形码是汉字的输出码，输出汉字时都采用图形方式，无论汉字的笔画多少，每个汉字都可以写在同样大小的方块中。通常有 16×16、24×24、48×48 这几种点阵来显示汉字。

（4）机内码

汉字的机内码是计算机系统内部对汉字进行存储、处理和传输统一使用的代码，又称汉字内码。每一个汉字都有确定的二进制代码，在计算机内部汉字代码都用机内码，在磁盘上记录汉字代码也使用机内码。

1.4　计算机网络

1.4.1　计算机网络的概念、组成及分类

计算机网络是计算机技术与通信技术相结合的产物。纵观计算机网络的发展历史可以发现，计算

机网络和其他事物的发展一样，也经历了从简单到复杂，从低级到高级的过程。在这一过程中，计算机技术与通信技术紧密结合，相互促进，共同发展，最终产生了计算机网络。

1. 计算机网络的定义

关于计算机网络这一概念，从不同角度可能给出不同的定义。一个比较通用的定义是：计算机网络利用通信线路将地理上分散的、具有独立功能的计算机系统和通信设备按不同的形式连接起来，以功能完善的网络软件及协议实现资源共享和信息传递。

计算机网络应具有以下要素：

① 至少拥有两台计算机。

② 使用传输介质和通信设备把若干台计算机连接在一起。

③ 把多台计算机连接在一起，形成一个网络，是为了资源共享。

④ 为了正确地通信，需要有一个共同遵守的约定——通信协议。

2. 计算机网络的组成

典型的计算机网络从逻辑功能上可以分成两个子网：资源子网和通信子网。

（1）资源子网

资源子网主要负责全网的数据处理业务，向全网用户提供各种网络资源与网络服务。资源子网由主机、终端、终端控制器、联网外设、各种软件资源与数据资源组成。

① 主机。主机是资源子网的主要组成单元，它通过高速通信线路与通信子网的通信控制处理机相连接。在资源子网中，主机可以是大型机、中型机、小型机、工作站或微型机。

主机主要为本地用户访问网络或其他主机设备、共享资源提供服务。根据其作用的不同分为文件服务器、应用程序服务器、通信服务器和数据库服务器等。

② 终端。终端是用户访问网络的界面，可以是简单的输入、输出终端，也可以是带有微处理机的智能终端。终端可以通过主机联入网内，也可以通过终端控制器、报文分组组装/拆卸装置或通信控制处理机连入网内。

③ 网络软件。在网络中，每个用户都可享用系统中的各种资源。所以需要对网络资源进行全面的管理、合理的调度和分配，并防止网络资源丢失或被非法访问、破坏。网络软件是实现这些功能不可缺少的工具。网络软件主要包括网络协议软件、网络通信软件、网络操作系统、网络管理软件和网络应用软件等。其中，网络操作系统用于控制和协调网络资源分配、共享，提供网络服务，是最主要的网络软件。

（2）通信子网

通信子网是指网络中实现网络通信功能的设备及其软件的集合，通信设备、网络通信协议、通信控制软件等属于通信子网，是网络的内层，负责信息的传输。主要为用户提供数据的传输、转接、加工、变换等。通信子网的任务是在端节点之间传送报文，主要由通信控制处理机、通信线路和通信设备组成。

① 通信控制处理机。通信控制处理机（CCP）是一种在计算机网络或数据通信系统中专门负责数据传输和控制的专用计算机，一般由小型机、微型机或带有 CPU 的专门设备承担。

CCP 在网络拓扑结构中通常被称为网络节点，它一方面作为资源子网的主机、终端的接口节点，将它们联入网中；另一方面又实现通信子网中报文分组的接收、校验、存储和转发功能。

② 通信线路。通信线路是指在 CCP 与 CCP、CCP 与主机之间提供数据通信的通道。通信线路和网络上的各种通信设备共同组成了通信信道。

计算机网络中采用的通信线路的种类很多，如双绞线、同轴电缆、光导纤维等有线通信线路；或非导向媒体，如微波通信和卫星通信等无线通信线路。

③ 通信设备。通信设备包括中继器、集线器、网桥、路由器、网关等硬件设备。中继器工作于物理层，用于简单的网络扩展，是接收单个信号再将其广播到多个端口的电子设备。集线器是多口的中继器，类型包括：被动集线器、主动集线器、智能集线器。网桥是一种连接多个网段的网络设备，是连接局域网之间的桥梁。路由器是用于连接多个逻辑上分开的网络设备，具有实现协议转换、判断网络地址和路径选择的功能，工作在网络层。网关是一种在异种网之间用于协议转换、数据重组的路由器，是通往因特网的大门。

通信设备的采用与通信线路类型有很大关系。若使用模拟线路，在线路两端需配置调制解调器；若使用数字线路，在计算机与介质之间要有相应的连接部件，如脉码调制设备。

3．计算机网络的分类

计算机网络的分类标准很多，可以根据某一特征及标准对网络进行细分。

（1）按照覆盖的地理范围分类

目前比较公认的能反映网络技术本质的分类方法是按计算机网络的分布距离分类。按照网络覆盖范围的大小，可以将计算机网络分为局域网（LAN）、城域网（MAN）、广域网（WAN）。

① 局域网。局域网（LAN）是指范围在 10~1 000 m 内的办公楼群或校园内的计算机相互连接所构成的计算机网络，被广泛应用于连接校园、工厂以及机关的个人计算机或工作站。局域网可以实现文件管理、应用软件共享、打印机共享等功能，在使用过程当中，通过维护局域网网络安全，能够有效地保护资料安全，保证局域网网络能够正常稳定运行。

局域网具有的特征：

a. 覆盖的地理范围较小，只在一个相对独立的局部范围内联，如一座或集中的建筑群内。

b. 使用专门铺设的传输介质进行联网，数据传输速率高（10 Mbit/s ~ 10 Gbit/s）。

c. 通信延迟时间短，可靠性较高。

d. 局域网可以支持多种传输介质。

② 城域网。城域网（MAN）是在一个城市范围内所建立的计算机通信网，地理范围为 5~10 km，属宽带局域网。由于采用具有有源交换元件的局域网技术，网中传输时延较小，它的传输媒介主要采用光缆，传输速率在 1 Mbit/s 以上。

城域网的典型应用即为宽带城域网。就是在城市范围内，以 IP 和 ATM 电信技术为基础，以光纤作为传输媒介，集数据、语音、视频服务于一体的高带宽、多功能、多业务接入的多媒体通信网络。

城域网的组成分为 3 个层次：核心层、汇聚层和接入层。

③ 广域网。广域网（WAN）又称外网、公网，是连接不同地区局域网或城域网计算机通信的远程网。广域网通常跨接很大的物理范围，所覆盖的范围从几十千米到几千千米。它能连接多个地区、城市和国家，或横跨几个洲并能提供远距离通信，形成国际性的远程网络。

广域网的典型代表就是 Internet，中文称为因特网，是世界上发展速度最快、应用最广泛和最大的公共计算机信息网络系统。它提供了数万种服务，被世界各国计算机信息界称为未来信息高速公路的雏形。互联网的出现，使计算机网络从局部到全国进而将全世界连成一片，用户可以利用 Internet

来实现全球范围的 WWW 信息查询与浏览、文件传输、语音与图像服务和电子邮件收发等功能。

（2）按网络拓扑结构分类

拓扑学是由图论演变而来的一种研究与距离、大小无关的几何图形特性的科学。

采用拓扑学的方法，忽略计算机网络中的具体设备，把网络中的服务器、工作站、交换机和路由器等网络单元抽象为"点"，把双绞线、同轴电缆和光纤等传输介质抽象为"线"，这样计算机网络系统就变成了由点和线组成的几何图形。把这种采用拓扑学方法抽象出的网络结构称为计算机网络的拓扑结构。

按照网络的拓扑结构，计算机网络可以划分为总线拓扑、星形拓扑、环形拓扑、树状拓扑、网状拓扑和混合型拓扑。

① 总线拓扑。多台终端连接至一条总线，涉及信息的碰撞，终点需要安装终结器，防止信号反弹，导致网络瘫痪，用在小型办公区域。

② 星形拓扑。多台主机连接至一个网络设备，呈现点的发散状，用在办公区域终端的拓扑结构。

③ 环形拓扑。所有终端相邻的连接，组成一个环，主要用在主干网络。

④ 树状拓扑。类似树状，层级结构，整体构成一个公司网络结构。

⑤ 网状拓扑。又称分布式结构，由分布在不同地点并且具有多个终端的节点机相互连接而成。

⑥ 混合型拓扑。这是前面两种或两种以上拓扑结构的组合。

（3）按传输介质分类

根据传输介质的不同，还可以将计算机网络分为有线网和无线网。

① 有线网。有线网是采用如同轴电缆、双绞线、光纤等物理介质传输数据的网络。双绞线网是目前最常见的联网方式，这是因为双绞线价格便宜且安装方便，容易组网，但传输能力和抗干扰能力一般。光纤网用光纤作为传输介质，因为光纤传输距离长，数据传输速率高。

② 无线网。无线网是采用卫星、微波等无线形式来传输数据的网络。无线网特别是无线局域网有很多优点，易于安装和使用。但其也有许多不足之处，数据传输速率一般比较低，远低于有线局域网；无线局域网的误码率比较高，而且站点之间相互干扰比较严重。

（4）按适用范围分类

① 公用网。公用网一般是国家的邮电部门建造的网络。"公用"的意思就是所有愿意按邮电部门规定交纳费用的人都可以使用。也指由网络服务提供商建设，供公共用户使用的通信网络。

② 专用网。专用网指专用于一些保密性要求较高的部门的网络，比如企业内部专用网、军队专用网，尤其是涉及国家机密的部门。

采用 10.0.0.0 到 10.255.255.255 这样的 IP 地址的互联网络称为"专用互联网"或"本地互联网"，或更简单些，就称为"专用网"。

（5）按传播方式分类

① 点到点网络。由许多互相连接的节点构成，在每对机器之间都有一条专用的通信信道，当一台计算机发送数据分组后，它会根据目的地址，经过一系列的中间设备的转发，直至到达目的节点，这种传输技术称为点到点传输技术，采用这种技术的网络称为点到点网络。采用点对点传输网络拓扑结构主要有 4 种：星形、树状、环形和网状。

② 广播式网络。在网络中只有一个单一的通信信道，由这个网络中所有的主机所共享。即多台计算机连接到一条通信线路上的不同分支点上，任意一个节点所发出的报文分组被其他所有节点接

收。发送的分组中有一个地址域，指明了该分组的目标接收者和源地址。采用这种技术的网络称为广播式网络。广播式网络进一步可以分为静态的和动态的，划分的准则是信道的分配方式。

（6）按网络控制方式分类

按网络控制方式分类可以分为集中式和分布式。

1.4.2　网络体系结构

扫一扫

网络体系结构就是指为了实现计算机间的通信合作，把计算机互联的功能划分成有明确定义的层次，并规定同层次实体通信的协议及相邻层之间的接口服务。网络体系结构就是网络各层及其协议的集合。

网络体系结构

1．网络协议

计算机网络中用于规定信息的格式以及如何发送和接收信息的规则称为网络协议。网络协议主要由 3 个要素组成：

① 语法：规定用户数据与控制信息的结构与格式。

② 语义：规定通信双方需要发出何种控制信息、完成何种动作及做出何种响应等。

③ 时序：又称"同步"，用于规定事件实现顺序的详细说明，即通信双方动作的时间、速度匹配和事件发生的顺序等。

2．OSI 参考模型

OSI 参考模型并不是一个特定的硬件设备或一套软件，而是一种严格的理论模型，是厂商在设计硬件和软件时必须遵循的通信准则。OSI 模型是一个开放式系统模型，它的目的就是在不需要改变不同系统的软硬件逻辑结构的前提下，使不同系统之间可以通信。

OSI 参考模型从下到上由物理层、数据链路层、网络层、传输层、会话层、表示层和应用层组成。

（1）物理层

物理层处于 OSI 参考模型的最底层。物理层的主要功能是利用物理传输介质为数据链路层提供物理连接，以便透明地传送"比特"流。

除了不同的传输介质自身的物理特性之外，物理层还对通信设备和传输介质之间使用的接口做了详细规定，主要体现在：机械特性、电气特性、功能特性和规程特性。

（2）数据链路层

在物理层提供比特流传输服务的基础上，数据链路层通过在通信的实体之间建立数据链路连接，传送以"帧"为单位的数据，使有差错的物理线路变成无差错的数据链路，保证点对点可靠的数据传输。

数据链路层关心的主要问题是物理地址、网络拓扑、线路规程、错误通告、数据帧的有序传输和流量控制。

（3）网络层

网络层是 OSI 参考模型中的第三层，它建立在数据链路层所提供的两个相邻节点间数据帧的传送功能之上，将数据从源端经过若干中间节点传送到目的端。从而向传输层提供最基本的端到端的数据传送服务。

（4）传输层

传输层的主要目的是向用户提供无差错、可靠的端到端服务，透明地传送报文，提供端到端的差错恢复和流量控制。传输层提供"面向连接"（虚电路）和"无连接"（数据报）两种服务。传输层起到承上启下的作用，提供了两端点间可靠的透明数据传输，实现了真正意义上的"端到端"的连接。

（5）会话层

会话层就像它的名字一样，实现建立、管理和终止应用程序进程之间的会话和数据交换，这种会话关系是由两个或多个表示层实体之间的对话构成的。

（6）表示层

表示层保证一个系统应用层发出的信息能被另一个系统的应用层读出。表示层用一种通用的数据表示格式在多种数据表示格式之间进行转换，它包括数据格式变换、数据加密与解密、数据压缩与恢复等功能。

（7）应用层

应用层是 OSI 参考模型中最靠近用户的一层，它为用户的应用程序提供网络服务。

3．TCP/IP 参考模型

OSI 参考模型虽然是国际标准，但是它层次多，结构复杂，在实际中完全遵从 OSI 参考模型的协议几乎没有。目前流行的网络体系结构是 TCP/IP 参考模型，它已成为计算机网络体系结构事实上的标准，Internet 就是基于 TCP/IP 参考模型建立的。

TCP/IP 参考模型是将多个网络进行无缝连接的体系结构，共包含 4 个功能层，由下往上依次为：网络接口层、网络互连层、传输层和应用层，每一层负责不同的通信功能。TCP/IP 参考模型的分层与 OSI 参考模型的分层不同，它的分层更加注重互联设备间的数据传输。

（1）网络接口层

网络接口层是 TCP/IP 模型的最低层。事实上，TCP/IP 参考模型并没有真正定义这一部分，只是指出其主机必须使用某种协议与网络连接，以便能传递 IP 分组。这一层的作用是负责接收从网络层交来的 IP 数据包并将 IP 数据包通过低层物理网络发送出去；或者从低层物理网络上接收物理帧，然后抽出 IP 数据包交给网络层。

TCP/IP 参考模型未定义数据链路层，是由于在 TCP/IP 最初的设计中就已经支持包括以太网、令牌环网、FDDI 网、ISDN 和 X.25 在内的多种数据链路层协议。

（2）网络互连层（IP 层）

网络互连层与 OSI 参考模型中的网络层相当，是整个 TCP/IP 参考模型的关键部分。

网络互连层是网络互连的基础，提供了无连接的分组交换服务，其功能包括以下 3 个方面：

① 处理来自传输层的分组发送请求：将分组装入 IP 数据包，填充报头，选择去往目的节点的路径，然后将数据报发往适当的网络接口。

② 处理输入数据报：首先检查数据报的合法性，然后进行路由选择，假如该数据报已到达目的节点（本机），则去掉报头，将 IP 报文的数据部分交给相应的传输层协议；假如该数据报尚未到达目的结点，则转发该数据报。

③ 处理 ICMP 报文：即处理网络的路由选择、流量控制和拥塞控制等问题。

（3）传输层

传输层的作用与 OSI 参考模型中传输层的作用是一样的，即在源节点和目的节点的两个进程实体之间提供可靠的端到端的数据传输。为保证数据传输的可靠性，传输层协议规定接收端必须发回确认，并且假定分组丢失时必须重新发送。

TCP/IP 参考模型提供了两个传输层协议：传输控制协议（TCP）和用户数据报协议（UDP）。

TCP 是一个可靠的面向连接的传输层协议，它可以将某节点的数据以字节流形式无差错投递到互联网的任何一台机器上。发送方的 TCP 将用户交来的字节流划分成独立的报文并交给网络互联层进行发送，而接收方的 TCP 将接收的报文重新装配后交给接收用户。TCP 同时处理有关流量控制的问题，以协调收发双方的接收与发送速度。

UDP 是一个不可靠的、无连接的传输层协议，它将可靠性问题交给应用程序解决。UDP 协议主要面向请求/应答式的交易型应用，一次交易往往只有一来一回两次报文交换。另外，UDP 协议也应用于那些对可靠性要求不高，但要求网络的延迟较小的场合，如传送语音和视频数据。

（4）应用层

应用层位于 TCP/IP 模型的最高层，大致对应于 OSI 参考模型的应用层、表示层和会话层。它主要为用户提供多种网络应用程序，如电子邮件、远程登录等。

应用层包含了所有高层协议，早期的高层协议有虚拟终端协议（Telnet）、文件传输协议（FTP）、电子邮件传输协议（SMTP）。Telnet 协议允许用户登录到远程机器并在其上工作；FTP 协议提供了有效地将数据从一台机器传送到另一台机器的机制；SMTP 协议用来有效和可靠地传递邮件。随着网络的发展，应用层又加入了许多其他协议，如用于将主机名映射到它们的网络地址的域名服务（DNS），用于搜索因特网上信息的超文本传输协议（HTTP）等。

4．TCP/IP 参考模型与 OSI 参考模型的比较

TCP/IP 参考模型和 OSI 参考模型有许多相似之处，如两种参考模型中包含能提供可靠的进程之间端到端传输服务的传输层。但是它们也有许多不同之处。

（1）两者层数不一样

OSI 参考参考模型有 7 层，而 TCP /IP 参考模型只有 4 层。两者都有网络层、传输层和应用层。

（2）两者服务类型不同

OSI 模型的网络层提供面向连接和无连接两种服务，而传输层只提供面向连接服务。TCP/IP 参考模型在网络层只提供无连接服务，但在传输层却提供面向连接和无连接两种服务。

（3）概念区分不同

在 OSI 参考模型中，明确区分了 3 个基本概念：服务、接口和协议。

① 服务：每一层都为其上层提供服务，服务的概念描述了该层所做的工作，并不涉及服务的实现以及上层实体如何访问的问题。

② 接口：层间接口描述了高层实体如何访问低层实体提供的服务。接口定义了服务访问所需的参数和期望的结果。同样，接口仍然不涉及某层实体的内部机制。

③ 协议：协议是某层的内部事务。只要能够完成它必须提供的功能，对等层之间可以采用任何协议，且不影响其他层。

而 TCP/IP 参考模型并不十分清晰地区分服务、接口和协议这些概念。相比 TCP/IP 参考模型，OSI

参考模型中的协议具有更好的隐蔽性，在发生变化时也更容易被替换。

（4）通用性不同

OSI 参考模型是在其协议被开发之前设计出来的。这意味着 OSI 参考模型并不是基于某个特定的协议集而设计的，因而它更具有通用性，但另一方面，也意味着 OSI 参考模型在协议实现方面存在某些不足。

TCP/IP 参考模型正好相反。先有 TCP/IP 协议，而模型只是对现有协议的描述，因而协议与模型非常吻合。但是 TCP/IP 参考模型不适合其他协议栈。因此，它在描述其他非 TCP/IP 网络时用处不大。

综上所述，使用 OSI 参考模型可以很好地讨论计算机网络，但是 OSI 协议并未流行。TCP/IP 参考模型正好相反，其模型本身实际上并不存在，只是对现存协议的一个归纳和总结，被广泛使用。

1.4.3　网络安全

网络安全是指网络系统的硬件、软件及数据受到保护，不受偶然的恶意破坏、更改、泄露，系统能够连续、可靠、正常地运行，网络服务不中断。从本质上讲，网络安全问题主要就是网络信息的安全问题。凡是涉及网络上信息的保密性、完整性、可用性、真实性和可控性的相关技术和理论，都是网络安全的研究领域。

1．网络安全概述

一个安全的计算机网络应具有以下特征：

（1）完整性

完整性指网络中的信息安全、精确和有效，不因种种不安全因素而改变信息原有的内容、形式和流向，确保信息在存储或传输过程中不被修改、破坏或丢失。

（2）保密性

保密性指网络上的保密信息只供经过允许的人员以经过允许的方式使用，信息不泄露给未授权的用户、实体或过程，或供其利用。

（3）不可否认性

不可否认性指面向通信双方信息真实统一的安全要求，包括收、发双方均不可抵赖。

（4）可用性

可用性指网络资源在需要时即可使用，不因系统故障或误操作等使资源丢失或妨碍对资源的使用。

（5）可控性

可控性指对信息的传播及内容具有控制能力。

2．网络安全的内容

计算机网络安全主要有以下内容：

（1）保密

保密指信息系统防止信息非法泄露的特性，即信息只限于授权用户使用。保密性主要通过信息加密、身份认证、访问控制和安全通信协议等技术实现。信息加密是防止信息非法泄露的最基本手段。

（2）鉴别

允许数字信息的接收者确认发送方的身份和信息的完整性。鉴别是授权的基础，用于识别是否是合法用户以及是否具有相应的访问权限。口令认证和数字签名是最常用的鉴别技术。

（3）访问控制

访问控制是网络安全防范和保护的主要策略，其任务是保证网络资源不被非法使用和非法访问，也是维护网络系统安全、保护网络资源的重要手段。

（4）攻击防范

通过加密、安装入侵检测系统以及防火墙可以有效地防止攻击。

3．防火墙技术

在各种网络安全技术中，作为保护局域网的第一道屏障与实现网络安全的一个有效手段，防火墙技术应用最为广泛。防火墙作为内网和外网之间的屏障，控制内网和外网的连接，实质就是隔离内网与外网，并提供存取控制和保密服务，使内网有选择地与外网进行信息交换。

所有的通信，无论是从内部到外部，还是从外部到内部，都必须经过防火墙。防火墙是不同网络或网络安全域之间信息的唯一出入口，能根据企业的安全策略控制出入网络的信息流，且本身具有较强的抗攻击能力。防火墙既可以是一台路由器、一台计算机，也可以是由多台主机构成的体系。

防火墙有多种形式，有的以软件形式运行在普通计算机上，有的以硬件形式集成在路由器中。最常见的分类方式将防火墙分为两类，即包过滤型防火墙和应用级防火墙。

4．病毒与木马

计算机病毒是指编制者在计算机程序中插入的破坏计算机功能或者损坏数据，影响计算机使用并且能够自我复制的一组计算机指令或者程序代码。

计算机病毒具有以下几个明显的特征：

（1）传染性

传染性是计算机病毒的基本特征。传染性是指病毒具有将自身复制到其他程序的能力。计算机病毒可通过各种可能的渠道去传染其他的计算机，如 U 盘、硬盘、光盘、电子邮件和网络等。

（2）破坏性

计算机病毒感染系统后，会对系统产生不同程度的影响，例如，大量占用系统资源、删除硬盘上的数据、破坏系统程序、造成系统崩溃，甚至破坏计算机硬件，给用户带来巨大损失。

（3）隐蔽性

计算机病毒具有很强的隐蔽性。一般病毒代码设计得非常短小精悍，非常便于隐藏到其他程序中或磁盘某一特定区域内，且没有外部表现，很难被人发现。随着病毒编写技巧的提高，对病毒进行各种变种或加密后，容易造成杀毒软件漏查或错杀。

（4）潜伏性

大部分病毒感染系统后一般不会马上发作，而是潜伏在系统中，只有当满足特定条件时才启动并发起破坏。病毒的潜伏性越好，其在系统中存在的时间就越长，病毒的传染范围就越大。

（5）寄生性

计算机病毒可寄生在其他程序中，病毒所寄生的程序称为宿主程序。由于病毒很小不容易被发现，所以在宿主程序未启动之前，用户很难发觉病毒的存在。而一旦宿主程序被用户执行，病毒代码就会被激活，进而产生系统破坏活动。

木马程序是目前比较常见的病毒文件，与一般的病毒不同，它不会自我繁殖，也并不"刻意"地去感染其他文件。它通过将自身伪装吸引用户下载执行，向施种木马者提供打开被种者计算机的门户，使施种者可以任意毁坏、窃取被种者的文件，甚至远程操控被种者的计算机。

完整的木马程序一般由两个部分组成：一个是服务器程序，另一个是控制器程序。常说的"中了木马"就是指安装了木马的服务器程序。

5．计算机病毒的防治

防止病毒入侵要比病毒入侵后再去消除它更重要，为了将病毒拒之千里，用户需要做好以下措施预防病毒。

（1）建立良好的安全习惯

对一些来历不明的邮件及附件不要打开，并尽快删除；不要轻易打开网站链接，不要执行从网站上下载的未经杀毒的软件。

（2）及时升级操作系统的安全补丁

据统计，有 80%的网络病毒是通过系统安全漏洞进行传播的，像红色代码、冲击波等病毒，所以应该定期下载、更新系统安全补丁，防患于未然。

（3）关闭或删除系统中不需要的服务

默认情况下，操作系统会安装一些辅助服务，如 FTP 客户端、Telnet 和 Web 服务器等。这些服务为攻击者提供了方便，而对用户却没有太大的用处。在不影响用户使用的情况下删除这些服务，能够大大减少被攻击的可能性。

（4）安装专业的杀毒软件

在病毒日益增多的今天，使用杀毒软件进行病毒查杀是最简单、有效和方便的选择。用户在安装了杀毒软件后，应该经常升级至最新版本，并定期扫描计算机。

（5）定期进行数据备份

对于计算机中存放的重要数据，要有定期数据备份计划，用磁盘、U 盘等介质及时备份数据，妥善存档保管。除此之外，还要有数据恢复方案，在系统瘫痪或出现严重故障时，能够进行数据恢复。

病毒的广泛传播给网络带来了灾难性的影响。因此，每个用户都应遵守病毒防范的有关措施，不断学习、积累防病毒的知识和经验，培养良好的病毒防范意识。

6．网络信息安全的防控

（1）从数据传输方面加大安全保护力度

在数据传输的过程中对其进行拦截和"体检"，做到防患于未然。首先对数据链路层进行加密以便减少数据在传输过程中被盗取的危险；其次是对传输层进行加密，可以为数据在传输的过程中穿上一层"保护套"；最后对应用层进行加密，防止一些网络应用程序将数据加密或解密。

（2）从访问控制方面提高安全指数

为防止非法用户通过不法途径进入他人计算机网络系统进行侵害，可以采用认证机制。此项访问控制可以通过身份认证、报文认证、访问授权、数字签名等方式和途径得以实现。此外，还可以对网络进行安全监视。网络安全方面的许多问题都可以通过网络安全监视来实现，它会在整个网络运行的过程中进行动态监视，防止出现病毒入侵等现象。

（3）加大培养网络人才的步伐，致力于开发网络技术

想要推出先进的网络技术，就必须有一批高素质的网络人才，并源源不断地向技术的前沿输送。

在有了强大的技术力量的前提下，才能够令网络环境有所保障，同时也给不法犯罪分子起到威慑作用。只有在网络技术上占有优势，才能够有效地减少网络犯罪现象。

（4）从技术层面提高管理力度

提高计算机网络安全的技术主要有防火墙、实时扫描技术、实时监测技术、病毒分析报告技术、系统安全管理技术和完整性检验保护技术。针对技术层面的要求，可以采取建立安全管理制度、提高网络反病毒技术能力、数据库的备份与恢复、应用密码技术、网络控制、切断传播途径和研发并完善原有技术等方法。

（5）努力提高用户对网络安全的认识程度

在进行必要的舆论宣传的同时，开展思想与网络安全意识培养的活动，进一步普及相关网络安全知识，并正确地引导网络用户提高对网络安全的认识。

1.4.4　Internet 基础

Internet 也称国际互联网，是目前世界上最大的计算机网络，连接了几乎所有的国家和地区。从应用角度来看，Internet 是一个世界规模的信息和服务资源网站，它能够为每一个 Internet 用户提供丰富的信息和其他相关的服务。

1. Internet 概述

Internet 是世界上最大的计算机网络，几乎覆盖了整个世界。Internet 组建的最初目的是为研究部门和大学服务的，便于研究人员和学者探讨学术方面的问题，因此有科研教育网或国际学术网之称。Internet 是由成千上万个不同类型、不同规模的计算机网络通过路由器互连在一起的全球性网络。由于网络互连的最主要的设备是路由器，因此有人称 Internet 是用传输媒体连接路由器形成的网络。

为了便于管理，Internet 采用了层次网络的结构，即采用主干网、中间层网和底层网的逐级覆盖的结构。

（1）主干网

主干网由代表国家或者行业的有限个中心节点通过专线连接形成。中国的四大主干网包括中国公用计算机互联网（ChinaNET）、中国科学技术网（CSTNET）、中国教育科研网（CERNET）和中国金桥信息网（ChinaGBN）。

（2）中间层网

中间层网由若干个作为中心节点的代理——次中心节点组成，如教育网各地区网络中心、电信网各省互联网中心等。

（3）底层网

底层网包括直接面向用户的网络，如校园网、企业网。

2. WWW 服务

WWW（World Wide Web）服务，又称 Web 服务，是 Internet 上被广泛应用的一种信息服务。它是一种基于超文本方式的信息查询服务，提供交互式图形界面，具有强大的信息连接功能，使得成千上万的用户通过简单的图形界面就可以访问各个组织的最新信息和各种服务。

（1）HTML 和 Web

HTML 的全称为超文本标记语言，是一种标记语言。它包括一系列标签。通过这些标签可以将网络上的文档格式统一，使分散的 Internet 资源连接为一个逻辑整体。HTML 文本是由 HTML 命令组成的描述性文本，HTML 命令可以说明文字、图形、动画、声音、表格、链接等。HTML 的结构包括头部（Head）、主体（Body）两大部分，其中头部描述浏览器所需的信息，而主体则包含所要说明的具体内容。

超文本是一种组织信息的方式，它通过超级链接方法将文本中的文字、图表与其他信息媒体相关联。这些相互关联的信息媒体可能在同一文本中，也可能是其他文件，或是地理位置相距遥远的某台计算机上的文件。这种组织信息方式将分布在不同位置的信息资源用随机方式进行连接，为人们查找、检索信息提供方便。

Web 服务获得的信息以 Web 页面的形式显示在用户屏幕上。Web 页面是一个按照 HTML 格式组织起来的文件，可以由多个对象构成。这些对象可以是 HTML 文件、JPG 图像、GIF 动画和 JAVA 小程序等。大多数 Web 页面由单个基本 HTML 文件和若干个所引用的对象构成。

（2）URL

在 WWW 上，每一信息资源都有统一的且在网上唯一的地址，该地址就是 URL（uniform resource locator，统一资源定位符），它是 WWW 的统一资源定位标志，就是指网络地址。

URL 由 3 部分组成：第一部分表示访问信息的方式或使用的协议，如 FTP 表示使用文件转换协议进行文件传输；第二部分表示提供服务的主机名及主机名上的合法用户名；第三部分是所访问主机的端口号、路径或检索数据库的关键词等。因此，URL 的一般形式为：

访问方式或协议：//<主机名和用户名>/<端口号、路径或关键词>

例如，http://www.baidu.com 就是一个 URL。

（3）浏览器/服务器模式（B/S 模式）

Web 服务以浏览器/服务器模式工作。B/S 模式是在 C/S 模式的基础上发展起来的，一方面继承和融合了 C/S 模式中的网络软、硬件平台和应用，另一方面又具有自身独特的优点，例如 C/S 模式中的客户端承担着显示逻辑和事物处理逻辑双重功能。

浏览器是 Web 的用户代理，在 Internet 上需要通过浏览器软件才能获取信息。用户使用浏览器来浏览和解释 Web 文本，然后以 Web 页面的形式显示在用户屏幕上。可以说，浏览器就是 Web 服务的客户程序。

Web 服务整理和存储各种 Web 资源，响应客户程序软件的请求，把所需的信息资源通过浏览器传送给用户。目前，较为流行的 Web 服务器有 Apache 和微软的 Internet Information Services（IIS）等。

（4）HTTP 协议

超文本传送协议（hypertext transfer protocol，HTTP）是一个简单的请求–响应协议，它通常运行在 TCP 之上。它指定了客户端可能发送给服务器什么样的消息以及得到什么样的响应。请求和响应消息的头以 ASCII 形式给出；而消息内容则具有一个类似 MIME 的格式。

HTTP 是基于客户机/服务器模式，且面向连接。典型的 HTTP 事务处理有如下的过程：

① 客户机与服务器建立连接；

② 客户机向服务器提出请求；

③ 服务器接受请求，并根据请求返回相应的文件作为应答；

④ 客户机与服务器关闭连接。

3．Internet 应用

目前 Internet 上提供的应用功能很多，除了上面讲的 WWW 服务，还有 FTP 与 Telnet 服务、电子邮件、网络信息搜索等相关服务。

（1）FTP 与 Telnet 服务

FTP 是一种上传和下载用的软件。用户可以通过它把自己的 PC 与运行 FTP 协议的服务器相连，访问服务器上的程序和信息。与大多数 Internet 服务一样，FTP 也是一个客户机/服务器系统。用户通过客户机程序向服务器程序发出命令，服务器程序执行用户所发出的命令，并将执行的结果返回到客户机。比如说，用户发出一条命令，要求服务器向用户传送某一个文件的一份副本，服务器会响应这条命令，将指定文件送至用户的机器上。客户机程序代表用户接收到这个文件，将其存放在用户目录中。使用 FTP 时必须先登录，在远程主机上获得相应的权限以后，方可上载或下载文件。也就是说，要想同哪一台计算机传送文件，就必须具有哪一台计算机的适当授权。

Telnet 协议是 TCP/IP 协议族中的一员，是 Internet 远程登录服务的标准协议和主要方式。它为用户提供了在本地计算机上完成远程主机工作的能力。在终端使用者的计算机上使用 telnet 程序，用它连接到服务器。终端使用者可以在 telnet 程序中输入命令，这些命令会在服务器上运行，就像直接在服务器的控制台上输入一样。

Telnet 远程登录服务分为以下 4 个过程：

① 本地与远程主机建立连接。该过程实际上是建立一个 TCP 连接，用户必须知道远程主机的 IP 地址或域名。

② 将本地终端上输入的用户名和口令及以后输入的任何命令或字符以 NVT（network virtual terminal）格式传送到远程主机。该过程实际上是从本地主机向远程主机发送一个 IP 数据包。

③ 将远程主机输出的 NVT 格式的数据转化为本地所接受的格式送回本地终端，包括输入命令回显和命令执行结果。

④ 最后，本地终端对远程主机进行撤销连接。该过程是撤销一个 TCP 连接。

（2）电子邮件服务

电子邮件是一种用电子手段提供信息交换的通信方式，是互联网应用最广的服务。通过网络的电子邮件系统，用户可以以非常低廉的价格（不管发送到哪里，都只需负担网费）、非常快速的方式（几秒之内就可以发送到世界上任何指定的目的地），与世界上任何一个角落的网络用户联系。

电子邮件可以是文字、图像、声音等多种形式。同时，用户可以得到大量免费的新闻、专题邮件，并轻松实现信息搜索。电子邮件极大地方便了人与人之间的沟通与交流，促进了社会的发展。

邮件服务器有两种类型：发送邮件服务器（SMTP 服务器）和接收邮件服务器（POP3 服务器）。发送邮件服务器采用 SMTP 协议，作用是将用户的电子邮件转交到收件人邮件服务器中。接收邮件服务器采用 POP3 协议，用于将发送的电子邮件暂时寄存在接收邮件服务器里，等待接收者从服务器上将邮件取走。这个过程可以很形象地用我们日常生活中邮寄包裹来形容：当我们要寄一个包裹时，我们首先要找到任何一个有这项业务的邮局，在填写完收件人姓名、地址等之后包裹就寄出而到了收件人所在地的邮局，那么对方取包裹的时候就必须去这个邮局才能取出。同样的，当我们发送电子邮件时，这封邮件是由邮件发送服务器（任何一个都可以）发出，并根据收信人的地址判断对方的邮件接收服务器而将这封信发送到该服务器上，收信人要收取邮件也只能访问这个服务器才能完成。

电子邮件地址的格式由 3 部分组成：第一部分"USER"代表用户信箱的账号，对于同一个邮件接收服务器来说，这个账号必须是唯一的；第二部分"@"是分隔符；第三部分是用户信箱的邮件接收服务器域名，用以标志其所在的位置。

（3）网络信息搜索

随着 Internet 的迅速发展，电子信息不断地丰富起来，然而这些信息却散布在无数个服务器上。对于普通用户来说，如何能迅速准确地找到自己需要的信息是一项急需解决的重要问题。搜索引擎就在用户和信息源之间架起了沟通的桥梁。

搜索引擎是专门查询信息的站点。由于这些站点提供全面的信息查询功能，就像发动机一样强劲有力，所以被称为"搜索引擎"。

搜索引擎按其工作方式主要分为 3 类：全文搜索引擎、目录索引搜索引擎和元搜索引擎。全文搜索引擎是通过从 Internet 上提取各个网站的信息而建立的数据库，它检索与用户查询条件匹配的相关记录，然后按一定的排列顺序将结果返回给用户。目录索引虽然有搜索功能，但严格意义上算不上是真正的搜索引擎，仅仅是按目录分类的网站链接列表而已。用户完全可以不用进行关键词查询，仅靠分类目录也可查找到需要的信息。元搜索引擎没有自己的数据，而是将用户的查询请求同时向多个搜索引擎递交，将返回的结果进行重复排除、重新排序等处理后作为自己的结果返回给用户。服务方式为面向网页的全文检索。

Internet 上有很多信息检索系统，例如查询天气预报、报刊文献资料、电话费等，能为用户提供非常多的专业信息，这些专业信息很可能是通过搜索引擎无法查找到的。Internet 上的信息查询系统的工作方式跟搜索引擎表面上类似，用户通过它们可以查询到很多信息，而且提供给用户的操作界面和操作方法也相似，例如天气预报查询系统、图书期刊检索系统、电话费查询系统。

这些信息查询系统和搜索引擎的本质区别在于信息的来源不一样。搜索引擎的信息来源于 Internet 上的网站和网页，而信息查询系统向用户提供的信息基本上来自于自身，很少到 Internet 上去搜索信息供用户查询。

（4）其他应用

① 通信服务。人们可以利用电子邮件、网络电话、视频会议和聊天功能交流信息、相互通信。目前比较流行的是即时通信，各种各样的即时通信软件也层出不穷，服务提供商也提供了越来越丰富的通信服务功能。即时通信软件可以说是我国上网用户使用率最高的软件，目前常用的有腾讯 QQ、微信，还有各种社交平台上使用的在线直播等。目前即时通信不再是一个单纯的聊天工具，而是已发展成为集通信交流、休闲娱乐、信息发布、电子商务、办公协作、信息搜索和客户服务等为一体的综合化信息平台。

② 网上教学。在知识经济和信息化时代，教育教学的根本目标是提高教育教学的效益和效率，通过 Internet 提供的 Web 技术、视频传输技术、实时交流等功能可以开展远程学历教育和非学历教育，举办各种培训，提供各种自学和辅导信息。现在网上教学平台非常多，花样更是层出不穷。

③ 电子商务。通过 Internet，可以开展网上购物、网上商品销售、网上拍卖、网上货币支付等。电子商务现在正向一个更加纵深的方向发展。随着社会金融基础设施及网络安全设施的进一步健全，电子商务将在世界上引起一轮新的革命。如淘宝购物、直播间带货以及各种购物平台等都是电子商务的典型应用。

④ 生活娱乐。网络可以看成是一个虚拟的社会空间，每个人都可以在这个网络社会上充当一个角色。可以在网上与别人聊天、交朋友、玩游戏、听音乐、看电影等。

⑤ 网上医疗咨询。为广大医学工作者和患者提供各种网上医疗咨询和信息服务。

⑥ 企业管理。企业通过建立信息网络并与 Internet 互联，可以实现企业内部、本地与分支机构、企业与客户的全面信息化管理。

⑦ 云盘。云盘是互联网存储工具，是互联网云技术的产物。它通过互联网为企业和个人提供信息的存储、读取和下载等服务。云盘相对于传统的实体磁盘来说更方便，用户不需要把实体磁盘带在身上，却一样可以通过互联网轻松地从云端读取自己所存储的信息。云盘具有安全稳定、海量存储、友好共享的特点。常见的云盘有百度云盘等。

4．Internet 的接入方式

一台计算机要连入 Internet，并非直接与 Internet 相连，而是通过某种方式与 Internet 服务供应商（ISP）提供的某台服务器相连，通过它再接入 Internet。目前，中国经营主干网的 ISP 除了 ChinaNET、CERNET、CSTNET、ChinaGBN 这 4 家政府资助的外，还有大批 ISP 提供因特网接入服务，如中国电信、中国联通和中国移动等。

常见的接入方式有 4 种：

（1）专线连接

专线连接是指用光缆、电缆，或者通过卫星、微波等无线通信方式，或租用电话专线将网络连通。专线连接要求用户具备一个局域网 LAN 或一台主机，入网专线和支持 TCP/IP 协议的路由器，并为网上设备申请到的唯一的 IP 地址和域名。专线连接适合于业务量大的单位和机构等团体用户使用。

（2）局域网连接

局域网的覆盖范围一般是方圆几千米之内，其具备的安装便捷、成本节约、扩展方便等特点使其在各类办公室内运用广泛。局域网可以实现文件管理、应用软件共享、打印机共享等功能，在使用过程当中，通过维护局域网网络安全，能够有效地保护资料安全，保证局域网网络能够正常稳定地运行。

（3）无线连接

无线连接是指使用 Wi-Fi、4G 等无线技术建立设备之间的通信链路，为设备之间的数据通信提供基础，也称为无线链接。常用的实现无线连接的设备有无线路由器、蜂窝设备等。

（4）电话拨号连接

通过电话线接入 Internet，对家庭用户来说是最为经济、简单的一种方式。目前普遍采用的是 ADSL（非对称数字用户线）方式。

ADSL 是一种通过普通电话线提供高速宽带数据业务的技术，采用了新的调制解调技术，使得从 ISP 到用户的传输速率（下行速率）可以达到 8 Mbit/s，而从用户到 ISP 的传输速率（上行速率）将近 1Mbit/s。这种非对称的特性非常适合那些需要从网上下载大量信息，而用户向网络发送的信息较少的应用，如视频点播等。

采用 ADSL 接入因特网，除了一台带有网卡的计算机和一条直拨电话线外，还需要向电信部门申请 ADSL 业务。用户安装了话音分离器、调制解调器和拨号软件后，就可以根据提供的用户名和口令拨号上网了。

1.5　程序设计基础

程序是一组计算机能识别和执行的指令，运行于电子计算机上，满足人们某种需求的信息化工具。

编写程序的过程称为程序设计，用于描述计算机所执行的操作的语言称为程序设计语言。为了使计算机程序得以运行，计算机需要加载代码同时也要加载数据。从计算机的底层来说，这是由高级语言（例如 Java，C/C++，C#等）代码转译成机器语言而被 CPU 所理解，进行加载。

1.5.1　程序设计风格

程序设计风格指一个人编制程序时所表现出来的特点、习惯、逻辑思路等。程序设计的风格主要强调："清晰第一，效率第二"。在程序设计中要使程序结构合理、清晰，形成良好的编程习惯，对程序的要求不仅是可以在机器上执行，给出正确的结果，而且要便于程序的调试和维护，这就要求编写的程序不仅自己看得懂，而且也要让别人能看懂。形成良好的程序设计风格，主要应注重和考虑下述一些因素：

1．源程序文档化

（1）符号名的命名

符号名能反映它所代表的实际东西，应有一定的实际含义。

（2）程序的注释

程序的注释分为序言性注释和功能性注释。

① 序言性注释：位于程序开头部分，包括程序标题、程序功能说明、主要算法、接口说明、程序位置、开发简历、程序设计者、复审者、复审日期及修改日期等。

② 功能性注释：嵌在源程序体之中，用于描述其后的语句或程序的主要功能。

（3）视觉组织

利用空格、空行、缩进等技巧使程序层次清晰。

2．数据说明

在编写程序时，需要注意数据说明的风格。为了使程序中的数据说明更易于理解和维护，必须注意首先尽量做到数据说明的次序规范化，使数据属性容易查找。其次说明语句中变量安排有序化，并且使用注释来说明复杂数据的结构。

3．语句结构

在编写程序时，不能为了片面追求效率而使语句复杂化，应注意一些规则：在一行内只写一条语句；程序编写应优先考虑清晰性，做到清晰第一，效率第二；在保证程序正确的基础上再要求提高效率；避免使用临时变量而使程序的可读性下降；避免不必要的转移；尽量使用库函数；避免采用复杂的条件语句和尽量减少使用"否定"条件语句；数据结构要有利于程序的简化；要模块化，使模块功能尽可能单一化；利用信息隐蔽，确保每一个模块的独立性；从数据出发去构造程序，修补不好的程序，要重新编写。

4．输入和输出

输入和输出的信息是与用户的使用直接相关的，格式应当尽可能方便用户的使用，应注意以下几点：

① 对输入数据，检验数据的合法性并检查输入项的各种重要组合的合法性。

② 输入数据时，应允许使用自由格式。输入格式要简单，使得输入的步骤和操作尽可能简单。

③ 应允许默认值。输入一批数据时，最好使用输入结束标志。

④ 在以交互式输入/输出方式进行输入时，要在屏幕上使用提示符明确提示输入的请求，同时在

数据输入过程中和输入结束时，应在屏幕上给出状态信息。

⑤　当程序设计语言对输入格式有严格要求时，应保持输入格式与输入语句的一致性，给所有的输出加注释，并设计输出报表格式。

1.5.2　结构化程序设计

扫一扫

20 世纪 70 年代出现了结构化程序设计的思想和方法。结构化程序设计方法引入了工程化思想和结构化思想，使大型软件的开发和编程得到了极大的改善。

结构化程序设计

1. 结构化程序设计的原则

结构化程序设计的主要原则可以概括为：自顶向下、逐步求精、模块化和限制使用 goto 语句。

（1）自顶向下

程序设计时，应先考虑总体，后考虑细节；先考虑全局目标，后考虑局部目标。不要一开始就过多追求众多的细节，先从最上层总目标开始设计，逐步使问题具体化。

（2）逐步求精

对复杂问题应设计一些子目标作过渡，逐步细化。

（3）模块化

一个复杂问题，肯定是由若干稍简单的问题构成的。模块化是把程序要解决的总目标分解为分目标，再进一步分解为具体的小目标，把每个小目标称为一个模块。

（4）限制使用 goto 语句

在程序开发过程中要尽可能不使用或少使用 goto 语句。

2. 结构化程序的基本结构

结构化程序的基本结构有 3 种类型：顺序结构、选择结构和重复结构。

（1）顺序结构

顺序结构是一种简单的程序设计，即按照程序语句行的自然顺序，一条语句一条语句地执行程序，它是最基本、最常用的结构。

（2）选择结构

选择结构又称分支结构，包括简单选择和多分支选择结构，可根据条件，判断应该选择哪一条分支来执行相应的语句序列。

（3）重复结构

重复结构又称循环结构，可根据给定的条件，判断是否需要重复执行某一相同的或类似的程序段。

仅仅使用顺序、选择和重复 3 种基本控制结构就足以表达各种其他形式的结构，从而实现任何单入口/单出口的程序。

1.5.3　面向对象的程序设计

客观世界中任何一个事物都可以被看成是一个对象，面向对象方法的本质就是主张从客观世界固有的事物出发来构造系统，提倡人们在现实生活中常用的思维来认识、理解和描述客观事物，强调最终建立的系统能够映射问题域。也就是说，系统中的对象及对象之间的关系能够如实地反映问题域中固有的事物及其关系。

1. 面向对象方法的主要优点

面向对象的程序设计主要考虑的是提高软件的可重用性。可重用性好，指的是在不同的软件开发过程中重复使用相同或相似软件的过程。面向对象方法的优点包括与人类习惯的思维方法一致、稳定性好、可维护性好以及易于开发的大型软件产品。

2. 对象、属性和操作

一个对象由对象名、属性和操作 3 个部分组成。

（1）对象

对象是面向对象方法中最基本的概念，可以用来表示客观世界中的任何实体，对象是实体的抽象。面向对象的程序设计方法中的对象是系统中用来描述客观事物的一个实体，是构成系统的一个基本单位，由一组表示其静态特征的属性和它可执行的一组操作组成。对象是属性和方法的封装体。

对象的基本特点：标识唯一性、分类性、多态性、封装性、模块独立性好。

① 标识唯一性。指对象是可区分的，并且由对象的内在本质来区分，而不是通过描述来区分。

② 分类性。指可以将具有相同属性的操作的对象抽象成类。

③ 多态性。指同一个操作可以是不同对象的行为。

④ 封装性。从外面看只能看到对象的外部特性，即只需知道数据的取值范围和可以对该数据施加的操作，根本无须知道数据的具体结构以及实现操作的算法。对象的内部，即处理能力的实行和内部状态，对外是不可见的。从外面不能直接使用对象的处理能力，也不能直接修改其内部状态，对象的内部状态只能由其自身改变。信息隐蔽是通过对象的封装性来实现的。

⑤ 模块独立性好。对象是面向对象的软件的基本模块，它是由数据及可以对这些数据施加的操作所组成的统一体，而且对象是以数据为中心的，操作围绕对其数据所需做的处理来设置，没有无关的操作。从模块的独立性考虑，对象内部各种元素彼此结合得很紧密，内聚性强。

（2）属性

属性即对象所包含的信息，它在设计对象时确定，一般只能通过执行对象的操作来改变。

（3）操作

操作描述了对象执行的功能，操作也称为方法或服务。操作是对象的动态属性。

3. 类

类是指具有共同属性、共同方法的对象的集合。它描述了属于该对象类型的所有对象的性质，而一个对象则是其对应类的一个实例。

类是关于对象性质的描述，它同对象一样，包括一组数据属性和在数据上的一组合法操作。

4. 消息

消息是一个实例与另一个实例之间传递的信息。在面向对象方法中，一个对象请求另一个对象为其服务的方式是通过发送消息实现的。

消息由 3 部分组成：

① 接收消息的对象的名称。

② 消息标识符，也称消息名。

③ 零个或多个参数。

5. 继承

继承是指能够直接获得已有的性质和特征，而不必重复定义它们。它反映的是类与类之间抽象级别的不同，根据继承与被继承的关系，可分为基类和衍生类。基类也称为父类，衍生类也称为子类，子类将从父类那里获得所有的属性和方法，并且可以对这些获得的属性和方法加以改造，使之具有自己的特点。一个父类可以派生出若干子类，每个子类都可以通过继承和改造获得自己的一套属性和方法，由此父类表现出的是共性和一般性，子类表现出的是个性和特性，父类的抽象级别高于子类。

继承分单继承和多重继承。单继承指一个类只允许有一个父类，多重继承指一个类允许有多个父类。类的继承性是类之间共享属性和操作的机制，它提高了软件的可重用性。

6. 多态性

多态性是指同样的消息被不同的对象接收时可导致完全不同的行动的现象。

1.6 数据库设计基础

数据库技术是信息系统的一个核心技术，是一种计算机辅助管理数据的方法。它研究如何组织和存储数据，如何高效地获取和处理数据。数据库技术是通过研究数据库的结构、存储、设计、管理以及应用的基本理论和实现方法，并利用这些理论来实现对数据库中的数据进行处理、分析和理解的技术。

1.6.1 数据库系统的相关概念

1. 基本概念

（1）数据

数据实际上就是描述事物的符号记录。

数据的特点：有一定的结构，有型与值之分。数据的型给出了数据表示的类型，如整型、实型、字符型等；而数据的值给出了符合给定型的值，如整型（int）。

（2）数据库（DB）

数据库是数据的集合，具有统一的结构形式并存放于统一的存储介质内，是多种应用数据的集成，并可被各个应用程序所共享。

数据库存放数据是按数据所提供的数据模式存放的，具有集成与共享的特点，亦即是数据库集中了各种应用的数据，进行统一的构造和存储，而使它们可被不同应用程序所使用。

（3）数据库管理系统（DBMS）

数据库管理系统是一种系统软件，负责数据库中的数据组织，数据操纵，数据维护、控制及保护和数据服务等，是数据库的核心。

数据库管理系统功能：

① 数据模式定义。数据库管理系统负责为数据库构建模式，也就是为数据库构建其数据框架。

② 数据存取的物理构建。数据库管理系统负责为数据模式的物理存取与构建提供有效的存取方法与手段。

③ 数据操纵。数据库管理系统为用户使用数据库中的数据提供方便。它一般提供如查询、插入、修改以及删除数据的功能。此外，它自身还具有做简单的算术运算及统计的能力，而且还可以与某些

过程性语言结合，使其具有强大的过程性操作能力。

④ 数据的完整性、安全性定义与检查。数据库中的数据具有内在语义上的关联性与一致性，它们构成了数据的完整性。数据的完整性是保证数据库中数据正确的必要条件，因此必须经常检查以维护数据正确。数据库中的数据具有共享性，而数据共享可能会引发数据的非法使用，因此必须要对数据正确使用做出必要的规定，并在使用时做检查，这就是数据的安全性。数据完整性与安全性的维护是数据库管理系统的基本功能。

⑤ 数据库的并发控制与故障恢复。数据库是一个集成、共享的数据集合体，它能为多个应用程序服务，所以就存在着多个应用程序对数据库的并发操作。在并发操作中如果不加控制和管理，多个应用程序间就会相互干扰，从而对数据库中的数据造成破坏。因此，数据库管理系统必须对多个应用程序的并发操作做必要的控制以保证数据不受破坏，这就是数据库的并发控制。数据库中的数据一旦遭到破坏，数据库管理系统必须有能力及时进行恢复，这就是数据库的故障恢复。

⑥ 数据服务。数据库管理系统提供对数据库中数据的多种服务功能，如数据复制、转存、重组、性能监测、分析等。

（4）数据库管理员（DBA）

数据库管理员是对数据库进行规划、设计、维护、监视等的专业管理人员。

（5）数据库系统（DBS）

数据库系统是由数据库（数据）、数据库管理系统（软件）、数据库管理员（人员）、硬件平台（硬件）、软件平台（软件）5 个部分构成的运行实体。

（6）数据库应用系统

数据库应用系统是由数据库系统、应用软件及应用界面三者组成的。

2．数据库系统的发展

数据库系统的发展至今已经历了 3 个阶段：人工管理阶段、文件系统阶段和数据库系统阶段。表 1-2 是数据库系统发展 3 个阶段的比较。

表 1-2　数据库系统发展 3 个阶段比较

	项　　目	阶　　段		
		人工管理阶段	文件系统阶段	数据库系统阶段
背景	应用背景	科学计算	科学计算、管理	大规模管理
	硬件背景	无直接存取存储设备	磁盘、磁鼓	大容量磁盘
	软件背景	没有操作系统	有文件系统	有数据库管理系统
	处理方式	批处理	联机实时处理、批处理	联机实时处理、分布处理、批处理
特点	数据的管理者	用户（程序员）	文件系统	数据库管理系统
	数据面向的对象	某一应用程序	某一应用	现实世界
	数据的共享程度	无共享，冗余度极大	共享性差，冗余度大	共享性高，冗余度小
	数据的独立性	不独立，完全依赖于程序	独立性差	具有高度的物理独立性和一定的逻辑独立性
	数据的结构化	无结构	记录内有结构，整体无结构	整体结构化，用数据模型描述
	数据控制能力	应用程序自己控制	应用程序自己控制	由数据库管理系统提供数据安全性、完整性、并发控制和恢复能力

3．数据库系统的基本特点

（1）数据的高集成性

（2）数据的高共享性与低冗余性

数据库系统可以减少数据冗余，但无法避免一切冗余。

（3）数据独立性

数据独立性是数据与程序间的互不依赖性，即数据库中数据独立于应用程序。也就是说，数据的逻辑结构、存储结构与存取方式的改变不会影响应用程序。

数据独立性一般分为物理独立性与逻辑独立性两级。

① 物理独立性：物理独立性就是数据的物理结构（包括存储结构、存取方式等）的改变，如存储设备的更换、物理存储的更换、存取方式改变等都不影响数据库的逻辑结构，从而不致引起应用程序的变化。

② 逻辑独立性：数据库总体逻辑结构的改变，如修改数据模式、增加新的数据类型、改变数据间联系等，不需要修改相应应用程序，这就是数据的逻辑独立性。

（4）数据统一管理与控制

数据统一管理与控制主要包含以下 3 个方面：

① 数据的完整性检查：检查数据库中数据的正确性以保证数据的正确。

② 数据的安全性保护：检查数据库访问者以防止非法访问。

③ 并发控制：控制多个应用的并发访问所产生的相互干扰以保证其正确性。

4．数据库系统的内部结构体系

（1）数据库系统的三级模式

① 概念模式：数据库系统中全局数据逻辑结构的描述，是全体用户（应用）公共数据视图。

② 外模式：又称子模式或用户模式，它是用户的数据视图，也就是用户所见到的数据模式，它由概念模式推导而出。

③ 内模式：又称物理模式，它给出了数据库物理存储结构与物理存取方法。内模式的物理性主要体现在操作系统及文件级上，它还未深入设备级上（如磁盘及磁盘操作）。内模式对一般用户是透明的，但它的设计直接影响数据库的性能。

（2）数据库系统的两级映射

① 概念模式/内模式的映射：实现了概念模式到内模式之间的相互转换。当数据库的存储结构发生变化时，通过修改相应的概念模式/内模式的映射，使得数据库的逻辑模式不变，其外模式不变，应用程序不用修改，从而保证数据具有很高的物理独立性。

② 外模式/概念模式的映射：实现了外模式到概念模式之间的相互转换。当逻辑模式发生变化时，通过修改相应的外模式/逻辑模式映射，使得用户所使用的那部分外模式不变，从而应用程序不必修改，保证数据具有较高的逻辑独立性。

1.6.2　数据模型

1．数据模型的概念及分类

① 数据模型是数据特征的抽象，它从抽象层次上描述了系统的静态特征、动态行为和约束条件，为数据库系统的信息表示与操作提供了一个抽象的框架。

② 数据模型所描述的内容有 3 个部分，它们是数据结构、数据操作和数据约束。

数据结构：数据结构是所研究的对象类型的集合，包括与数据类型、内容、性质有关的对象，以及与数据之间联系有关的对象。它用于描述系统的静态特性。

数据操作：数据操作是对数据库中各种对象（型）的实例（值）允许执行的操作的集合，包括操作的含义、符号、操作规则及实现操作的语句等。它用于描述系统的动态特性。

数据约束：数据的约束条件是一组完整性规则的集合。完整性规则是给定的数据模型中数据及其联系所具有的制约和依存规则，用以限定符号数据模型的数据库状态及状态的变化，以保证数据的正确、有效和相容。

③ 数据模型分为概念数据模型、逻辑数据模型和物理数据模型 3 类。

概念数据模型：简称概念模型，是对客观世界复杂事物的结构描述及它们之间的内在联系的刻画。概念模型主要有：E-R 模型（实体联系模型）、扩充的 E-R 模型、面向对象模型及谓词模型等。

逻辑数据模型：又称数据模型，是一种面向数据库系统的模型，该模型着重于在数据库系统一级的实现。逻辑数据模型主要有：层次模型、网状模型、关系模型、面向对象模型等。

物理数据模型：又称物理模型，它是一种面向计算机物理表示的模型，此模型给出了数据模型在计算机上物理结构的表示。

2．实体联系模型及 E-R 图

（1）E-R 模型的基本概念

① 实体：客观存在并可相互区别的事物称为实体。实体可以是具体的人、物或事，也可以是抽象的概念或联系。例如：一个学生、一朵花、一场比赛、学生的一次选课等都是实体。

② 属性：实体所具有的某一特性称为实体的属性，一个实体可以有多个属性。例如学生的学号、姓名、性别、出生年月、班级等。

③ 联系：现实世界中事物间的关系。实体集的关系有一对一（1：1）、一对多（1：n）、多对多（m：n）的联系。

一对一联系指的是如果对于实体集 A 中的每一个实体，实体集 B 中有且只有一个实体与之联系，反之亦然，则称实体集 A 与实体集 B 具有一对一的联系，记为 1：1。如图 1-7 所示的学生选课图，一个学生对应唯一的学号，一个学生只有一个姓名，性别以及出生年月都是唯一的，这些关系就是一对一的联系。

一对多联系指的是对于实体集 A 中的每一个实体，实体集 B 中有多个实体与之联系，反之，对于实体集 B 中的每一个实体，实体集 A 中至多只有一个实体与之联系，则称实体集 A 与实体集 B 有一对多的联系，记为 1：n，其中 A 称为一方，B 称为多方。如图 1-7 所示的学生选课图，一个系有多个学生，而每个学生只属于一个系，则实体集系与实体集学生之间的联系就是一对多的联系，一方是实体集系，多方是实体集学生。

多对多联系指的是对于实体集 A 中的每一个实体，实体集 B 中有多个实体与之联系，而对于实体集 B 中的每一个实体，实体集 A 中也有多个实体与之联系，则称实体集 A 和 B 之间有多对多的联系，记为 m：n。如图 1-7 所示的学生选课图，一个学生可以选修多门课程，而一门课程也可以由多名学生选修，则实体集学生与实体集课程之间是多对多的联系。

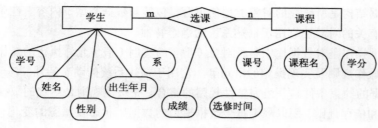

图 1-7 学生选课图

（2）E-R 模型的图示法

① 实体集：用矩形表示。

② 属性：用椭圆形表示。

③ 联系：用菱形表示。

④ 实体集与属性间的联系：用无向线段表示。

⑤ 实体集与联系间的联系：用无向线段表示。

图 1-7 是学生选课的一个 E-R 图。用 E-R 图表示的概念模型独立于具体的数据库管理系统所支持的数据模型，它是各种数据模型的共同基础，因而比数据模型更一般、更抽象、更接近现实世界。

（3）数据库管理系统常见的数据模型

常见的数据模型有层次模型、网状模型和关系模型 3 种。

① 层次模型的基本结构是树形结构，具有以下特点：每棵树有且仅有一个无双亲节点，称为根；树中除根外所有节点有且仅有一个双亲。图 1-8 是层次模型的示例。

② 网状模型是层次模型的一个特例。从图论上看，网状模型是一个不加任何条件限制的无向图。图 1-9（a）表示的是一个教学关系的网状模型，图 1-9（b）表示的是工作与设备的网状模型。

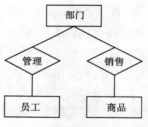

图 1-8 层次模型的示例

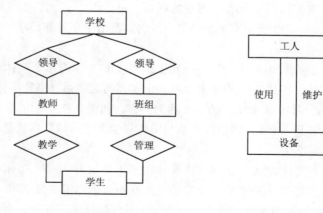

（a）教学关系的网状模型　　（b）工作与设备的网状模型

图 1-9 网状模型的示例

③ 关系模型采用二维表来表示实体及其相互之间的联系，简称表，由表框架及表的元组组成。一个二维表就是一个关系。

　　二维表的表框架由 n 个命名的属性组成，n 称为属性元数。每个属性有一个取值范围称为值域。表框架对应了关系的模式，即类型的概念。在表框架中按行可以存放数据，每行数据称为元组，实际上，一个元组是由 n 个元组分量所组成，每个元组分量是表框架中每个属性的投影值。同一个关系模型的任两个元组值不能完全相同。表 1-3 所示关系名为"学生情况表"，表中的每一行是一个学生的记录，是关系中的一个元组；表中的学号、姓名、性别、出生年月、籍贯和班级为属性名。其关系模式可以记为：学生情况表（学号、姓名、性别、出生年月、籍贯、班级）。

　　主码：或称为关键字、主键，简称码、键。表中的一个属性或几个属性的组合，其值能唯一地标识表中一个元组的，称为关系的主码或关键字。例如，表 1-3 中学生的学号就是主码或关键字，主码属性不能取空值。

　　外部关键字：或称为外键，在一个关系中含有与另一个关系的关键字相对应的属性组称为该关系的外部关键字。外部关键字取空值或为外部表中对应的关键字值。例如，表 1-3 "学生情况表"中含有的所属班级名称，是"班级表"中的关键字属性，它是"学生情况表"中的外部关键字。

表 1-3　"学生情况表"关系模型

学　号	姓　名	性　别	出生年月	班　级	籍　贯
2020102	张洁然	男	01-2-99	20 动画 1 班	广西南宁
2020103	李一明	男	05-3-99	20 美术 2 班	江苏南京
2020104	王丽	女	20-5-99	20 管理 3 班	福建福州
2020105	刘宏	女	10-5-99	20 旅游 4 班	福建厦门

　　（4）关系中的数据约束

　　① 实体完整性约束：要求关系的主键中属性值不能为空值，因为主键是唯一决定元组的，如为空值则其唯一性就成为不可能的了。

　　② 参照完整性约束：关系之间相互关联的基本约束，不允许关系引用不存在的元组，即在关系中的外键要么是所关联关系中实际存在的元组，要么为空值。

　　③ 用户定义的完整性约束：反映某一具体应用所涉及的数据必须满足的语义要求。例如"性别"属性只能是"男"或"女"两种可能。

　　3. 从 E-R 图导出关系数据模型

　　数据库逻辑设计的主要工作是将 E-R 图转换成指定 RDBMS（关系数据库管理系统）中的关系模式。首先，从 E-R 图到关系模式的转换是比较直接的，实体与联系都可以表示成关系，E-R 图中属性也可以转换成关系的属性。实体集也可以转换成关系。

1.6.3　关系代数

　　由于关系是属性个数相同的元组的集合，因此可以从集合论角度对关系进行集合运算。在关系运算中，并、交、差运算是从元组（二维表格中的一行）的角度来进行的，沿用了传统的集合运算规则。

　　1. 关系的数据结构

　　关系是由若干个不同的元组所组成，因此关系可视为元组的集合。n 元关系是一个 n 元有序组的集合。

关系模型的基本运算包括：插入、删除、修改、查询（包括投影、选择、笛卡儿积运算）等。

2. 关系操纵

关系模型的数据操纵即是建立在关系上的数据操纵，一般有查询、增加、删除和修改 4 种操作。

3. 集合运算及选择、投影、连接运算

（1）并（∪）

关系 R 和 S 具有相同的关系模式，R 和 S 的并是由属于 R 或属于 S 的元组构成的集合。

（2）差（-）

关系 R 和 S 具有相同的关系模式，R 和 S 的差是由属于 R 但不属于 S 的元组构成的集合。

（3）交（∩）

关系 R 和 S 具有相同的关系模式，R 和 S 的交是由属于 R 且属于 S 的元组构成的集合。

（4）广义笛卡儿积（×）

设关系 R 和 S 的属性个数分别为 n、m，则 R 和 S 的广义笛卡儿积是一个有（n+m）列的元组的集合。每个元组的前 n 列来自 R 的一个元组，后 m 列来自 S 的一个元组，记为 R×S。

根据笛卡儿积的定义：有 n 元关系 R 及 m 元关系 S，它们分别有 p、q 个元组，则关系 R 与 S 经笛卡儿积记为 R×S，该关系是一个 n+m 元关系，元组个数是 p×q，由 R 与 S 的有序组组合而成。

如图 1-10 所示，有两个关系 R 和 S，分别进行并、差、交和广义笛卡儿积运算。

（5）关系运算

在关系型数据库管理系统中，基本的关系运算有选择、投影与连接 3 种操作，关系运算不仅涉及行而且涉及列。

① 选择：选择指的是从二维关系表的全部记录中，把那些符合指定条件的记录挑出来。例如，如果要列出图 1-11（a）所示学生关系中性别是男的学生名单，就是要找出那些符合此条件的行，选择运算的结果如图 1-11（b）所示。

扫一扫

关系运算

R

A	B	C
a1	b1	c1
a1	b2	c2
a2	b2	c1

（a）

S

A	B	C
a1	b2	c2
a1	b3	c2
a2	b2	c1

（b）

R∪S

A	B	C
a1	b1	c1
a1	b2	c2
a2	b2	c1
a1	b3	c2

（c）

R-S

A	B	C
a1	b1	c1

（d）

R∩S

A	B	C
a1	b2	c2
a2	b2	c1

（e）

R×S

R.A	R.B	R.C	S.A	S.B	S.C
a1	b1	c1	a1	b2	c2
a1	b1	c1	a1	b3	c2
a1	b1	c1	a2	b2	c1
a1	b2	c2	a1	b2	c2
a1	b2	c2	a1	b3	c2
a1	b2	c2	a2	b2	c1
a2	b2	c1	a1	b2	c2
a2	b2	c1	a1	b3	c2
a2	b2	c1	a2	b2	c1

（f）

图 1-10　关系 R 与 S 的运算

姓名	出生日期	性别
张洁然	01–2–99	男
李一明	05–3–99	男
王丽	20–5–99	女
刘宏	10–5–99	女

（a）学生关系

姓名	出生日期	性别
张洁然	01–2–99	男
李一明	05–3–99	男

（b）选择运算结果

图 1–11　关系的选择运算

② 投影：投影是从所有字段中选取一部分字段及其值进行操作，它是一种纵向操作。例如，在图 1–12（a）所示学生关系中只查询性别为男的学生的"姓名"和"性别"。投影运算的结果如图 1–12（b）所示。

姓名	出生日期	性别
张洁然	01–2–99	男
李一明	05–3–99	男
王丽	20–5–99	女
刘宏	10–5–99	女

（a）学生关系

姓名	性别
张洁然	男
李一明	男

（b）投影运算结果

图 1–12　关系的投影运算

③ 连接：连接是将两个关系模式拼接成一个更宽的关系模式，生成的新关系中包含满足连接条件的元组。连接运算中最为常用的连接是条件连接、等值连接、自然连接。

a. 条件连接：当要满足某个给定条件时实现连接，称为条件连接。

b. 等值连接：从关系 R 与关系 S 的笛卡儿积中选取 A 和 B 属性值相等的那些元组。

c. 自然连接：自然连接是一种特殊的等值连接，它要求在结果中把重复的属性去掉。一般的连接操作是从行的角度进行运算，但自然连接还需要取消重复列，所以是同时从行和列的角度进行去除。

1.6.4　数据库设计方法和步骤

数据库设计有两种方法，即面向数据的方法和面向过程的方法。面向数据的方法是以信息需求为主，兼顾处理需求；面向过程的方法是以处理需求为主，兼顾信息需求。

考虑数据库应用系统开发的全过程，将数据库设计分为 6 个阶段：需求分析、概念设计、逻辑设计、物理设计、数据库实施和数据库运行维护。

1. 需求分析阶段

需求分析阶段是数据库设计的第一个阶段，主要任务是收集和分析数据。这一阶段收集到的基础数据和数据流图是下一步设计概念结构的基础。需求分析反映了用户的实际要求，将直接影响到后面各个阶段的设计，并影响到设计结果是否合理和实用。

需求分析的内容是针对待开发软件提供完整、清晰、具体的要求，确定软件必须实现哪些任务。具体分为功能性需求、非功能性需求与设计约束 3 个方面。

2. 概念设计阶段

将需求分析得到的用户需求抽象为信息结构即概念模型的过程就是概念设计。

概念模型是一种或多或少的形式化描述，描述的内容包括建立软件组件时，所用到的算法、架构、假设与底层约束。这通常是对实际的简化描述，包括一定程度的抽象，显式或隐式地按照头脑中的确切使用方式进行构建。对概念模型的验证包括确保所用的理论和假设是正确的；考虑模型的特征时，确保所规划的用途是合理的。

数据库概念设计的过程包括选择局部应用、视图设计和视图集成。

3. 逻辑设计阶段

逻辑结构设计是将概念结构设计阶段完成的概念模型，转换成能被选定的数据库管理系统（DBMS）支持的数据模型。这里主要将 E-R 模型转换为关系模型。需要具体说明把原始数据进行分解、合并后重新组织起来的数据库全局逻辑结构，包括所确定的关键字和属性、重新确定的记录结构和文件结构、所建立的各个文件之间的相互关系，形成本数据库的数据库管理员视图。

逻辑设计一般分为 3 步进行：

（1）从 E-R 图向关系模式转化

数据库的逻辑设计主要是将概念模型转换成一般的关系模式，也就是将 E-R 图中的实体、实体的属性和实体之间的联系转化为关系模式。在转化过程中会遇到如下问题：

① 命名问题。命名问题可以采用原名，也可以另行命名，避免重名。

② 非原子属性问题。非原子属性问题可将其进行纵向和横行展开。

③ 联系转换问题。联系可用关系表示。

（2）数据模型的优化

数据库逻辑设计的结果不是唯一的。为了进一步提高数据库应用系统的性能，还应该适当修改数据模型的结构，提高查询的速度。

（3）关系视图设计

关系视图设计又称外模式的设计，也称用户模式设计，是用户可直接访问的数据模式。同一系统中，不同用户可有不同的关系视图。关系视图来自逻辑模式，但在结构和形式上可能不同于逻辑模式，所以它不是逻辑模式的简单子集。

4. 物理设计阶段

数据库在物理设备上的存储结构和存取方法称为数据库的物理结构，它依赖于给定的计算机系统。为一个给定的逻辑模型选取一个最合适应用要求的物理结构的过程，就是数据库的物理设计。

5. 数据库实施阶段

完成数据库的物理设计之后，就要用数据库管理系统提供的数据定义语言和其他实用程序将数据库逻辑设计和物理设计结果严格地描述出来，成为数据库管理系统可以接收的源代码，再经过调试产生目标代码，然后就可以组织数据入库了，这就是数据库实施阶段。

数据库实施阶段包括两项重要的工作：一是数据的载入，二是应用程序的编码和调试。

6. 数据库运行维护阶段

数据库系统经过试运行合格后，数据库开发工作就基本完成，即可投入正式运行了。在数据库系统的运行过程中，对数据库设计进行评价、调整、修改等维护工作是一个长期的任务，也是设计工作的继续和提高。

设计一个完整的数据库应用系统是不可能一蹴而就的，需要经过上面 6 个步骤的不断反复，而且这个设计步骤既是数据库设计的过程，也包括了数据库应用系统的设计过程。在设计过程中，把数据库的设计和对数据库中数据处理的设计紧密结合起来，将这两方面的需求分析、系统设计和系统实现在各个阶段同时进行，相互参照，以完善两方面的设计。

1.7 算法与数据结构

1.7.1 算法和数据结构的基本概念

1. 算法的定义

算法是对数据运算的描述，而数据结构是指数据的逻辑结构和存储结构。程序设计的实质是对实际问题选择一种好的数据结构，加之设计一个好的算法，而好的算法在很大程度上取决于描述实际问题的数据结构。

算法不等于程序，也不等于计算方法。程序的编制不可能优于算法的设计。著名的瑞士计算机科学家沃思教授曾提出：算法+数据结构 = 程序。

2. 算法的基本特征

（1）可行性

针对实际问题而设计的算法，执行后能够得到满意的结果。

（2）确定性

每一条指令的含义明确，无二义性。并且在任何条件下，算法只有唯一的一条执行路径，即相同的输入只能得出相同的输出。

（3）有穷性

算法必须在有限的时间内完成。有两重含义，一是算法中的操作步骤为有限个，二是每个步骤都能在有限时间内完成。

（4）拥有足够的情报

算法中各种运算总是要施加到各个运算对象上，而这些运算对象又可能具有某种初始状态，这就是算法执行的起点或依据。因此，一个算法执行的结果总是与输入的初始数据有关，不同的输入将会有不同的结果输出。当输入不够或输入错误时，算法将无法执行或执行有错。一般说来，当算法拥有足够的情报时，此算法才是有效的；而当提供的情报不够时，算法可能无效。

综上所述，所谓算法，是一组严谨地定义运算顺序的规则，并且每一个规则都是有效的，且是明确的，此顺序将在有限的次数下终止。

3. 算法的复杂度

算法复杂度主要包括时间复杂度和空间复杂度。

（1）时间复杂度

算法时间复杂度是指执行算法所需要的计算工作量，可以用执行算法的过程中所需基本运算的执行次数来度量。

算法的时间复杂度是一个函数，它定性描述该算法的运行时间。这是一个代表算法输入值的字符串的长度的函数。为了计算时间复杂度，通常会估计算法的操作单元数量，每个单元运行的时间都是相同的。因此，总运行时间和算法的操作单元数量最多相差一个常量系数。

（2）空间复杂度

算法空间复杂度是指执行这个算法所需要的内存空间，包括 3 个方面：一是存储算法本身所占用的存储空间；二是算法在运行过程中临时占用的存储空间；三是算法中的输入/输出数据所占用的存储空间。

（3）时间复杂度与空间复杂度之间的关系

对于一个算法，其时间复杂度和空间复杂度往往是相互影响的。当追求一个较好的时间复杂度时，可能会使空间复杂度的性能变差，即可能导致占用较多的存储空间；反之，当追求一个较好的空间复杂度时，可能会使时间复杂度的性能变差，即可能导致占用较长的运行时间。另外，算法的所有性能之间都存在着或多或少的相互影响。因此，当设计一个算法（特别是大型算法）时，要综合考虑算法的各项性能、算法的使用频率、算法处理的数据量的大小、算法描述语言的特性、算法运行的机器系统环境等各方面因素，才能够设计出比较好的算法。算法的时间复杂度和空间复杂度合称为算法的复杂度。

4．算法设计的要求

一个好的算法应满足以下要求：

（1）正确性

算法的正确性是指算法至少应该具有加工处理无歧义性、能正确反映问题，得到问题的正确答案。大体分为以下 4 个层次：

① 算法程序没有语法错误。

② 算法程序对于合法输入能够产生满足要求的输出。

③ 算法程序对于非法输入能够产生满足规格的说明。

④ 算法程序对于故意刁难的测试输入都有满足要求的输出结果。

（2）可读性

算法设计另一目的是为了便于阅读、理解和交流。程序员编写的代码，一方面是为了让计算机执行，但还有一个重要的目的是为了便于他人阅读和自己日后阅读修改。

（3）健壮性

当输入数据不合法时，算法也能做出相关处理而不是产生异常、崩溃或莫名其妙的结果。

（4）时间效率高和存储量低

效率指的是算法执行的时间；存储量需求指算法执行过程中所需要的最大存储空间。要求速度快，存储容量小。一般地，这两者与问题的规模有关。

5．数据结构的定义

数据结构是研究程序中数据的最佳组织方式，以达到程序执行速度快、数据占用的内存空间少、能够更快地访问这些数据的目的。数据结构是指相互之间存在一种或多种特定关系的数据元素所组成的集合。

数据结构主要研究和讨论以下 3 个方面的问题：

（1）数据的逻辑结构

数据集合中各数据元素之间所固有的逻辑关系，即数据的逻辑结构。一般情况下，一组数据元素并不是杂乱无章的，而是具有某种联系形式。这里的联系形式指数据元素与数据元素间的相互关系。数据之间的联系可以是固有的，也可以是根据数据处理的需要人为定义的。

　　数据的逻辑结构划分有两种方法。第一种方法是将数据元素之间的逻辑结构划分为线性结构和非线性结构两种基本类型。线性结构的特点：有且只有一个根节点，每一个节点最多有一个前件，也最多有一个后件。常见的线性结构有线性表、栈、队列和线性链表等。非线性结构指的是不满足线性结构条件的数据结构。常见的非线性结构有树、二叉树和图等。

　　（2）数据的物理结构

　　数据的物理结构是指数据结构在计算机存储器上的存储表示，也称为存储结构。数据的逻辑结构和物理结构是两个密切相关的方面，任何一个算法的设计取决于选定的逻辑结构，而算法的实现依赖于采取的存储结构。

　　数据的存储结构有顺序存储、链式存储、索引存储和散列存储 4 种。一种数据结构可以根据需要表示成一种或多种存储结构。

　　① 顺序存储。它是把逻辑上相邻的节点存储在物理位置相邻的存储单元里，节点间的逻辑关系由存储单元的邻接关系来体现。由此得到的存储表示称为顺序存储结构。

　　② 链式存储。它不要求逻辑上相邻的节点在物理位置上亦相邻，节点间的逻辑关系是由附加的指针字段表示的。由此得到的存储表示称为链式存储结构。

　　③ 索引存储。除建立存储节点信息外，还建立附加的索引表来标识节点的地址。

　　④ 散列存储。通过构造散列函数，用函数的值来确定元素存放的地址。

　　数据的逻辑结构反映数据元素之间的逻辑关系，数据的存储结构（也称数据的物理结构）是数据的逻辑结构在计算机存储空间中的存放形式。同一种逻辑结构的数据可以采用不同的存储结构，但影响数据处理效率。

　　（3）对各种数据结构进行的运算

　　研究数据结构，除了研究数据结构本身以外，还要研究与数据结构相关联的运算。这里的运算是指对数据结构中的数据元素进行的操作处理，而这些操作与数据的逻辑结构和物理结构有直接的关系。结构不同，则实现方法不同。

　　数据结构运算的种类很多，主要运算包括：

　　① 创建（create）：建立一个数据结构。

　　② 删除（delete）：从一个数据结构中删除一个数据元素。

　　③ 插入（insert）：把一个数据元素插入一个数据结构中。

　　④ 修改（modify）：对一个数据结构中的数据元素进行修改。

　　⑤ 访问（access）：对一个数据结构进行访问。

　　⑥ 撤销（destroy）：消除一个数据结构。

　　⑦ 查找（search）：根据指定关键字对一个数据结构进行查找。

　　⑧ 排序（sort）：按照指定的关键字对一个数据结构进行从小到大或从大到小的排序。

6. 数据结构的图形表示

　　一个数据结构除了用二元关系表示外，还可以直观地用图形表示。在数据结构的图形表示中，对于数据集合 D 中的每一个数据元素用中间标有元素值的方框表示，一般称之为数据节点，简称节点；为了进一步表示各数据元素之间的前后件关系，对于关系 R 中的每一个二元组，用一条有向线段从前件节点指向后件节点。

1.7.2　线性表及其顺序存储结构

线性表是最简单、最常用的一种数据结构。

1. 线性表的定义

线性表由一组数据元素构成，数据元素的位置只取决于自己的序号，元素之间的相对位置是线性的。线性表是由 n（n≥0）个数据元素组成的一个有限序列，表中的每一个数据元素，除了第一个外，有且只有一个前件，除了最后一个外，有且只有一个后件。线性表中数据元素的个数称为线性表的长度。线性表可以为空表。

从线性表的定义可以看出线性表有如下特征：

① 有且仅有一个开始节点，它没有直接前驱，只有一个直接后继。

② 有一个终端节点，它没有直接后继，只有一个直接前驱。

③ 其他节点都有一个直接前驱和直接后继。

④ 元素之间为一对一的线性关系。

2. 线性表的顺序存储

线性表的顺序存储结构也称为顺序表。线性表的顺序存储结构具有两个基本特点：

① 线性表中所有元素所占的存储空间是连续的。

② 线性表中各数据元素在存储空间中是按逻辑顺序依次存放的。

由此可以看出，在线性表的顺序存储结构中，其前后件两个元素在存储空间中是紧邻的，且前件元素一定存储在后件元素的前面，可以通过计算机直接确定第 i 个节点的存储地址。

3. 线性表的基本运算

线性表的运算有插入、删除和查找等，这里仅介绍顺序表的插入和删除操作。

（1）顺序表的插入运算

在一般情况下，要在第 i（1≤i≤n）个元素之前插入一个新元素时，首先要从最后一个（即第 n 个）元素开始，直到第 i 个元素之间共 n−i+1 个元素依次向后移动一个位置，移动结束后，第 i 个位置就被空出，然后将新元素插入第 i 项。插入结束后，线性表的长度就增加了 1。

顺序表的插入运算时需要移动元素，在等概率情况下，平均需要移动（n/2）个元素。

（2）顺序表的删除运算

在一般情况下，要删除第 i（1≤i≤n）个元素时，则要从第 i+1 个元素开始，直到第 n 个元素之间共 n−i 个元素依次向前移动一个位置。删除结束后，线性表的长度就减小了 1。

顺序表的删除运算也需要移动元素，在等概率情况下，平均需要移动 ［(n−1)/2］ 个元素。

1.7.3　栈和队列

栈和队列是两种重要的线性结构。从数据结构角度看，栈和队列也是线性表，其特殊性在于栈和队列的基本操作是线性表操作的子集，它们是操作受限的线性表，因此，可称为限定性的数据结构。

扫一扫

栈和队列

1. 栈

（1）栈的概念

栈是限定仅在表尾进行插入或删除操作的线性表。在栈中，允许插入与删除的一端称为栈顶，不允许插入与删除的另一端称为栈底。栈顶元素总是最后被插入的元素，栈底元素总是最先被插入的元素。即栈是按照"先进后出"或"后进先出"的原则组织数据的。栈具有记忆作用。图 1–13 是顺序栈的示意图。

（2）栈的运算（下列说明 S 表示栈）

栈的基本运算有 3 种：进栈、出栈和读栈顶元素。

① 进栈。插入元素称为入栈运算。进栈运算算法如下：

a. 若 top≥n 时，则给出溢出信息，做出错处理（进栈前首先检查栈是否已满，满则溢出；不满则继续下一步）。

b. 置 top=top+1（栈指针加 1，指向进栈地址）。

c. S(top)=X，结束（X 为新进栈的元素）。

② 出栈。出栈是栈的删除运算，它将删除栈顶元素。出栈运算算法如下：

a. 若 top≤0，则给出下溢信息，做出错处理（退栈前先检查是否已为空栈，空则下溢；不空则继续下一步）。

b. X=S(top)（退栈后的元素赋给 X）。

c. top=top−1，结束（栈指针减 1，指向栈顶）。

③ 读栈顶元素。读栈顶元素是将 top 指针指向的元素赋给一个指定变量，top 指针及栈中元素个数不变。

2．队列

（1）队列的概念

和栈相反，队列是一种先进先出（first in first out，FIFO）的线性表。它只允许在表的一端进行插入，而在另一端删除元素。这和我们日常生活中的排队是一致的，最早进入队列的元素最早离开。在队列中，允许插入的一端称为队尾（rear），允许删除的一端则称为队头（front）。

队列中没有元素称为空队列。在空队列中依次加入元素 a_1，a_2，$\cdots$，a_n 之后，a_1 是队首元素，a_n 是队尾元素。退出队列的次序也只能是 a_1，a_2，$\cdots$，a_n，即队列是按照"先进先出"或"后进后出"的原则进行的，如图 1–14 所示。

图 1–14 队列示意图

（2）队列的运算

队列的基本运算有：初始化队列、入队操作、出队操作、读队头元素和判队空操作。下面介绍入队和出队操作。

① 入队。入队是队列的插入运算，它是在队尾插入一个新的元素。操作步骤是：先执行 rear 加 1，使 rear 指向新的队列的位置，然后将数据元素保存到队尾（rear 所指的当前位置），元素个数加 1。

② 出队。出队是队列的删除运算，它将删除队首元素。操作步骤是：先将 front 指向的队首元素取出，然后执行 front 加 1，使 front 指向新的队首位置，元素个数减 1。

（3）循环队列

所谓循环队列，就是将队列存储空间的最后一个位置绕到第一个位置，形成逻辑上的环状空间，供队列循环使用。在循环队列中，用队尾指针 rear 指向队列中的队尾元素，用排头指针 front 指向排头元素的前一个位置，因此，从头指针 front 指向的后一个位置直到队尾指针 rear 指向的位置之间，所有的元素均为队列中的元素。

在循环队列中，当队列为空时，有 front=rear，而当所有队列空间全占满时，也有 front=rear。为了区别这两种情况，规定循环队列最多只能有队列空间减 1 个队列元素，当循环队列中只剩下一个空存储单元时，队列就已经满了。

1.7.4 树与二叉树

树形结构是一类重要的非线性数据结构。其中以树和二叉树最为常用，直观看来，树是以分支关系定义的层次结构。树形结构在客观世界中广泛存在，如人类社会的族谱和各种社会组织机构都可用树来表示。在计算机领域中如数据库系统中，树形结构也是信息的重要组织形式之一。

1. 树

（1）树的定义

树是一种数据结构，它是由 n（n≥1）个有限节点组成一个具有层次关系的集合。把它称为"树"是因为它看起来像一棵倒挂的树，也就是说它是根朝上，而叶朝下的。它具有以下的特点：

① 每个节点有零个或多个子节点。

② 没有父节点的节点称为根节点。

③ 每一个非根节点有且只有一个父节点。

④ 除了根节点外，每个子节点可以分为多个不相交的子树。

（2）树的基本术语

① 节点。节点（node）是指一个数据元素及其若干指向其子树的分支。

② 节点的度、树的度。一个节点含有的子节点的个数称为该节点的度。一棵树中，最大的节点的度称为树的度。

③ 叶子节点、非叶子节点。度为 0 的节点称为叶子节点，相应地，度不为 0 的节点称为非叶子节点。除根节点外，分支节点又称内部节点。

④ 孩子节点、双亲节点和兄弟节点。一个节点含有的子树的根节点称为该节点的孩子节点或者子节点。若一个节点含有子节点，则这个节点称为其子节点的父节点或双亲节点。具有相同父节点的节点互称为兄弟节点。

⑤ 层次、堂兄弟节点。从根开始定义起，根为第 1 层，根的子节点为第 2 层，以此类推。双亲在同一层的节点互为堂兄弟。

⑥节点的祖先和子孙。节点的祖先指从根到该节点所经分支上的所有节点。节点的子孙指以某节点为根的子树中任一节点都称为该节点的子孙。

⑦ 树的高度或深度。树中节点的最大层次。

⑧ 森林。由 m（m≥0）棵互不相交的树的集合称为森林。若将一棵树的根节点删除，剩余的子树就构成了森林。

2．二叉树

（1）二叉树的定义

二叉树（binary tree）是指树中节点的度不大于 2 的有序树，它是一种最简单且最重要的树。二叉树的递归定义为：二叉树是一棵空树，或者是一棵由一个根节点和两棵互不相交的，分别称为根的左子树和右子树组成的非空树；左子树和右子树同样都是二叉树。

根据二叉树的定义可知，二叉树的节点度数只能为 0（叶子节点）、1（只有 1 棵子树）或 2（有 2 棵子树）。

（2）二叉树的基本形态

二叉树是递归定义的，其节点有左右子树之分，逻辑上二叉树有 5 种基本形态，如图 1-15 所示。

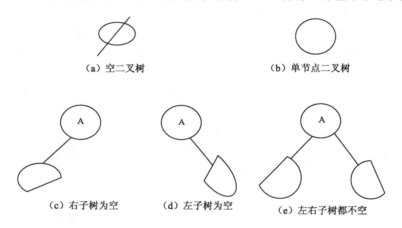

（a）空二叉树　　　　　　　　　（b）单节点二叉树

（c）右子树为空　　　（d）左子树为空　　　（e）左右子树都不空

图 1-15　二叉树的 5 种基本形态

（3）满二叉树和完全二叉树

满二叉树：除最后一层外，每一层上的所有节点都有两个子节点。

完全二叉树：除最后一层外，每一层上的节点数均达到最大值；在最后一层上只缺少右边的若干节点。

根据完全二叉树的定义可得出：度为 1 的节点的个数为 0 或 1。

图 1-16（a）表示的是满二叉树，图 1-16（b）表示的是完全二叉树。

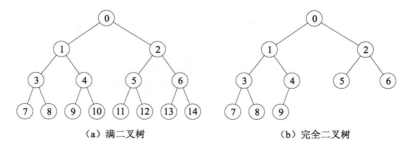

（a）满二叉树　　　　　　　　　（b）完全二叉树

图 1-16　满二叉树和完全二叉树图

（4）二叉树的性质

性质 1：在非空二叉树中，二叉树的第 i 层上至多有 2^{i-1}（$i \geq 1$）个节点。

性质 2：深度为 h 的二叉树中至多含有 2^h-1 个节点 。

性质 3：若在任意一棵二叉树中，有 n0 个叶子节点，有 n2 个度为 2 的节点，则 n0=n2+1 。

性质 4：具有 n 个节点的完全二叉树深为 $\lfloor \log_2 x \rfloor +1$（其中 x 表示不大于 n 的最大整数）。

性质 5：若对一棵有 n 个节点的完全二叉树进行顺序编号（1≤i≤n），那么，对于编号为 i（i≥1）的节点：

① 当 i=1 时，该节点为根，它无双亲节点。

② 当 i>1 时，该节点的双亲节点的编号为 i/2 。

③ 若 2i≤n，则有编号为 2i 的左节点，否则没有左节点。

④ 若 2i+1≤n，则有编号为 2i+1 的右节点，否则没有右节点。

（5）二叉树的存储结构

在计算机中，二叉树通常采用链式存储结构。与线性链表类似，用于存储二叉树中各元素的存储节点也由两部分组成：数据域和指针域。但在二叉树中，由于每一个元素可以有两个后件（即两个子节点），因此，用于存储二叉树的存储节点的指针域有两个：一个用于指向该节点的左子节点的存储地址，称为左指针域（lchild）；另一个用于指向该节点的右子节点的存储地址，称为右指针域（rchild），如图 1-17 所示。

指针域	数据域	指针域
lchild	data	rchild

图 1-17　链式存储下二叉树节点的结构

（6）二叉树的遍历

二叉树的遍历是指按指定的规律对二叉树中的每个节点访问一次且仅访问一次。所谓访问是指对节点做某种处理，如输出信息、修改节点的值等。

二叉树的遍历可以分为以下 3 种：

① 前序遍历（DLR）：若二叉树为空，则结束返回；否则，首先访问根节点，然后遍历左子树，最后遍历右子树。并且，在遍历左、右子树时，仍然先访问根节点，然后遍历左子树，最后遍历右子树。如图 1-18 所示的二叉树，它的前序遍历为：FCADBEHGM。

② 中序遍历（LDR）：若二叉树为空，则结束返回；否则，首先遍历左子树，然后访问根节点，最后遍历右子树。并且，在遍历左、右子树时，仍然先遍历左子树，然后访问根节点，最后遍历右子树。如图 1-18 所示的二叉树，它的中序遍历为：ACBDFHEMG。

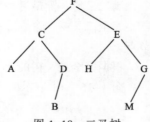

图 1-18　二叉树

③ 后序遍历（LRD）：若二叉树为空，则结束返回；否则，首先遍历左子树，然后遍历右子树，最后访问根节点。并且，在遍历左、右子树时，仍然先遍历左子树，然后遍历右子树，最后访问根节点。如图 1-18 所示的二叉树，它的后序遍历为：ABDCHMGEF。

1.7.5　查找与排序技术

查找表（table）是由同一类型的数据元素（或记录）构成的集合。查找是指根据给定的某个值，在查找表中确定一个其关键字等于给定值的数据元素。若表中存在这样的一个记录，则称查找是成功的，此时查找的结果为给出整个记录的信息，或指示该记录在查找表中的位置；若表中不存在关键字等于给定值的记录，则称查找不成功，此时查找的结果可给出一个"空"记录或"空"指针。

1．顺序查找

顺序查找的基本思想：从表中的第一个元素开始，将给定的值与表中逐个元素的关键字进行比较，直到两者相符，查到所要找的元素为止。否则就是表中没有要找的元素，查找不成功。

顺序查找的算法分析：在平均情况下，利用顺序查找法在线性表中查找一个元素，大约要与线性表中一半的元素进行比较。假定线性表元素个数为 n，最好情况下是比较 1 次，最坏情况下是比较 n 次。设查找每个记录成功的概率相等，则顺序查找成功的平均查找长度为 ($n+1$)/2，其平均复杂度为 $O(n)$。

下列两种情况下只能采用顺序查找：

① 如果线性表是无序表（即表中的元素是无序的），则不管是顺序存储结构还是链式存储结构，都只能用顺序查找。

② 即使是有序线性表，如果采用链式存储结构，也只能用顺序查找。

2．二分法查找

二分法查找又称折半查找，是一种效率较高的查找方法。在查找过程中，先确定待查找记录所在的范围，然后逐步缩小范围，直到找到或确认找不到该记录为止。二分法查找必须在具有顺序存储结构的有序表中进行。

二分法查找过程：

① 若中间项［中间项 mid=(n–1)/2，mid 的值四舍五入取整］的值等于 x，则说明已查到；

② 若 x 小于中间项的值，则在线性表的前半部分查找；

③ 若 x 大于中间项的值，则在线性表的后半部分查找。

二分法查找只适用于顺序存储的线性表，且表中元素必须按关键字有序（升序）排列。对于无序线性表和线性表的链式存储结构只能用顺序查找。二分法查找比顺序查找方法效率高。在长度为 n 的有序线性表中进行二分法查找，最坏的情况下，需要比较 $\log_2 n$ 次，其时间复杂度为 $O(\log_2 n)$。

3．排序算法

排序是指将一个无序序列整理成按值非递减顺序排列的有序序列，即将无序的记录序列调整为有序记录序列的一种操作。

排序算法有很多，评价排序算法的标准有时间复杂度和空间复杂度，其次是算法的稳定性。时间复杂度是一个函数，它定性描述该算法的运行时间。这是一个代表算法输入值的字符串的长度的函数，时间复杂度常用符号 O 表示。空间复杂度是对一个算法在运行过程中临时占用存储空间大小的量度，记作 $S(n)=O(f(n))$。若记录序列中有两个或两个以上关键字相等的记录：$K_i=K_j$（$i \neq j$，i，j=1，2，…，n），且在排序前 R_i 先于 R_j（$i<j$），排序后的记录序列依然是 R_i 先于 R_j，称排序方法是稳定的，否则是不稳定的。

排序算法分为交换类排序法、插入类排序法和选择类排序法等。

（1）交换类排序法

所谓交换，就是根据序列中两个记录键值的比较结果来对换这两个记录在序列中的位置，交换排序的特点是：将键值较大的记录向序列的尾部移动，键值较小的记录向序列的前部移动。具体的方法有冒泡排序和快速排序。

① 冒泡排序。冒泡排序就是把小的元素往前调或者把大的元素往后调。把相邻的两个元素进行比较，如果两个元素相等，不会交换；如果两个相等的元素没有相邻，那么即使通过前面的两两交换把两个相邻起来，这时候也不会交换。

对于冒泡排序来说，每趟结束时不仅能找出一个最大值到最后面位置，还能同时部分理顺其他元素。一旦下趟没有交换，便可提前结束排序。

冒泡排序的原理：

a. 比较相邻的元素。如果第一个比第二个大，就交换它们两个。

b. 对每一对相邻元素做同样的工作，从开始第一对到结尾的最后一对。在这一点，最后的元素应该会是最大的数。

c. 针对所有的元素重复以上的步骤，除了最后一个。

d. 持续每次对越来越少的元素重复上面的步骤，直到没有任何一对数字需要比较。

冒泡排序最好的时间复杂度为 $O(n)$，冒泡排序最坏的时间复杂度为 $O(n^2)$，因此冒泡排序总的平均时间复杂度为 $O(n^2)$。

② 快速排序。快速排序的思想是通过一趟排序算法把所需要排序的序列的元素分割成两大块，其中，一部分的元素都要小于或等于另外一部分的序列元素，然后仍根据该种方法对划分后的这两块序列的元素分别再次实行快速排序算法。排序实现的整个过程可以是递归来进行调用，最终能够实现将所需排序的无序序列元素变为一个有序的序列。

快速排序的一次划分算法从两头交替搜索，因此其时间复杂度是 $O(n)$；而整个快速排序算法的时间复杂度与划分的趟数有关。快速排序的平均时间复杂度是 $O(nlog_2n)$，快速排序的空间复杂度为 $O(log_2n)$。

（2）插入类排序法

所谓插入排序，是指将无序序列中的各元素依次插入已经有序的线性表中。插入排序又分为简单插入排序和希尔排序。

① 简单插入排序。假设线性表中前（j－1）个元素已经有序，现在要将线性表中第 j 个元素插入前面的有序子表中，插入过程如下：

将第 j 个元素放到一个变量 T 中，然后从有序子表的最后一个元素［即线性表中第（j－1）个元素］开始，往前逐个与 T 进行比较，将大于 T 的元素均依次向后移动一个位置，直到发现一个元素不大于 T 为止，此时就将 T（即原线性表中的第 j 个元素）插入刚移出的空位置上，有序子表的长度就变为 j 了。在最坏情况下，简单插入排序需要 n（n－1）/2 次比较。

② 希尔排序。所谓希尔排序，是指将整个无序序列分割成若干小的子序列分别进行插入排序。希尔排序的算法为先将要排序的一组数按某个增量 d 分成若干组，每组中记录的下标相差 d。对每组中全部元素进行排序，然后再用一个较小的增量对它进行排序，在每组中再进行排序。当增量减到 1时，整个要排序的数被分成一组，排序完成。

（3）选择类排序法

它的工作原理是每一次从待排序的数据元素中选出最小（或最大）的一个元素，存放在序列的起始位置，然后，再从剩余未排序元素中继续寻找最小（或最大）元素，然后放到已排序序列的末尾。以此类推，直到全部待排序的数据元素排完。

① 简单选择排序。简单选择排序是一种排序算法，指在简单选择排序过程中，所需移动记录的次数比较少。最好情况下，即待排序记录初始状态就已经是升序排列了，则不需要移动记录。最坏情况下，即待排序记录初始状态是按第一条记录最大，之后的记录从大到小顺序排列，则需要移动记录的次数最多为 3（n–1）。简单选择排序过程中需要进行的比较次数与初始状态下待排序的记录序列的排列情况无关。当 i=1 时，需进行（n–1）次比较；当 i=2 时，需进行（n–2）次比较，依次类推，共需要进行的比较次数是（n–1）+（n–2）+⋯+2+1=n（n–1）/2。

② 堆排序。堆排序是指利用堆这种数据结构所设计的一种排序算法。堆是一个近似完全二叉树的结构，并同时满足堆积的性质，即子节点的键值或索引总是小于（或者大于）它的父节点。

堆排序可以说是一种利用堆的概念来排序的选择排序。分为两种方法：

a. 大顶堆：每个节点的值都大于或等于其子节点的值，在堆排序算法中用于升序排列。

b. 小顶堆：每个节点的值都小于或等于其子节点的值，在堆排序算法中用于降序排列。

表 1–4 是各种排序法的比较。

表 1-4　各种排序法的比较

类别	排序方法	基本思想	时间复杂度
交换类	冒泡排序	相邻元素比较，不满足条件时交换	$n(n-1)/2$
	快速排序	选择基准元素，通过交换，划分成两个子序列	$O(n\log_2 n)$
插入类	简单插入排序	待排序的元素看成一个有序表和一个无序表，将无序表中元素插入有序表中	$n(n-1)/2$
	希尔排序	分割成若干个子序列分别进行直接插入排序	$O(n^{1.5})$
选择类	简单选择排序	扫描整个线性表，从中选出最小的元素，将它交换到表的最前面	$n(n-1)/2$
	堆排序	先建堆，然后将堆顶元素与堆中最后一个元素交换，再调整为堆	$O(n\log_2 n)$

1.8　软件工程基础

软件工程是研究和应用如何以系统性的、规范化的、可定量的过程化方法去开发和维护软件，以及如何把经过时间考验而证明正确的管理技术和当前能够得到的最好的技术方法结合起来。

1.8.1　软件工程基本概念

1. 软件

计算机软件是包括程序、数据及相关文档的完整集合。其中，程序是按事先设计的功能和性能要求执行的指令序列；数据是使程序能正常操纵信息的数据结构；文档是与程序开发、维护和使用有关的资料。软件=程序+数据+文档。

软件的特点包括：

① 抽象性。软件是一种逻辑实体，而不是物理实体，具有抽象性。

② 软件的生产与硬件不同，它没有明显的制作过程。

③ 退化性。软件在运行、使用期间不存在磨损、老化问题。

④ 依赖性。软件的开发、运行对计算机系统具有依赖性，受计算机系统的限制，这导致了软件移植的问题。

⑤ 软件复杂度高，成本昂贵。

⑥ 软件开发涉及诸多的社会因素。

2. 软件危机与软件工程

（1）软件危机

软件工程源自软件危机。所谓软件危机是泛指在计算机软件的开发和维护过程中所遇到的一系列严重问题。在软件开发和维护过程中，软件危机主要表现在：

① 软件需求的增长得不到满足。用户对系统不满意的情况经常发生。

② 软件开发成本和进度无法控制。开发成本超出预算，开发周期大大超过规定日期的情况经常发生。

③ 软件质量难以保证。

④ 软件不可维护或维护程度非常低。

⑤ 软件的成本不断提高。

⑥ 软件开发生产率的提高跟不上硬件的发展和应用需求的增长。

总之，可以将软件危机归结为成本、质量、生产率等问题。

（2）软件工程

软件工程是应用于计算机软件的定义、开发和维护的一整套方法、工具、文档、实践标准和工序。软件工程的目的就是要建造一个优良的软件系统，它所包含的内容概括为以下两点：

① 软件开发技术。主要有软件开发方法学、软件工具、软件工程环境。

② 软件工程管理。主要有软件管理、软件工程经济学。

软件工程的主要思想是将工程化原则运用到软件开发过程，它包括 3 个要素：方法、工具和过程。方法是完成软件工程项目的技术手段；工具是支持软件的开发、管理、文档生成；过程支持软件开发的各个环节的控制、管理。

软件工程过程是把输入转化为输出的一组彼此相关的资源和活动。

3. 软件生命周期

软件生命周期是软件产品从提出、实现、使用维护到停止使用退役的过程。软件生命周期分为软件计划、软件开发及软件维护 3 个阶段，每个阶段划分为若干任务，各阶段的任务及产生的相应文档见表 1-5。

表 1-5　软件生命周期各阶段的任务及产生的相应文档

时　期	阶　段	任　务	文　档
软件计划	问题定义	理解用户要求，划清工作范围	计划任务书
	可行性分析	可行性方案及代价	
	需求分析	软件系统的目标及应完成的工作	需求规格说明书
软件开发	概要设计	系统的逻辑设计	软件概要设计说明书
	详细设计	系统模块设计	软件详细设计说明书
	软件编码	编写程序代码	程序、数据、详细注释
	软件测试	单元测试、综合测试	测试后的软件、测试大纲、测试方案与结果
软件维护	软件维护	运行和维护	维护后的软件

（1）软件计划

问题定义阶段是进行调研和分析，弄清楚用户想干什么、不想干什么，以确定工作范围。可行性分析阶段的具体工作是：分析所需研制的软件系统是否具备必要的资源和技术上、经济上的可能性及社会因素的影响，确定项目的可行性。需求分析要解决"做什么的问题"。经过问题定义、可行性分析阶段后，需求分析阶段要考虑所有的细节问题，以确定最终的目标系统做哪些工作。该阶段最后提交说明系统目标及对系统要求的规格说明书。

（2）软件开发

软件开发包括概要设计、详细设计、软件编码和软件测试 4 个阶段。

概要设计的主要任务是把需求分析得到的系统扩展用例图转换为软件结构和数据结构。设计软件结构的具体任务是：将一个复杂系统按功能进行模块划分、建立模块的层次结构及调用关系、确定模块间的接口及人机界面等。

详细设计是软件工程中软件开发的一个步骤，就是对概要设计的一个细化，就是详细设计每个模块实现算法、所需的局部结构。在详细设计阶段，主要是通过需求分析的结果，设计出满足用户需求的软件系统产品。详细设计的目标有两个：实现模块功能的算法要逻辑上正确和算法描述要简明易懂。

软件编码阶段在详细设计之后，程序员根据系统的要求和开发环境选用合适的高级程序设计语言或部分选用汇编程序设计语言编写程序代码。

软件测试分为单元测试和综合测试两个阶段。单元测试是对每个小模块进行测试来排除程序中的错误。综合测试是通过各种类型的测试检查软件是否达到预期的要求。综合测试中主要有集成测试和验收测试。集成测试指的是将软件系统中的所有模块装配在一起进行测试，验收测试是按照规格说明书的规定由用户对目标系统进行验收。

（3）软件维护

软件维护是指在软件产品发布后，因修正错误、提升性能或其他属性而进行的软件修改。软件维护大概有 4 种：纠错性维护（校正性维护）、适应性维护、完善性维护或增强、预防性维护或再工程。除此 4 种维护活动外，还有一些其他类型的维护活动，如：支援性维护（如用户的培训等）。

软件生命周期中所花费最多的阶段是软件维护阶段。

4．软件设计的目标和原则

（1）软件设计的目标

在给定成本、进度的前提下，开发出具有有效性、可靠性、可理解性、可维护性、可重用性、可适应性、可移植性、可追踪性和可互操作性且满足用户需求的产品。

（2）软件设计的原则

软件开发过程中必须遵循抽象、信息隐蔽、模块化、局部化、确定性、一致性、完备性和可验证性。

① 抽象。抽象是事物最基本的特性和行为，忽略非本质细节，采用分层次抽象，自顶向下，逐层细化的办法控制软件开发过程的复杂性。

② 信息隐蔽。采用封装技术，将程序模块的实现细节隐蔽起来，使模块接口尽量简单。

③ 模块化。模块是程序中相对独立的成分，一个独立的编程单位，应有良好的接口定义。模块的大小要适中，模块过大会使模块内部的复杂性增加，不利于模块的理解和修改，也不利于模块的调试和重用；模块太小会导致整个系统表示过于复杂，不利于控制系统的复杂性。

④ 局部化。保证模块间具有松散的耦合关系，模块内部有较强的内聚性。

⑤ 确定性。软件开发过程中所有概念的表达应是确定、无歧义且规范的。

⑥ 一致性。程序内外部接口应保持一致，系统规格说明与系统行为应保持一致。

⑦ 完备性。软件系统不丢失任何重要成分，完全实现系统所需的功能。

⑧ 可验证性。应遵循容易检查、测评、评审的原则，以确保系统的正确性。

5. 软件开发工具与软件开发环境

（1）软件开发工具

软件开发工具的完善和发展将促使软件开发方法的进步和完善，促进软件开发的高速度和高质量。软件开发工具的发展是从单项工具的开发逐步向集成工具发展的，软件开发工具为软件工程方法提供了自动的或半自动的软件支撑环境。同时，软件开发方法的有效应用也必须得到相应工具的支持，否则方法将难以有效实施。

（2）软件开发环境

软件开发环境（或称软件工程环境）是全面支持软件开发全过程的软件工具集合。

计算机辅助软件工程将各种软件工具、开发机器和一个存放开发过程信息的中心数据库组合起来，形成软件工程环境。它将极大降低软件开发的技术难度并保证软件开发的质量。

1.8.2 结构化分析方法

扫一扫

结构化分析方法

结构化分析方法是一种软件开发方法，一般利用图形表达用户需求，强调开发方法的结构合理性以及所开发软件的结构合理性。结构化方法的核心和基础是结构化程序设计理论。

结构化分析方法是结构化程序设计理论在软件需求分析阶段的应用。结构化分析方法的实质：着眼于数据流，自顶向下，逐层分解，建立系统的处理流程，以数据流图和数据字典为主要工具，建立系统的逻辑模型。

结构化分析方法的常用工具有数据流图、数据字典、判定树与判定表。

1. 数据流图

数据流图以图形的方式描绘数据在系统中流动和处理的过程，它反映了系统必须完成的逻辑功能，是结构化分析方法中用于表示系统逻辑模型的一种工具。画数据流图的基本步骤：自外向内、自顶向下、逐层细化、完善求精。图 1-19 所示是描述储户携带存折去办理取款手续的数据流图。

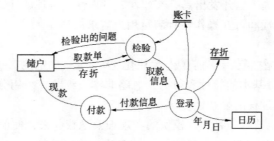

图 1-19 储户取款数据流图

从图中可以看出，数据流图的基本图形元素有 4 种：

① 圆形：表示数据加工。输入数据在此进行变换产生输出数据，必须注明加工的名字。

② 箭头：代表数据流。沿箭头方向传送数据的通道，一般在旁边标注数据流名。

③ 双线：表示处理过程中存放各种数据的文件，必须加以命名，用名词或名词性短语命名。

④ 矩形：表示数据源点或汇点，数据输入的源点或数据输出的汇点必须注明源点或汇点的名字。

2．数据字典

数据字典是所有与系统相关的数据元素的一个有组织的列表，以及精确的、严格的定义，使得用户和系统分析员对于输入、输出、存储成分和中间计算结果有共同的理解。数据字典的作用是对数据流图中出现的被命名的图形元素的确切解释，是结构化分析方法的核心。

3．判定树与判定表

在结构化分析方法中，判定树与判定表主要用于描述加工规格说明。通过建立完整的信息描述、详细的功能和行为描述、性能需求和设计约束的说明、合适的验收标准，给出对目标软件的各种需求。

1.8.3　结构化设计方法

1．软件设计的基础

所谓需求分析主要解决"做什么"的问题，而软件设计主要解决"怎么做"的问题。

（1）软件设计的分类

① 从技术观点来看，软件设计包括软件结构设计、数据设计、接口设计、过程设计。

a. 结构设计：定义软件系统各主要部件之间的关系。

b. 数据设计：将分析时创建的模型转化为数据结构的定义。

c. 接口设计：描述软件内部、软件和协作系统之间以及软件与人之间如何通信。

d. 过程设计：把系统结构部件转换成软件的过程性描述。

② 从工程角度来看，软件设计分两步完成，即概要设计和详细设计。

a. 概要设计：又称结构设计，将软件需求转化为软件体系结构，确定系统级接口、全局数据结构或数据库模式。

b. 详细设计：确定每个模块的实现算法和局部数据结构，用适当方法表示算法和数据结构的细节。

（2）软件设计的基本原理

软件设计的基本原理包括：抽象、模块化、信息隐蔽和模块独立性。

① 抽象。抽象是一种思维工具，就是把事物本质的共同特性提取出来而不考虑其他细节。

② 模块化。解决一个复杂问题时自顶向下逐步把软件系统划分成一个个较小的、相对独立但又不相互关联的模块的过程。

③ 信息隐蔽。每个模块的实施细节对于其他模块来说是隐蔽的。

④ 模块独立性。软件系统中每个模块只涉及软件要求的具体的子功能，而和软件系统中其他的模块的接口相连相对比较简单。

模块分解的主要指导思想是信息隐蔽和模块独立性。衡量软件的模块独立性的两个定性指标是模块的内聚性和耦合性。

① 内聚性。这是一个模块内部各个元素间彼此结合的紧密程度的度量。按内聚性由弱到强排列，内聚可以分为以下几种：偶然内聚、逻辑内聚、时间内聚、过程内聚、通信内聚、顺序内聚及功能内聚。

② 耦合性。这是模块间互相连接的紧密程度的度量。按耦合性由高到低排列，耦合可以分为以下几种：内容耦合、公共耦合、外部耦合、控制耦合、标记耦合、数据耦合以及非直接耦合。

一个设计良好的软件系统应具有高内聚、低耦合的特征。在结构化程序设计中，模块划分的原则是：模块内具有高内聚度，模块间具有低耦合度。

2. 总体设计（概要设计）和详细设计

（1）总体设计（概要设计）

软件概要设计的基本任务是：

① 设计软件系统结构。

② 数据结构及数据库设计。

③ 编写概要设计文档。

④ 概要设计文档评审。

常用的软件结构设计工具是结构图，也称程序结构图。程序结构图的基本图符：模块用一个矩形表示，箭头表示模块间的调用关系。在结构图中还可以用带注释的箭头表示模块调用过程中来回传递的信息。还可用带实心圆的箭头表示传递的是控制信息，空心圆箭头表示传递的是数据信息，如图 1-20 所示。

图 1-20　程序结构图的基本图符

经常使用的结构图有 4 种模块类型：传入模块、传出模块、变换模块和协调模块。其表示形式如图 1-21 所示。

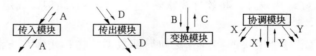

图 1-21　结构图的模块类型

它们的含义分别是：

① 传入模块：从下属模块取得数据，经处理再将其传送给上级模块。

② 传出模块：从上级模块取得数据，经处理再将其传送给下属模块。

③ 变换模块：从上级模块取得数据，进行特定的处理，转换成其他形式，再传送给上级模块。

④ 协调模块：对所有下属模块进行协调和管理的模块。

程序结构图的例图及有关术语列举如图 1-22 所示。

① 深度：表示控制的层数。上级模块、从属模块：上、下两层模块 a 和 b，且有 a 调用 b，则 a 是上级模块，b 是从属模块。

② 宽度：整体控制跨度（最大模块数的层）的表示。

③ 扇入：调用一个给定模块的模块个数。

④ 扇出：一个模块直接调用的其他模块数。

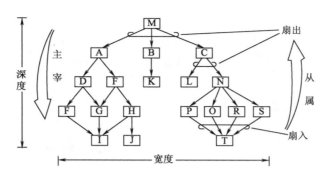

图 1-22　程序结构图的例图及相关术语列举

面向数据流的设计方法定义了一些不同的映射方法，利用这些方法可以把数据流图变换成结构图表示软件的结构。

数据流的类型大体可以分为两种类型：变换型和事务型。

① 变换型：变换型数据处理问题的工作过程大致分为 3 步，即取得数据、变换数据和输出数据。变换型系统结构图由输入、中心变换、输出 3 部分组成。

② 事务型：事务型数据处理问题的工作机理是接受一项事务，根据事务处理的特点和性质，选择分派一个适当的处理单元，然后给出结果。

（2）详细设计

详细设计是为软件结构图中的每一个模块确定实现算法和局部数据结构，用某种选定的表达工具表示算法和数据结构的细节。详细设计的任务是确定实现算法和局部数据结构，不同于编码或编程。

常用的过程设计（即详细设计）工具有图形工具、表格工具和语言工具。

① 图形工具。图形工具有程序流程图、N-S（方盒图）、PAD（问题分析图）和 HIPO（层次图+输入/处理/输出图）。

a. 程序流程图是一种传统的、应用广泛的软件过程设计表示工具。一般分为顺序结构、选择结构和循环结构 3 种。

b. N-S（方盒图）是一种符合结构化程序设计原则的图形描述工具，也称为盒图或方框图。

c. PAD（问题分析图）是由程序流程图演化来的，是用结构化程序设计思想表现程序逻辑结构的图形工具。

d. HIPO 图采用功能框图和 PDL 来描述程序逻辑，由两部分组成：可视目录表和 IPO 图。可视目录表给出程序的层次关系，IPO 图则为程序各部分提供具体的工作细节。

② 表格工具。表格工具是指判定表。判定表表示复杂条件和动作组合的情况。

③ 语言工具。语言工具是指过程设计语言 PDL，也称为结构化的语言和伪码，是一种混合语言，采用英语的词汇和结构化程序设计语言，类似于程序设计语言。PDL 可以由程序设计语言转换得到，也可以是专门为过程描述而设计的。

1.8.4　软件测试

1. 软件测试的定义和目的

软件测试的定义：使用人工或自动手段来运行或测定某个系统的过程，其目的在于检验它是否满足规定的需求或是弄清预期结果与实际结果之间的差别。

软件测试的目的：尽可能地多发现程序中的错误，不能也不可能证明程序没有错误。软件测试的关键是设计测试用例，一个好的测试用例能找到迄今为止尚未发现的错误。

2. 软件测试方法

软件测试方法分为静态测试和动态测试。

（1）静态测试

静态测试包括代码检查、静态结构分析、代码质量度量。没有实际运行软件，主要通过人工进行。

（2）动态测试

动态测试是基于计算机的测试，主要包括白盒测试方法和黑盒测试方法。

① 白盒测试。白盒测试方法也称为结构测试或逻辑驱动测试。它是根据软件产品的内部工作过程，检查内部成分，以确认每种内部操作符合设计规格要求。

白盒测试的基本原则：

a. 保证所测模块中每一独立路径至少执行一次。

b. 保证所测模块所有判断的每一分支至少执行一次。

c. 保证所测模块每一循环都在边界条件和一般条件下至少各执行一次。

d. 验证所有内部数据结构的有效性。

白盒测试法的测试用例是根据程序的内部逻辑来设计的，主要用于软件的单元测试，主要方法有逻辑覆盖、基本路径测试等。

a. 逻辑覆盖。逻辑覆盖泛指一系列以程序内部的逻辑结构为基础的测试用例设计技术。通常程序中的逻辑表示有判断、分支、条件等几种表示方法。

- 语句覆盖：选择足够的测试用例，使得程序中每一个语句至少都能被执行一次。
- 路径覆盖：执行足够的测试用例，使程序中所有可能的路径都至少经历一次。
- 判定覆盖：使设计的测试用例保证程序中每个判断的每个取值分支（T 或 F）至少经历一次。
- 条件覆盖：设计的测试用例保证程序中每个判断的每个条件的可能取值至少执行一次。
- 判断-条件覆盖：设计足够的测试用例，使判断中每个条件的所有可能取值至少执行一次，同时每个判断的所有可能取值分支至少执行一次。

逻辑覆盖的强度依次是：语句覆盖<路径覆盖<判定覆盖<条件覆盖<判断-条件覆盖。

b. 基本路径测试。根据软件过程性描述中的控制流程确定程序的环路复杂性度量，用此度量定义基本路径集合，并由此导出一组测试用例，对每一条独立执行路径进行测试。

② 黑盒测试。黑盒测试方法也称为功能测试或数据驱动测试。黑盒测试是对软件已经实现的功能是否满足需求进行测试和验证。黑盒测试主要诊断功能不对或遗漏、接口错误、数据结构或外部数据库访问错误、性能错误、初始化和终止条件错误。

黑盒测试不关心程序内部的逻辑，只是根据程序的功能说明来设计测试用例，主要方法有等价类划分法、边界值分析法、错误推测法等，主要用软件的确认测试。黑盒测试法包括等价类划分、边值分析和错误推测等。

a. 等价类划分法。这是一种典型的黑盒测试方法，它是将程序的所有可能的输入数据划分成若干部分（及若干等价类），然后从每个等价类中选取数据作为测试用例。

b. 边界值分析法。它是对各种输入、输出范围的边界情况设计测试用例的方法。

c. 错误推测法。人们可以靠经验和直觉推测程序中可能存在的各种错误，从而有针对性地编写检查这些错误的用例。

3. 软件测试过程

软件测试过程一般按 4 个步骤进行：单元测试、集成测试（组装测试）、确认测试（验收测试）和系统测试。

（1）单元测试

单元测试是对软件设计的最小单位——模块（程序单元）进行正确性检测的测试，目的是发现各模块内部可能存在的各种错误。单元测试根据程序的内部结构来设计测试用例，其依据是详细设计说明书和源程序。单元测试的技术可以采用静态分析和动态测试。对动态测试通常以白盒测试为主，辅之以黑盒测试。

单元测试的内容包括：模块接口测试、局部数据结构测试、错误处理测试和边界测试。在进行单元测试时，要用一些辅助模块去模拟与被测模块相联系的其他模块，即为被测模块设计和搭建驱动模块和桩模块。其中，驱动模块相当于被测模块的主程序，它接收测试数据，并传给被测模块，输出实际测试结果；而桩模块是模拟其他被调用模块，不必将子模块的所有功能代入。

（2）集成测试

集成测试是测试和组装软件的过程，它是把模块在按照设计要求组装起来的同时进行测试，主要目的是发现与接口有关的错误。集成测试的依据是概要设计说明书。

集成测试所涉及的内容包括：软件单元的接口测试、全局数据结构测试、边界条件和非法输入的测试等。

集成测试通常采用两种方式：非增量方式组装与增量方式组装。

① 非增量方式组装：也称为一次性组装方式。首先对每个模块分别进行模块测试，然后再把所有模块组装在一起进行测试，最终得到要求的软件系统。

② 增量方式组装：又称渐增式集成方式。首先对一个个模块进行模块测试，然后将这些模块逐步组装成较大的系统，在组装的过程中边连接边测试，以发现连接过程中产生的问题。最后逐步组装成要求的软件系统。增量方式组装又包括自顶向下、自底向上、自顶向下与自底向上相结合等 3 种方式。

（3）确认测试

确认测试的任务是验证软件的有效性，即验证软件的功能和性能及其他特性是否与用户的要求一致。确认测试的主要依据是软件需求规格说明书。确认测试主要运用黑盒测试法。

（4）系统测试

系统测试的目的在于通过与系统的需求定义进行比较，发现软件与系统定义不符合或与之矛盾的地方。测试用例应根据需求分析规格说明来设计，并在实际使用环境下来运行。

系统测试的具体实施一般包括：功能测试、性能测试、操作测试、配置测试、外部接口测试和安全性测试等。

1.8.5　程序调试

在对程序进行了成功的测试之后将进入程序调试阶段，程序调试的任务是诊断和改正程序中的错误。

程序调试活动由两部分组成：一是根据错误的迹象确定程序中错误的确切性质、原因和位置；二是对程序进行修改，排除这个错误。

1．程序调试的基本步骤

（1）错误定位

从错误的外部表现形式入手，研究有关部分的程序，确定程序的出错位置，找出错误的内在原因。

（2）纠正错误

修改设计和代码，以排除错误。

（3）回归测试

进行回归测试，防止引进新的错误。

2．调试原则

软件调试可分为静态调试和动态调试。静态调试主要是指通过人的思维来分析源程序代码和排错，是主要的调试手段，而动态调试是辅助静态调试。

对软件主要的调试方法可以采用：

（1）强行排错法

主要方法有：通过内存全部打印来排错；在程序特定部位设置打印语句；自动调试工具。

（2）回溯法

发现了错误，分析错误征兆，确定发现"症状"的位置。一般用于小程序。

（3）原因排除法

这是通过演绎、归纳和二分法来实现的。

① 演绎法。根据已有的测试用例，设想及枚举出所有可能出错的原因作为假设；然后再用原始测试数据或新的测试，从中逐个排除不可能正确的假设；最后，再用测试数据验证余下的假设，确定出错的原因。

② 归纳法。从错误征兆着手，通过分析它们之间的关系来找出错误。大致分 4 步：收集有关的数据、组织数据、提出假设、证明假设。

③ 二分法。在程序的关键点给变量赋正确值，然后运行程序并检查程序的输出。如果输出结果正确，则错误原因在程序的前半部分；反之，错误原因在程序的后半部分。

1.9　多媒体技术

1.9.1　媒体和多媒体的基本概念

在信息时代，多媒体技术及其产品是当今世界计算机产业发展的新领域。多媒体技术使计算机具有综合处理声音、文字、图像和视频的能力，它以形象丰富的声、文、图信息和方便的交互性，极大地改善了人机界面，改变了人们使用计算机的方式，从而为计算机进入人类生活和生产的各个领域打开了方便之门，给人们的工作、生活和学习带来了深刻的变化。

1．媒体的含义

我们生活在一个信息时代，每时每刻都在传播或接受五彩缤纷的信息。而信息是依附于人能感知的方式进行传播的，信息的传播必须有媒体。媒体作为信息传递与传输的载体，是人们为表达思想或感情所使用的一种手段，包含两个含义：

一是指存储信息的实体，如书本、报刊、磁带、光盘、穿孔纸带和半导体存储器等。

二是指承载信息所使用的符号系统，即信息的表现形式，如数字、文字、声音、条形码和二维码等。

2．媒体的分类

按照国际电信联盟下属的国际电报电话咨询委员会定义，媒体可分为 5 种类型：感觉媒体、表示媒体、显示媒体、存储媒体和传输媒体。

（1）感觉媒体

感觉媒体指直接作用于人的感觉器官并使人产生直接感觉的媒体，其功能是反映人类对客观世界的感知，表现为听觉、视觉、触觉、嗅觉和味觉等的感觉形式。这类媒体内容有各种声音、文字、语音、音乐、图形、图像、动画、影像等。比如人们通过听觉器官可以感知声音信息，通过视觉器官可以感知文本、图形、图像等信息，通过嗅觉器官可以感知各种味道，如酸甜苦辣等。

人们感知信息的各通道贡献的信息量不同，比如人类从外部世界获取的信息中，约 65% 是通过视觉感知的，20% 是通过听觉感知的，10% 是通过触觉感知的，5% 是通过嗅觉和味觉感知的。虽然嗅觉、味觉带来的信息量比较小，但是往往有出其不意的效果。目前，人类的感知中，视觉和听觉都已经做到了信息化，比如在采样、模拟、远程传输、存储与还原等环节都有悠久和成熟的技术。

（2）表示媒体

表示媒体指为了处理和传输感觉媒体而人为地研究、构造出来的一类媒体，其目的是为了计算机能够方便、有效地加工、处理和传输感觉媒体，通常表现为各种感觉媒体的编码，如图像编码（JPEG、MPEG 等）、文本编码（ASCII 码、GB 2312 等）和声音编码（PCM、MP3）等。由于感觉媒体的多样性，表示媒体依据不同的编码方式，也呈现多样发展趋势。仅仅图像就有 JPEG、RAW、MPEG、BMP、PNG 等多种不同的编码方式。

（3）显示媒体

显示媒体指完成感觉媒体和计算机中电信号相互转换的一类媒体，即用于将感觉媒体进行计算机输入/输出的设备，它又分为信息输入媒体和显示输出媒体。

输入媒体：包括鼠标、键盘、话筒、扫描仪、摄像机、手写笔等。

输出媒体：包括显示器、打印机、投影仪、绘图仪和音箱等。

（4）存储媒体

存储媒体指用于存储表示媒体的物理介质。常见的存储媒体包括硬盘、光盘、U 盘等。硬盘作为主要的存储媒体，技术比较成熟。固态硬盘（SSD）、机械硬盘（HDD）、混合硬盘（HHD）是较为常见的 3 种硬盘。光盘是以光信息作为存储的载体并用来存储数据的一种物品。光盘可分为不可擦写光盘（如 CD-ROM、DVD-ROM 等）和可擦写光盘（如 CD-RW、DVD-RAM 等）。U 盘是闪存的一种，故有时也称为闪盘。U 盘与硬盘的最大不同是，它不需要物理驱动器，即插即用，且其存储容量远超过软盘，便于携带。

（5）传输媒体

传输媒体指媒体从一个地方传输到另一个地方的物理介质，是通信的信息载体，如双绞线、同轴电缆、光纤、微波等都是常用的传输媒体。

3．多媒体的概念

从多媒体术语产生的历程和多媒体关键特性可以看出，多媒体是集成计算机软硬件系统和多种信息形式为一个有机整体，使人们能够以更自然的人机交互方式来处理和使用信息，实现多维化的信息表示的信息载体。

在计算机领域内，多媒体一般是指融合两种以上媒体的人-机交互式信息交流和传播媒体。多媒体是信息交流和传播的媒体，从这个意义上说，多媒体和电视、报纸、杂志等媒体的功能是一样的。所谓的人-机交互式媒体，这里所指的"机"，目前主要是指计算机，或者由微处理器控制的其他终端设备。因为计算机的一个重要特性是"交互性"，使用它就比较容易实现人-机交互功能。多媒体信息都是以数字的形式而不是以模拟信号的形式存储和传输的。传播信息的媒体的种类很多，如文字、声音、电视图像、图形、图像、动画等。虽然融合任何两种以上的媒体就可以称为多媒体，但通常认为多媒体的连续媒体（声音和电视图像）是人与机器交互的最自然的媒体。图 1-23 就是一个典型的人-机交互的多媒体系统。

图 1-23　典型的人-机交互的多媒体系统

4．多媒体数据类型

多媒体包括多种媒体信息，各种媒体信息都有各自的特点。各种媒体信息的表现形式、存储格式、数据量等差别很大，组合处理多种媒体信息的技术又不相同。按照信息表现形式的不同，多媒体可以分为六大类，即文本、图形、图像、声音、视频以及动画。

（1）文本

文本是指书面语言的表现形式，从文学角度说，通常是具有完整、系统含义的一个句子或多个句子的组合。一个文本可以是一个句子、一个段落或者一个篇章。通常文本具有多种格式，一般的多媒体编辑软件都支持文字的字体、粗细、大小、颜色等各种格式的设定。字体方面，如操作系统或软件自带的字体无法满足创作的需求，可以到专门的网站下载并安装特定的字体文件。对文字的设计除了要关注字体、颜色、大小等美观因素外，还要注意排列顺序、组合方式等其他因素。

（2）图形

图形是指通过计算机软件绘制的，从点、线、面到三维空间的各种有规律的几何图形，如直线、四边形、圆、多边形以及其他可用角度、坐标、距离等参数来表示的几何图形。图形文件是由一组描述点、线、面等几何元素特征的指令集合组成的。绘图程序就是通过读取图形格式指令，并将其转换为屏幕上可显示的形状和颜色。因此，图形文件的大小跟图形的复杂程度相关，而与图形的尺寸关联度不大。但由于每次屏幕显示时都需要重新计算，故图形显示速度没有图像快。图 1-24 就是一幅矢量图，当图形放大时，不会像位图那样发生失真现象。

（3）图像

图像又称位图或点阵图，是由称为像素的单个点组成的画面。当图像的像素足够多，颜色足够丰富时，画面看起来就比较真实，但将图像放大到一定程度时就会发现这些像素点。图像的大小和质量是由图像中的像素点的数量和像素点密度决定的：像素点密度越大，图像越清晰，图像放大时的模糊速度越慢；像素点数量越多，图像数据量越大。

图像富于层次感，适用于表现含有大量细节（如明暗变化、场景复杂、轮廓色彩丰富）的对象，如照片、绘图等。图像可以通过照相机、扫描仪、摄像机等输入设备捕捉实际的画面获得，也可以通过其他设计软件生成。通过图像软件可进行复杂图像的处理以得到更清晰的图像或产生特殊效果。图 1-25 所示为点阵图和矢量图放大后的对比图，会发现点阵图是由许多像素点组成的，而矢量图放大后图像不会发生失真。

图 1-24　矢量图

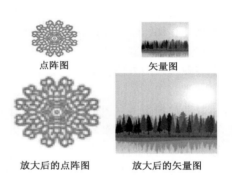

图 1-25　点阵图和矢量图放大后的对比图

（4）声音

声音是携带信息的重要媒体，是用来传递信息、交流感情最方便的方式之一。各种语言、音乐、机器轰鸣声、物体碰撞声、动物鸣叫声和风雨声等人耳能听到的都可以归为声音的范畴。多媒体中声音通常指数字音频，它是一个表示声音强弱的数据序列。音频是由模拟声音经采样、量化和编码后得到的。通过数字-模拟转换器，可以将音频恢复出模拟的声音。相比而言，数字音频具有存储方便、存储成本低廉、存储和传输的过程中没有声音的失真、编辑和处理非常方便等特点。常见的音频文件格式有 MP3、WAV、RA、MIDI 等。

（5）视频

视频泛指将一系列静态影像以电信号的方式加以捕捉、记录、处理、存储、传送与重现的各种技术。视频常常与声音媒体配合进行，两者的共同基础是时间连续性。因此谈到视频时，往往也包含声音媒体。为了使作品更富表现力，往往将各媒体构成要素以整合的形式呈现。整合方式通常分为两种，即空间整合方式和时间整合方式。例如，文字的旁边配上相关的图片就是空间整合方式，而在视频播放的同时配上背景音效则是一种时间整合方式。

（6）动画

动画是基于人眼的视觉暂留原理创建的一系列静止的图像。人眼在观察事物时，光线对视网膜所产生的视觉刺激在光停止作用后，仍保留一段时间的现象称为视觉暂留，比如在黑暗中挥动点燃的火把，会看到一道发光的亮线。计算机动画是在图形图像处理技术的基础上，借助于编程或动画处理软件生成的一系列景物画面，通过连续播放静止图像的方法来产生物体运动的效果。动画可以清晰地表现出一个事件的过程，也可以展现生动的画面。相比于传统手工制作与拍摄的动画，计算机的加入使得动画制作更加灵活简单，人物动作更容易控制，内容也更加丰富绚丽，动画效果也更逼真。

5. 多媒体数据特点

传统媒体的数据主要是文本型数据，类型比较单一，而多媒体技术除了需要处理文本型数据外，还需要处理图像、图形、音频、视频和动画等复杂数据类型，这就使得多媒体数据具有以下特点：

（1）数据量大

文本型数据采用编码表示，数据量并不大，但图像、音频和视频等媒体的数据量巨大，占用大量的存储空间。

（2）数据的输入和输出复杂

多媒体数据的输入方式分为两种：多通道同步方式和多通道异步方式。多通道同步方式是指同时输入媒体数据并存储，最后按合成效果在不同的设备上表现出来的方法。多通道异步方式是目前较流行的方式，它是指在通道、时间都不相同的情况下，输入各种媒体数据并存储，最后按合成效果在不同的设备上表现出来的方法。由于多媒体数据处理涉及的设备较多，因此输出也较为复杂。

（3）数据类型多

多媒体数据包括文本、图形、图像、声音和动画等多种形式，即使只涉及图像单一类型的数据，也还有黑白与彩色、高分辨率与低分辨率等因素之分。多媒体数据类型较多，处理因素也比较复杂。

（4）数据类型间差别大

数据类型间差别大主要表现在：不同类型的媒体由于内容和格式不同，相应的内容管理、处理方法和解释方法也不同；不同媒体的存储量差别大；声音和动态影像媒体与建立在空间数据基础上的信息组织方法有很大不同。

1.9.2 多媒体

1. 多媒体的关键特性

根据多媒体技术的定义，多媒体系统有 4 个显著的特征，即集成性、交互性、多样性和实时性，这也是多媒体系统区别于传统计算机系统的地方。

（1）集成性

集成性是以计算机为中心的综合处理多种信息媒体的特性，即将不同的媒体信息有机地组合在一起，形成一个完整的整体，包括两方面：一方面集成性表现在存储、处理这些媒体信息的物理设备的集成，即多媒体各种设备集成在一起成为一个整体。实现媒体设备的集成：从硬件上来说，应该具有能够处理多媒体信息的高速并行的 CPU 系统、大容量内存和外存，具有多媒体信息输入/输出能力的外设，具有足够带宽的通信信道和通信网络接口；从软件上来说，应该具有集成化的多媒体操作系统，适应于多媒体信息管理的操作系统、创作工具和应用软件等。

另一方面是指把单一的、零散的媒体信息有效地集成在一起，即信息媒体的集成。信息媒体的集成体现在信息的多通道统一获取、多媒体信息的统一组织和存储、多媒体信息表现合成等方面，即各

扫一扫

多媒体技术

种信息媒体不再是单独进行加工和处理，而是一个统一的整体。

（2）交互性

人们可以通过多媒体系统对多媒体信息进行加工、处理，并控制多媒体信息的输入、输出和播放。简单的交互对象是数据流，较复杂的交互对象是多样化的信息，如文字、图像、语言和动画等。在单向的信息空间中，人们总是被动地接收信息，如看电视、听广播，很难做到自由地控制和干预信息的获取和处理过程。当交互性引入时，交互性使用户在获取和使用信息时变被动为主动，增加了对信息的注意和理解，延长了信息的保留时间。借助于"活动"，人们可以获得更多的信息，如在计算机辅助教学、模拟训练、虚拟现实等方面都取得了巨大的成功。

人机交互不仅仅是一个人机界面的问题，对于媒体的理解和人机通信过程可以看成是一种智能的行为，它与人类的智能活动有着密切的关系。

（3）多样性

多样性主要是指表示媒体的多样性，体现在信息采集、传输、处理和显示的过程中，要涉及多种表示媒体的相互作用。多媒体技术将计算机所能处理的信息空间扩展和放大，将媒体元素从无声的数字和文本，扩大到静止的图形图像，再延伸到有声的动画画面乃至活动影像。将计算机的使用与操作变得更加人性化，计算机所能处理的信息空间、时间范围得到拓展和放大，人机交互具有更广阔的、更加自由的空间。

（4）实时性

实时性指用户可以通过操作命令实时控制相应的多媒体信息，也指媒体元素之间的同步性，即在人的感官系统能够接受的情况下进行多媒体交互时，文字、图像、声音等媒体元素是连续的。比如腾讯会议、视频电话等要求音频和视频信息的传递保持流畅，不出现停滞现象。

2．多媒体的关键技术

（1）数据压缩技术

研制多媒体计算机需要解决的关键问题之一是要使计算机能实时地综合处理图、文、声、像等信息。然而，由于数字化的图像、声音等多媒体数据量非常庞大，给多媒体信息的存储、传输和处理带来了极大的压力。解决这一难题的有效方法就是数据压缩编码。因此，多媒体数据压缩和编码技术是多媒体技术中的核心技术。采用先进的压缩编码算法对数字化的视频和音频信息进行压缩，既能节省存储空间，又能提高通信介质的传输效率，同时也使计算机实时处理和播放视频及音频信息成为可能。

（2）实时多任务操作系统

实时多任务操作系统具备对多媒体数据、多媒体设备管理和控制的能力，负责多媒体环境下多任务的调度，保证音频、视频同步控制以及多媒体信息处理的实时性，提供对多媒体信息的各种基本操作和管理，使多媒体硬件和软件协调地工作。

（3）大容量数据存储技术

数字化的多媒体信息虽然经过了压缩处理，但仍需要相当大的存储空间，在大容量只读光盘存储器 CD-ROM 问世后才真正解决了多媒体信息存储空间问题。

（4）大规模集成电路制造技术

数字化多媒体信息的处理需要大量的计算。例如，音频、视频信息的压缩、解压缩和播放处理需要大量的计算；图像的绘制、生成、合并和特殊效果等也需要大量的计算。而大规模集成电路制作技术的发展，使具有强大数据压缩运算功能的多媒体专用芯片问世，为多媒体技术的进一步发展创造了有利的条件。大规模集成电路制造技术是多媒体硬件系统体系结构的关键技术。

3. 多媒体的应用技术

由于多媒体技术是更自然、更丰富的计算机技术，所以它不仅覆盖计算机的绝大部分应用领域，同时还拓宽了其他新的应用领域。多媒体技术的最终产品不是机器，而是多媒体软件产品。多媒体软件产品的应用以极强的渗透力进入了教育、娱乐、图书、展览、档案、房地产、建筑设计、家庭、现代商业、通信、艺术等人类工作和生活的各个领域，正改变着人类的生活和工作方式。

（1）网络通信

多媒体通信是多媒体技术与网络结合，通过局域网和广域网以多媒体的方式为用户提供的信息服务。Internet 的迅速发展，在很大程度上对多媒体技术的进一步发展起到了促进作用。

（2）教育领域

教育领域是多媒体技术应用最早的领域，也是进展最快的领域。多媒体技术融计算机、文本、图像、声音、动画、视频和通信等多种功能于一体的特点最适合教育。以更生动形象的多媒体形式使人们接受教育，不但扩展了信息量，提高了知识的趣味性，还增加了学习者学习的主动性。

（3）过程模拟

在设备运行、化学反应、火山喷发、天气预报等自然现象的诸多方面，采用多媒体技术模拟其发生的过程，可以使学习者轻松、形象地了解事物变化的原理和关键环节，并能够建立必要的感性认识，使复杂、难以用语言准确描述的变化过程变得形象。除了过程模拟，多媒体技术还可以进行智能模拟，把专家的智慧思维方式融入计算机软件中。

（4）影视娱乐

多媒体技术在影视娱乐作品制作和处理中被广泛应用，如动画片的制作，就能充分体现计算机技术在影视娱乐行为中的作用。动画片经历了从手工绘画到计算机绘画的过程，动画模式也从经典的平面动画发展到三维动画。

（5）旅游推荐

多媒体技术为旅游业带来很多明显的变革。通过多媒体把景点的人文、历史、景观等信息展示在人们眼前，人们可以全方位了解各地的旅游信息。

（6）商业广告

近年来，由于互联网的兴起，广告范围更为广泛，表现手段更为多媒体化，人们接受的信息量也成倍地增长。相对于平面广告，多媒体广告有着更丰富的信息量也更能吸引人们的眼球，多媒体广告是今后商业广告的必然趋势。

4. 多媒体的发展趋势

现在多媒体技术正在向更深层次发展，新的技术、新的应用、新的系统不断涌现。从多媒体应用方面看，发展趋势有以下几点：

（1）立体化

随着通信技术和互联网技术的发展，电子设备、计算机等通过多媒体数字化技术相互渗透、相互融合，它们将构成一个立体化的网络多媒体系统来满足人们的需要，如电子商务、远程教学、视频电话和医疗等。

（2）智能化

随着人们对计算机技术和人工智能研究的不断深入，未来的计算机将不仅能够以多媒体的形式表达和传递信息，而且能够更好地理解人的情感、认识图像的含义，能够在基于网络的分布式数据库中搜索到用户需求的多媒体信息。

（3）个性化

个性化服务主要是根据用户的设定，借助于计算机及网络技术，对信息资源进行收集、整理和分类，向用户提供和推荐相关信息，以满足用户对信息的需求。

总之，多媒体技术将向着以下 6 个方向发展：高分辨化，提高显示质量；高速度化，缩短处理时间；简单化，便于操作；高维化，三维、四维或更高维；智能化，提高信息识别能力；标准化，便于信息交换和资源共享。

1.9.3　多媒体计算机系统

多媒体计算机是集图、文、声、像功能于一体的计算机。与普通计算机系统类似，多媒体计算机系统也是由多媒体硬件系统和多媒体软件系统两大部分组成。

1．多媒体硬件系统

多媒体硬件系统是构成多媒体系统的物质基础，是指系统中所有的物理设备。多媒体硬件系统由主机、多媒体外围设备接口卡和多媒体外围设备构成。多媒体计算机的主机可以是大、中型计算机，也可以是工作站，使用最多的还是微型机。多媒体外围设备接口卡根据获取、编辑的音频、视频的需要插接在计算机上，常用的有声卡、视频压缩卡、VGA/TV 转换卡、视频捕捉卡等，如图 1-26 所示。

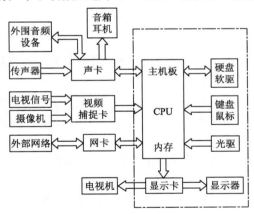

图 1-26　多媒体计算机硬件组成

多媒体外围设备十分丰富，按照功能分为以下 4 类：

（1）视频/音频输入设备

包括摄像机、录像机、扫描仪、传声器、录音机和 MIDI 合成器等。

（2）视频/音频输出设备

包括显示器、电视机、投影电视、立体声耳机等。

（3）数据存储设备

包括光盘驱动器、磁盘和闪存等。

（4）人机交互设备

包括鼠标、键盘、光笔等。

2. 多媒体软件系统

多媒体计算机的软件系统按功能划分为系统软件和应用软件。系统软件在多媒体计算机系统中负责资源的配置和管理、多媒体信息的加工和处理；应用软件则是在多媒体创作平台上设计开发的面向应用领域的软件系统。多媒体计算机软件系统的层次结构如图 1-27 所示。

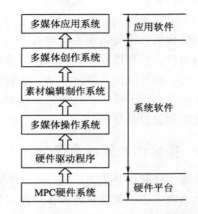

操作系统是计算机必备的系统软件之一。计算机硬件的功能正是在操作系统的控制下才能正常发挥，才可以方便地实施多媒体技术所要求的人机交互。多媒体操作系统在上述功能的基础上增加了对多媒体技术的支持，以实现多媒体环境下的多任务，保证音频、视频同步及信息处理的实时性，提供对多媒体信息的各种操作和管理。多媒体操作系统还应具有对设备控制的相对独立性，以及可操作性、可拓展性等特点。

图 1-27　多媒体计算机软件系统的层次结构

对于多媒体对象，如图像、声音、动画以及视频影像等的创建和编辑，一般需要借助多媒体素材编辑工具软件。多媒体素材编辑工具软件多种多样，包括字处理软件、绘图软件、图像处理软件、动画制作软件、视频编辑软件以及声音编辑软件等。

3. 多媒体数据库

和传统的数据管理相比，多媒体数据库包含着多种数据类型，数据关系更为复杂。多媒体数据库从本质上来说，要解决 3 个难题：

（1）信息媒体的多样化

不仅仅是数值数据和字符数据，还要扩大到多媒体数据的存储、组织、使用和管理。

（2）多媒体数据与人之间的交互性

没有交互性就没有多媒体，要改变传统数据库查询的被动性，能以多媒体方式主动表现。

（3）多媒体数据集成或表现集成

实现多媒体数据之间的交叉调用和融合，集成粒度越细，多媒体一体化表现才越强，应用的价值也才越大。

4. 多媒体系统数据模型

多媒体系统数据模型是指导多媒体软件系统（软件平台、编著工具、多媒体开发工具和多媒体数据库等）开发的理论基础，对于多媒体系统数据模型的形式化或规范化研究是进一步研制新型系统的基础。多媒体系统数据模型的主要任务是表示各种不同媒体数据构造及其属性特征，指出不同媒体数据之间的相互关系。

5. 多媒体通信与分布式多媒体系统

20 世纪 90 年代，计算机系统是以网络为中心，多媒体技术和网络技术、通信技术相结合出现了许多令人鼓舞的应用领域，如视频点播、视频会议、可视电话以及以分布式多媒体系统为基础的计算机支持协同工作系统，这些应用很大程度上影响了人类的生活和工作方式。

和电话、电报、传真和计算机通信等传统的单一媒体通信方式比较，利用多媒体通信，相隔万里的用户不仅能声、像、图、文并茂地交流信息，而且分布在不同地点的多媒体信息，还能同步的作为一个完整的信息呈现在用户面前，而且用户对通信全过程具有完备的交互控制能力。这就是多媒体通信的分布性、同步性和交互性特点。

多媒体通信的应用范围十分广泛，从业务的应用形式来看，多媒体通信业务主要分为两大类，即分配型业务和交互型业务。分配型业务是由网络中的一个给定点向其他位置单向传送信息流的业务，分配型业务又可分为不由用户控制的分配型业务和可由用户控制的分配型业务，每种业务又有视频、图像、音频、数据各种媒体形式；交互型业务是在用户间或用户与主机间提供双向信息交换的业务，交互型业务又可分为会话型业务、消息型业务、检索型业务。

（1）分配型业务

不由用户个别参与控制的分配型业务是一种广播业务，它提供从一个中央源向网络中数量不限的有权接收器分配的连续信息流，用户可以接收信息流，但不能控制信息流开始的时间和出现的次序。

由用户个别参与控制的分配型业务也是自中央源向大量用户分配信息，然而信息是作为一个有序的实体周而复始地提供给用户，用户可以控制信息出现的时间和它的次序。由于信息重复传送，用户所选择的信息实体总是从头开始的。

（2）交互型业务

① 会话型业务。会话型业务以实时端到端的信息传送方式，提供用户和用户或用户和主机之间的双向通信。用户信息流可以是双向对称或双向不对称。

② 消息型业务。消息型业务是个别用户之间经过存储单元的用户到用户的通信，这种存储单元具有存储转发、信箱或消息处理功能。

③ 检索型业务。检索型业务是根据用户需要向用户提供存储在信息中心供公众使用信息的一类业务。用户可以单独地检索他所需要的信息，并且可以控制信息序列开始传送的时间。传送的信息包括文本、数据、图形、图像、声音等。

6. 基于 Internet 的多媒体技术

Internet 是目前最为流行的计算机网络，它可提供大量的多媒体服务。但传统的 Internet 采用尽力而为的信息传输方式，不能保证多媒体的服务质量。

由于以上原因，通常基于 Internet 的多媒体播放器要做以下的工作：

（1）解压缩

几乎所有的声音和影视图像都是经过压缩之后存放在存储器中的，因此无论播放来自于存储器或者来自网络上的声音和影视图像都要解压缩。

（2）错误处理

由于在互联网上往往会出现让人不能接受的交通拥挤，信息包中的部分信息在传输过程中就可能会丢失。如果连续丢失的信息过多，用户接收的声音和图像质量就不能容忍，只能采取重传的办法。

（3）去抖动

由于到达接收端的每个声音信息包和电视图像信息包的时延不是一个固定的数值，如果不加任何措施就原原本本地把数据送到媒体播放器播放，听起来就会有抖动的感觉，甚至对声音和影视图像所表达的信息无法理解。在媒体播放器中，限制这种抖动的简单方法是使用缓存技术，就是把声音或者影视图像数据先存放在缓冲存储器中，经过一段延时后再播放。

课后习题 1

1. 字长是 CPU 的主要性能指标之一，它表示（　　）。

    A. CPU 最长的十进制整数的位数　　　　B. CPU 计算结果的有效数字长度

    C. CPU 最大的有效数字位数　　　　　　D. CPU 一次能处理二进制数据的位数

2. 计算机中，负责指挥计算机各个部分自动协调一致进行工作的部件是（　　）。

    A. 运算器　　　　　　B. 控制器　　　　　　C. 总线　　　　　　D. 存储器

3. 计算机网络中，传输速率的单位是 bit/s，其含义是（　　）。

    A. 字节/秒　　　　　B. 二进制位/秒　　　C. 字段/秒　　　　　D. 字/秒

4. 十进制数 100 转换成无符号二进制数是（　　）。

    A. 01100110　　　　B. 0110101　　　　　C. 01100100　　　　D. 01101000

5. 下列选项属于"计算机安全设置"的是（　　）。

    A. 停掉 Guest 账号　　　　　　　　　　B. 安装杀毒防毒软件

    C. 不下载来路不明的软件及程序　　　　D. 定期备份重要数据

6. 1 GB 的准确值是（　　）。

    A. 1 024 KB　　　　B. 1 024×1 024 B　　C. 1 000×1 000 KB　　D. 1 024 MB

7. 世界上第一个计算机网络，并在计算机网络发展过程中，对计算机网络的形成与发展影响最大的是（　　）。

    A. ARPANET　　　　B. ChinaNET　　　　C. Telnet　　　　　D. CERNET

8. 下列关于计算机病毒的叙述中，错误的是（　　）。

    A. 杀毒软件可以查杀任何种类的病毒

    B. 计算机病毒具有传染性

    C. 杀毒软件必须随着新病毒的出现而升级，提高查杀病毒的功能

    D. 计算机病毒是人为制造的、企图破坏计算机功能或计算机数据的一段小程序

9. 下列叙述中，正确的是（　　）。

    A. 指令是由一串二进制数 0、1 组成的

    B. 机器语言就是汇编语言，无非是名称不同而已

    C. 用机器语言编写的程序可读性好

    D. 高级语言编写的程序可移植性差

10. 结构化程序设计的基本原则不包括（　　）。

    A. 模块性　　　　　　B. 多态性　　　　　　C. 逐步求精　　　　D. 自顶向下

11. 计算机硬件能直接识别执行的语言是（　　）。

    A. 高级程序语言　　　B. 汇编语言　　　　　C. 机器语言　　　　D. C++语言

12. 程序调试的任务是（　　）。

A. 验证程序的正确性　　　　　　　　B. 诊断和改正程序中的错误

C. 发现程序中的错误　　　　　　　　D. 设计测试用例

13. 计算机指令由两部分组成，它们是（　　　）。

A. 操作码和操作数　　　　　　　　　B. 操作数和结果

C. 运算符和运算数　　　　　　　　　D. 数据和字符

14. 结构化程序所要求的基本结构不包括（　　　）。

A. 顺序结构　　　　　　　　　　　　B. 重复（循环）结构

C. 选择（分支）结构　　　　　　　　D. GOTO 跳转

15. 在面向对象方法中，不属于"对象"基本特点的是（　　　）。

A. 分类性　　　　　B. 一致性　　　　　C. 标识唯一性　　　　D. 多态性

16. 在关系数据库中，用来表示实体间联系的是（　　　）。

A. 网状结构　　　　B. 树状结构　　　　C. 二维表　　　　　　D. 属性

17. 一名雇员就职于一家公司，一家公司有多名雇员。则实体公司和实体雇员之间的联系是
（　　　）。

A. 1∶1 的联系　　　　　　　　　　　B. M∶1 的联系

C. M∶N 的联系　　　　　　　　　　　D. 1∶M 的联系

18. 在 E-R 图中，用来表示实体联系的图形是（　　　）。

A. 三角形　　　　　B. 菱形　　　　　　C. 椭圆形　　　　　　D. 矩形

19. 数据库管理 3 个阶段中数据冗余度最小的阶段是（　　　）。

A. 人工管理　　　　B. 数据库管理　　　C. 数据库系统　　　　D. 文件系统

20. 堆排序最坏情况下的时间复杂度为（　　　）。

A. $O(n^{1.5})$　　　B. $O(\log_2 n)$　　　C. $O(n(n-1)/2)$　　　D. $O(n\log_2 n)$

21. 算法时间复杂度的度量方法是（　　　）。

A. 执行算法所需要的基本运算次数　　B. 执行算法所需要的所有运算次数

C. 执行算法所需要的时间　　　　　　D. 算法程序的长度

22. 下列关于栈的叙述正确的是（　　　）。

A. 栈按"先进先出"组织数据　　　　B. 只能在栈底插入数据

C. 不能删除数据　　　　　　　　　　D. 栈按"先进后出"组织数据

23. 下面不属于需求分析阶段任务的是（　　　）。

A. 需求规格说明书审评　　　　　　　B. 确定软件系统的功能需求

C. 制订软件集成测试计划　　　　　　D. 确定软件系统的性能需求

24. 下列属于黑盒测试方法的是（　　　）。

A. 语句覆盖　　　　B. 边界值分析　　　C. 路径覆盖　　　　　D. 逻辑覆盖

25. 下面不属于软件设计阶段任务的是（　　　）。

A. 软件的总体结构设计　　　　　　　B. 软件的详细设计

C. 软件的数据设计　　　　　　　　　D. 软件的需求分析

26. 软件设计中划分模块的一个准则是（　　　）。

A. 高内聚低耦合　　　　　　　　　　B. 低内聚高耦合

  C. 高内聚高耦合   D. 低内聚低耦合

27. 面向对象方法中，继承是指（ ）。
  A. 一组对象所具有的相似性质   B. 类之间共享属性和操作的机制
  C. 一个对象具有另一个对象的性质   D. 各对象之间的共同性质

28. 下列属于良好程序设计风格的是（ ）。
  A. 随意使用无条件转移语句   B. 程序输入/输出的随意性
  C. 程序效率第一   D. 源程序文档化

29. 软件生命周期是指（ ）。
  A. 软件的开发过程
  B. 软件产品从提出、实现、使用维护到停止使用退役的过程
  C. 软件从需求分析、设计、实现到测试完成的过程
  D. 软件的运行维护过程

30. 下列选项中，不属于多媒体特性的是（ ）。
  A. 集成性   B. 交互性   C. 多样性   D. 传输性

31. 通常，图像和声音的数字化过程为（ ）。
  A. 采样、量化、编码   B. 编码、采样、量化
  C. 量化、采样、编码   D. 采样、编码、量化

第②章

Word 文档创建及编辑

微软公司推出的 Microsoft Office 套装软件凭借其友好的界面、方便的操作、完善的功能和易学易用等诸多优点已经成为众多用户进行办公应用的主流工具之一。

Microsoft Office 套装软件包含多个组件，其中最常用的组件有 Word、Excel、PowerPoint。作为 Office 套件的核心程序，Word 提供了许多易于使用的文档创建工具，同时也提供了丰富的功能集供创建复杂的文档使用。Word 文档编辑是指对文档的内容进行增加、删除、修改、查找、替换、复制和移动等一系列操作。当编辑处理完一份文档后，需要进一步设置文档的格式，从而美化文档，便于读者阅读和理解文档的内容。

2.1 Microsoft Office 2016 用户界面

Microsoft Office 2016 套装组件有着统一友好的操作界面、通用的操作方法及技巧。为了帮助人们更加方便地按照日常事务处理的流程和方式操作软件，Microsoft Office 2016 应用程序提供了一套以工作成果为导向的用户界面，让用户可以用最高效的方式完成日常工作。

扫一扫

Microsoft Office
2016 用户界面

2.1.1 功能区与选项卡

Office 2016 与 Office 2010 一样，用各种功能区取代了传统的菜单操作方式。在 Office 2016 的用户界面中，功能区横跨程序窗口顶部，看起来像菜单的名称，其实是功能区的名称，当单击这些名称时并不会打开菜单，而是切换到与之相对应的功能区面板。每个功能区以选项卡的方式对命令进行分组和显示，选项卡在排列方式上与用户所要完成任务的顺序相一致。选项卡中命令的组合方式如此直观，可大大提升应用程序的可操作性。

在 Microsoft Word 2016 功能区中有"文件"、"开始"、"插入"、"设计"和"布局"等编辑文档的选项卡，如图 2-1 所示。同样，在 Microsoft Excel 2016 和 Microsoft PowerPoint 2016 的功能区中也拥有一组类似的选项卡，如图 2-2、图 2-3 所示。这些选项卡可以引导用户开展各种工作，简化对应用程序中多种功能的使用方式。

图 2-1　Word 2016 功能区

图 2-2　Excel 2016 功能区

图 2-3　PowerPoint 2016 功能区

功能区显示的内容并不是一成不变的，用户可以根据自己的喜好进行个性化设置。

1．折叠功能区

在功能区面板的任意一个位置右击，在弹出的快捷菜单中选择"折叠功能区"命令，即折叠功能区面板，仅显示功能选项卡。

折叠功能区后，单击任意功能选项卡后右击，在弹出的快捷菜单中选择"折叠功能区"命令，取消其前面的"√"标志，即可重新显示功能区面板。

2．隐藏或显示功能区

在应用程序窗口标题栏的右侧单击"功能区显示选项"按钮，如图 2-4 所示，选择菜单中的"自动隐藏功能区"命令，即可隐藏功能区。

隐藏功能区后，单击标题栏右侧的"功能区显示选项"按钮，选择菜单中的"显示选项卡和命令"命令，即可显示功能区。

图 2-4　"功能区显示选项"菜单

3．自定义功能区

在功能区面板的任意一个位置右击，在弹出的快捷菜单中选择"自定义功能区"命令，弹出"Word 选项"对话框，如图 2-5 所示。在对话框中可以新建功能选项卡、新建组、对新建的功能选项卡及组重命名等。

图 2-5　"Word 选项"对话框

2.1.2 上下文选项卡

有些选项卡只有在编辑、处理某些特定对象的时候才会在功能区中显示出来，向用户展示可能会用到的命令，这就是所谓的上下文选项卡。

如果用户要在 Word 2016 中处理图片，选中图片后则功能区会自动显示"图片工具"选项卡，展示处理图片时所需要的命令，如图 2-6 所示。上下文选项卡仅在需要时显示，其动态性使人们能够更加轻松地根据正在进行的操作来获得和使用所需要的命令。这种工具不仅智能、灵活，同时也保证了用户界面的整洁性。

图 2-6 上下文选项卡

2.1.3 实时预览

当用户将鼠标指针移动到相关的选项时，会自动显示应用该功能后的文档预览效果，这就是实时预览功能。这种动态的功能可以提高布局设置、编辑和格式化操作的执行效率，用户只需花很少的时间就能获得优异的工作成果。

如果用户想改变 Word 文档的字体时，选中目标文字并将鼠标指针指向字体下拉列表中的选项，文档将实时显示应用该字体的效果，如图 2-7 所示，鼠标指针离开以后将恢复原貌，从而便于用户迅速做出最佳选择。

Word 2016 默认启用了实时预览功能，打开和关闭"实时预览"功能的具体操作步骤如下：

① 打开 Word 2016 文档窗口，选择"文件"→"选项"命令。

② 弹出"Word 选项"对话框，在"常规"选项卡中选中或取消"启用实时预览"复选框，将打开或关闭实时预览功能，如图 2-8 所示，完成设置后单击"确定"按钮。

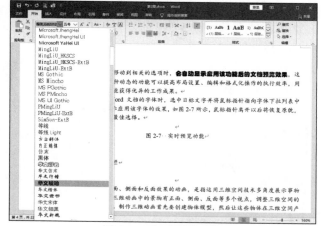

图 2-7 实时预览功能

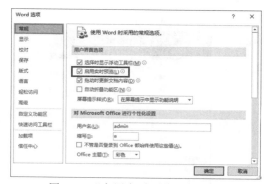

图 2-8 "启用实时预览"复选框

2.1.4　屏幕提示

当用户将鼠标指针指向某个命令时，就会弹出相应的屏幕提示，如图 2-9 所示，它所提供的提示说明对于想快速了解该项功能的用户往往已经足够。如果想要获取更加详细的信息，可以单击该功能所提供的相关辅助信息的链接进行访问。

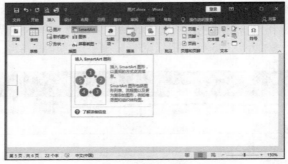

图 2-9　屏幕提示说明

2.1.5　快速访问工具栏

有些功能命令使用得相当频繁，例如保存、撤销等命令。快速访问工具栏实际上是一个命令按钮的容器，它位于应用程序窗口标题栏的左侧，默认状态只包含保存、撤销和恢复 3 个基本的常用命令。用户可以根据自己的需要把一些常用命令添加到其中，以方便使用。

例如，如果用户经常需要将 Word 文档转换为 Microsoft PowerPoint 演示文稿，则可以在快速访问工具栏中添加所需的命令，操作步骤如下：

① 单击快速访问工具栏右侧的黑色三角箭头，在弹出的菜单中包含了一些常用命令，如图 2-10 所示。如果希望添加的命令恰好位于其中，选择相应的命令即可；否则应选择"其他命令"命令，将打开相应对话框。

② 弹出"Word 选项"对话框，并自动定位在"快速访问工具栏"选项卡中。在中间的"从下列位置选择命令"下拉列表框中选择"不在功能区中的命令"命令，然后在命令列表框中选择"发送到 Microsoft PowerPoint"命令，单击"添加"按钮，如图 2-11 所示。

图 2-10　"自定义快速访问工具栏"菜单

图 2-11　选择出现在快速访问工具栏中的命令

③ 单击"确定"按钮，"发送到 Microsoft PowerPoint"命令就添加到了快速访问工具栏中。

2.1.6　后台视图

如果说 Microsoft Office 2016 功能区中包含了用于在文档中工作的命令集，那么 Microsoft Office 后台视图是用于对文档或应用程序执行操作的命令集。

在 Office 2016 应用程序中单击"文件"选项卡，即可查看 Office 后台视图。在后台视图中可以管理文档和有关文档的相关数据，例如新建、打开和保存等，也可以显示与文档有关的信息，如文档属性信息、应用程序自定义选项等。Office 后台视图如图 2-12 所示。

图 2-12　Office 后台视图

在后台视图中，单击左侧列表中的"选项"命令，即可打开相应组件的选项对话框。在该对话框中能够对当前应用程序的工作环境进行定制，如设置显示对象、自定义文档保存方式、打印时显示方式以及其他高级设置。

2.2　创 建 文 档

一直以来，Microsoft Office Word 都是最流行的文字处理软件，作为 Office 套件的核心软件，Word 提供了许多易于使用的文档创建工具，同时也提供了丰富的图、表功能供创建复杂的文档使用。使用 Word 应用一些文本格式化操作或图片处理，可以使简单的文档变得比只使用纯文本更具吸引力。

2.2.1　创建空白的新文档

在 Word 中，可以通过启动程序、选项卡菜单、快速访问工具栏、快捷键等多种途径创建空白文档。

1．启动程序

① 单击 Windows 任务栏中的"开始"按钮，选择"所有程序"命令。

② 在展开的程序列表中，依次选择 Microsoft Office→Microsoft Office Word 2016 命令，启动 Word 2016 应用程序。

③ Word 将自动创建一个基于 Normal 模板的空白文档。

2．选项卡菜单

如果先前已经启动了 Word 程序，在编辑文档的过程中，还需要创建一个新的空白文档，则可以通过"文件"选项卡的后台视图来实现，具体操作步骤如下：

① 选择"文件"→"新建"命令。

② 在窗格中单击"空白文档"，如图 2-13 所示，即可创建一个空白文档。

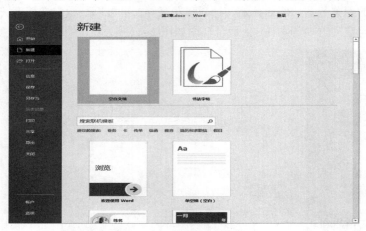

图 2-13　新建空白文档

3．快速访问工具栏

首先将"新建"命令添加到快速访问工具栏中，然后单击"新建"按钮，即可完成一个空白文档的创建。

4．快捷键

按下【Ctrl+N】组合键，即可快速创建一个空白文档。

2.2.2　利用模板创建新文档

使用模板可以快速创建出外观精美、格式专业的文档。Word 提供了多种模板以满足不同的具体需求。对于不熟悉 Word 的初学者，模板的使用能够大大减轻工作负担。

Office 2016 已将 Microsoft Office Online 上的模板嵌入应用程序中，在新建文档时就可快速浏览并选择适用的在线模板使用。利用模板创建新文档的操作步骤如下：

① 选择"文件"→"新建"命令。

② 在窗格中可以看到已经在计算机中安装的 Word 模板类型，从中选择需要的模板，如图 2-14 所示。

③ 单击"创建"按钮，即可快速创建出一个带有格式和基本内容的文档。

④ 在模板内容的基础上进行编辑和修改，并执行保存，即可完成文档的创建。

如果计算机已经连接因特网，则在文本框中输入如"邀请函"，即可浏览并搜索 Office Online 上的模板类型，如图 2-15 所示，浏览并选中需要的文档模板。

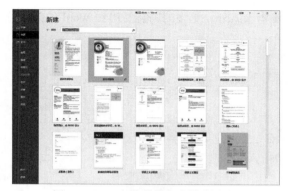

图 2-14　已安装的模板创建新文档

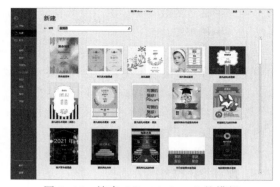

图 2-15　搜索 Office Online 上的模板

2.3　输入并编辑文本

Word 文档内容主要由文本、表格、图片等对象组成。输入文本并对输入的文本进行基本编辑操作，是在 Word 中进行文字处理的基础工作。

2.3.1　输入文本

新建一个空白文档后，就可输入文本。在窗口工作区的左上角有一个闪烁着的黑色竖条"I"称为插入点，它表明输入字符将出现的位置。输入文本时，插入点自动后移。

Word 有自动换行的功能，当输入到每行的末尾时不必按【Enter】键，只有当一个段落结束时才按【Enter】键，按下【Enter】键后换行表明新段落的开始，段尾显示一个"↵"符号，称为硬回车符，又称段落标记。按下【Shift+Enter】组合键后换行，表明新段落的开始，段尾显示一个"↓"符号，称为软回车符，又称手动换行符。

1. 常规文本

常规文本对象可通过键盘、语音、手写笔和扫描仪等多种方式进行输入。Word 文档中既可输入汉字，又可输入英文。输入英文单词或句子一般有 7 种书写格式：句首字母大写、小写、大写、每个单词首字母大写、切换大小写、半角、全角。在 Word 中用【Shift+F3】键，可实现"每个单词首字母大写、全部大写、全部小写"这 3 种书写格式的转换。具体操作是：首先选定英文单词或句子，然后单击"开始"→"字体"→"更改大小写"按钮，选定的英文单词或句子可在 7 种书写格式之间转换。

> **提示**
>
> 文档录入有两种模式："改写"和"插入"。"改写"模式下输入的内容会替换光标后面的内容，"插入"模式下输入的内容会插入到光标后面，不会替换已经存在的内容。在状态栏的空白处右击会弹出快捷菜单，选择"改写"命令，在状态栏上会自动添加"插入"按钮，再次单击此按钮后键盘录入方式切换为"改写"状态，此时如果要切换两种模式，就可以通过键盘【Insert】键进行。正常情况下，键盘默认录入方式为"插入"。

2. 特殊符号

除了常规文本外，在输入文档过程中经常需要输入一些特殊符号，如中文标点、数学运算符、货币符号、带括号的数字等。除了少数符号可以通过软键盘录入外，更多的则需要用到 Word 的插入符号功能，操作步骤如下：

① 将光标定位到待插入点，在"插入"选项卡的"符号"组中单击"符号"按钮，在其下拉列表中选择"其他符号"命令，打开如图 2-16 所示的"符号"对话框。

② 从"字体"和"子集"下拉列表框中选择需要插入符号的字体和所属子集。

③ 双击需要插入的符号，或者选择符号后单击"插入"按钮，即可将该符号插入到指定位置。

④ 单击"取消"按钮或关闭当前对话框，完成插入操作。

图 2-16 "符号"对话框

2.3.2 选择文本

对文本内容进行格式设置和更多操作之前，需要先选择文本。熟练掌握文本选择的方法，将有助于提高工作效率。

1. 用鼠标选择文本

根据所选择文本区域的不同情况，分别有：

用鼠标选择文本

① 选择任意大小的文本区。首先将"I"形鼠标指针移动到要选择文本区的开始处，然后按住鼠标左键并拖动鼠标直到所选择的文本区的最后一个文字再松开鼠标左键，这样，鼠标拖动过的区域已成高亮状态。文本选择区域可以是一个字符或标点，也可以是整篇文档。如果要取消选择区域，可以用鼠标单击文档的任意位置或按键盘上的箭头键。

② 选择大块文本。首先用鼠标指针单击选择区域的开始处，然后按住【Shift】键，再结合滚动条将文本翻到选择区域的末尾，再单击选择区域的末尾，则两次单击范围中包括的文本就被选择。

③ 选择矩形区域中的文本。将鼠标指针移动到所选区域的左上角，按住【Alt】键，拖动鼠标直到区域的右下角，松开鼠标。

④ 选择一个句子。按住【Ctrl】键，将鼠标光标移动到所要选句子的任意处单击。

⑤ 选择一个段落。将鼠标指针移动到所要选择段落的任意行处连击三下。或者将鼠标指针移动到所要选择段落左侧的文档选择区，当鼠标指针变成向右上方指的箭头时鼠标左键双击。

⑥ 选择一行或多行。将鼠标指针移动到所要选择行左侧的文档选择区，当鼠标指针变成向右上方指的箭头时，单击就可以选择箭头指向的所在行文本，如果按住鼠标左键不放再拖动鼠标，则可选择若干行文本。

⑦ 选择整个文档。按住【Ctrl】键，将鼠标指针移动到左侧的文档选择区，当鼠标指针变成向右上方指的箭头时，单击。或者将鼠标指针移动到左侧的文档选择区，当鼠标指针变成向右上方指的箭头时，连续快速单击三次。或者也可以单击"开始"→"编辑"→"选择"按钮，在随之打开的下拉菜单中选择"全选"命令。或者直接按组合键【Ctrl+A】选择整个文档。

2. 用键盘选择文本

当用键盘选择文本时，注意应首先将插入点移动到所选文本区的开始处，然后再按表 2-1 所示的组合键。

表 2-1　常用选择文本的组合键

组合键	选择功能
Shift+←	选择当前光标左边的一个字符或汉字
Shift+→	选择当前光标右边的一个字符或汉字
Shift+↑	选择到上一行同一位置之间的所有字符或汉字
Shift+↓	选择到下一行同一位置之间的所有字符或汉字
Shift+PageUp	选择上一屏
Shift+PageDown	选择下一屏
Shift+Home	从插入点选择到它所在行的开头
Shift+End	从插入点选择到它所在行的末尾
Ctrl+ Shift+Home	选择从当前光标到文档首
Ctrl+Shift+End	选择从当前光标到文档尾
Ctrl+A	选择整个文档

3. 用扩展功能键【F8】选择文本

利用 Word 的扩展功能，可以很方便地选择光标所在的整句、整段或全文。

在按下【F8】功能键之后，表示已经进入扩展式选择状态。Word 2016 在默认设置下没有任何提示，操作起来不太方便，此时将鼠标指针移动到状态栏并右击，从打开的"自定义状态栏"快捷菜单中选中"选定模式"命令，则状态栏中就会出现"扩展式选定"提示信息。

进入扩展式选定模式之后，可以用连续按【F8】键扩大选择范围的方法来选择文本。如果先将插入点移动到某一段落的任意一个中文词（英文单词）中，那么第一次按【F8】键，状态栏中出现"扩展式选定"信息项，表示扩展选定模式被打开；第二次按【F8】键，选择插入点所在位置的中文词/字（或英文单词）；第三次按【F8】键，选择插入点所在位置的一个句子；第四次按【F8】键，选择插入点所在位置的段落；第五次按【F8】键，选择整个文档。也就是说，每按一次【F8】键，选择范围扩大一级。反之，反复按组合键【Shift+F8】可以逐级缩小选择范围。

如果需要退出扩展式选定模式，只要按下【Esc】键即可。

2.3.3　删除与移动文本

1. 删除文本

删除一个字符或汉字的最简单的方法是：将插入点移动到此字符或汉字的左边，然后按【Delete】键；或者将插入点移动到此字符或汉字的右边，然后按【Backspace】键。

删除几行或一大块文本的快速方法是：首先选定要删除的该块文本，然后按【Delete】键（或单击"开始"→"剪贴板"分组中"剪切"按钮）。

如果删除之后想恢复所删除的文本，那么只要单击自定义快速访问工具栏的"撤销"按钮即可。

2. 移动文本

在编辑文档的时候，经常需要将某些文本从一个位置移动到另一个位置，以调整文档的结构。移动文本的方法有：

（1）剪贴板移动文本

可以利用"开始"→"剪贴板"组中"剪切"按钮和"粘贴"按钮来实现文本的移动。具体操作步骤如下：

① 选定所要移动的文本。

② 单击"开始"→"剪贴板"组中"剪切"按钮，或按组合键【Ctrl+X】。此时所选定的文本被剪切并保存在剪贴板中。

③ 将插入点移动到文本将要移动到的新位置。此新位置可以是在当前文档中，也可以是在其他文档中。

④ 单击"开始"→"剪贴板"组中"粘贴"按钮，或按组合键【Ctrl+V】。此时所选定的文本便移动到指定的新位置。

（2）快捷菜单移动文本

使用快捷菜单移动文本的操作步骤与使用剪贴板移动文本的方法类似，不同之处在于它使用快捷菜单中的"剪切"和"粘贴"命令。具体操作步骤如下：

① 选定所要移动的文本。

② 将"I"形鼠标指针移动到所选定的文本区，此时鼠标指针形状变成指向左上角的箭头，右击，弹出快捷菜单。

③ 在快捷菜单中选择"剪切"命令。

④ 再将"I"形鼠标指针移动到将要移动到的新位置并右击，弹出快捷菜单。

⑤ 在快捷菜单中选择"粘贴"命令，完成移动操作。

（3）鼠标左键移动文本

如果所移动的文本比较短小，而且将移动到的目标位置就在同屏幕中，那么用鼠标拖动它更为简捷。具体操作步骤如下：

① 选定所要移动的文本。

② 将"I"形鼠标指针移动到所选定的文本区，使其变成指向左上角的箭头。

③ 按住鼠标左键，此时鼠标指针下方增加一个灰色的矩形，并在箭头处出现一竖线段（即插入点），它表明文本要插入的新位置。

④ 拖动鼠标指针前的插入点到文本将要移动到的新位置上并松开鼠标左键，这样就完成了文本的移动。

（4）鼠标右键移动文本

与使用鼠标左键移动文本实现文本移动的方法类似，也可以用鼠标右键拖动选定的文本来移动文本，具体操作步骤如下：

① 选定所要移动的文本。

② 将"I"形鼠标指针移动到所选定的文本区，使其变成指向左上角的箭头。

③ 按住鼠标右键，将插入点拖动到文本将要移动到的新位置上并松开鼠标右键，随即出现快捷菜单。

④ 选择快捷菜单中的"移动到此位置"命令，完成移动。

2.3.4　复制与粘贴文本

在编辑文档的过程中，常常需要重复输入一些前面已输入过的文本，使用复制操作可以减少键入错误，提高效率。复制文本是一个常用操作，首先选择要复制的文本，然后将内容复制到目标位置。复制文本的方法有：

1．剪贴板复制文本

可以利用"开始"→"剪贴板"组中"复制"按钮和"粘贴"按钮来实现文本的复制。具体操作步骤如下：

① 选定所要复制的文本。

② 单击"开始"→"剪贴板"组中"复制"按钮，或按组合键【Ctrl+C】。此时所选定文本的副本被临时保存在剪贴板中。

③ 将插入点移动到文本将要复制到的新位置。此新位置可以是在当前文档中，也可以是在其他文档中。

④ 单击"开始"→"剪贴板"组中"粘贴"按钮，或按组合键【Ctrl+V】。此时所选定文本的副本被复制到指定的新位置。

只要剪贴板上的内容没有被破坏，那么同一文本可以复制到若干个不同的位置上。

2．快捷菜单复制文本

使用快捷菜单复制文本的步骤与使用快捷菜单移动文本的操作类似，所不同的是它使用快捷菜单中的"复制"和"粘贴"命令。具体操作可参照"快捷菜单移动文本"的步骤。

3．鼠标左键拖动复制文本

如果所复制的文本比较短小，而且复制的目标位置就在同屏幕中，那么用鼠标拖动复制显得更为简捷。具体操作步骤如下：

① 选定所要复制的文本。

② 将"I"形鼠标指针移动到所选定的文本区，使其变成指向左上角的箭头。

③ 先按住【Ctrl】键，再按住鼠标左键，此时鼠标指针下方增加一个叠置的灰色矩形和带"+"的矩形，并在箭头处出现一竖线段（即插入点），它表明文本要插入的新位置。

④ 拖动鼠标指针前的插入点到文本需要复制到的新位置，松开鼠标左键后再松开【Ctrl】键，就可以将选定的文本复制到新位置。

4．鼠标右键拖动复制文本

此方法与使用鼠标左键拖动复制文本方法类似，只要将其第④步操作改为选择快捷菜单中的"复制到此位置"的命令即可。

2.4　查找与替换文本

在编辑文档的过程中，可能会发现某个词语输入错误或使用不够妥当。如果在整篇文档中通过拖动滚动条，人工逐行搜索该词语，然后手工逐个地改正过来，则将是一件极其浪费时间和精力的事，而且也不能确保万无一失。

Word 2016 为此提供了强大的查找和替换功能，可以帮助用户从烦琐的人工修改中解脱出来，从而实现高效率的工作。查找和替换功能不仅可以查找文档中的某一指定的文本，而且还可以查找特殊符号（如段落标记、制表符等）。

2.4.1　查找文本

1．常规查找

常规查找操作如下：

① 单击"开始"→"编辑"→"替换"按钮，打开"查找和替换"对话框。

② 单击"查找"选项卡，得到如图 2-17 所示的"查找和替换"对话框。在"查找内容"文本框中键入要查找的文本，如键入"你好"一词。

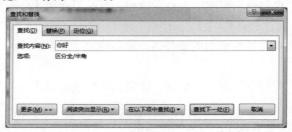

图 2-17　"查找和替换"对话框的"查找"选项卡

③ 单击"查找下一处"按钮开始查找。当查找到"你好"一词后，查找到的文本以黄色背景突出显示出来。

④ 如果此时单击"取消"按钮，那么关闭"查找和替换"对话框，插入点停留在当前查找到的文本处；如果还需继续查找下一个，可单击"查找下一处"按钮，直到整个文档查找完毕为止。

2．高级查找

在图 2-17 所示的"查找和替换"对话框中，单击"更多"按钮，就会出现如图 2-18 所示的"查找和替换"对话框。几个选项的功能如下：

① 查找内容：在"查找内容"列表框中键入要查找的文本；或者单击列表框右端的下拉列表按钮，列表中列出最近 4 次查找过的文本供选用。

② 搜索：在"搜索"列表框中有"全部"、"向上"和"向下"3 个选项。"全部"选项表示从插入点开始向文档末尾查找，到达文档末尾后再从文档开头查找到插入点处；"向上"选项表示从插入点开始向文档开头处查找；"向下"选项表示从插入点向文档末尾处查找。

③ "区分大小写"和"全字匹配"复选框主要用于查找英文单词。

④ 使用通配符：选择此复选框可在要查找的文本中键入通配符实现模糊查找。可以单击"特殊格式"按钮，查看可用的通配符及其含义。

⑤ 区分全/半角：选择此复选框，可区分全角或半角的英文字符和数字，否则不予区分。

⑥ 如果查找特殊字符，则可单击"特殊格式"按钮，打开"特殊格式"列表，从中选择所需要的特殊字符。

⑦ 单击"格式"按钮，选择"字体"项可打开"字体"对话框，在该对话框中可设置所要查找文本的格式。

⑧ 单击"更少"按钮，可返回常规查找方式。

图 2-18   高级功能的"查找和替换"对话框的"查找"选项卡

2.4.2   替换文本

若要将查找到的目标进行替换，就要使用"替换"命令。

1. 简单替换

有时，需要将文档中多次出现的某个字（或词）替换为另一个字词，例如将"你好"替换成"您好"等，就可以利用"查找和替换"功能实现。"替换"的操作与"查找"操作类似，具体操作步骤如下：

① 单击"开始"→"编辑"组中"替换"按钮，打开"查找和替换"对话框，并单击"替换"选项卡，得到如图 2-19 所示的"查找和替换"对话框的"替换"选项卡窗口。

② 在"查找内容"文本框中键入要查找的内容，例如键入"你好"。

③ 在"替换为"文本框中键入要替换的内容，例如键入"您好"。

④ 设置完要查找和要替换的文本和格式后，根据情况单击相应按钮。

扫一扫

简单替换

图 2-19   "查找和替换"对话框的"替换"选项卡

2. 高级替换

在图 2-17 所示的"查找和替换"对话框中，单击"更多"按钮，打开图 2-18 所示的"查找和替换"对话框，进行高级查找和替换设置。

扫一扫

高级替换

通过高级查找和替换设置，可以进行格式替换、特殊字符替换、使用通配符替换等操作，可以设定仅替换某一颜色、某一样式、替换段落标记等，高级替换功能使得文本的查找和替换更加方便和灵活、实用性更强。

案例：通过替换功能删除"高级替换案例素材.docx"文中的空白行。

操作步骤如下：

① 打开文档"高级替换案例素材.docx"。

② 单击"开始"→"编辑"组中"替换"按钮，打开"查找和替换"对话框。

③ 单击左下角的"更多"按钮，展开对话框。

④ 在"查找内容"文本框中单击定位光标，单击"特殊格式"按钮，从打开的列表中选择"段落标记"命令，连续选择两次命令，用于查找两个连续的回车符，如图 2-20 所示。

⑤ 在"替换为"文本框中直接输入"^p"（"^p"代表段落标记），表示将两个连续的回车符替换为一个。

⑥ 单击"查找下一处"按钮，文档中两个连续的回车符被选中，单击"替换"按钮，替换为一个。

⑦ 确定替换结果正确后，直接单击"全部替换"按钮，即可将文中所有的空白行删除。

图 2-20　通过替换功能删除空白行

2.4.3　在文档中定位

除了查找文本中的关键字词外，还可以通过查找特殊对象在文档中定位：

① 单击"开始"→"编辑"组中"查找"按钮旁边的下拉按钮。

② 从下拉列表中选择"转到"命令，打开"查找和替换"对话框的"定位"选项卡，如图 2-21所示。

③ 在"定位目标"列表框中选择用于定位的对象。

④ 在右边的文本框中输入或选择定位对象的具体内容，如页码、书签名称等。

图 2-21　"定位"选项卡

　　通过单击"插入"→"链接"→"书签"按钮，可以在文档中插入用于定位的书签。书签功能在审阅长文档时非常有用。

2.5　保存与打印文档

　　对一个文档的新建并输入相应的内容之后，往往需要随时对文档进行保存，以便后期查看和使用，必要时还可以将其打印出来以供阅读与传递。

2.5.1　保存文档

　　保存文档不仅指的是一份文档在编辑结束时才将其保存，同时也指在编辑的过程中进行保存。因为文档的信息随着编辑工作的不断进行，也在不断地发生改变，必须时刻让 Word 有效地记录这些变化。

1．保存新建文档

　　新建文档输入完后，此文档的内容还驻留在计算机的内存之中。为了永久保存所建立的文档，在退出 Word 前应将它保存起来。保存文档的常用方法有以下几种：

① 单击快速访问工具栏的"保存"按钮。
② 选择"文件"→"保存"命令。
③ 直接按组合键【Ctrl+S】。

　　若是第一次保存文档，会打开如图 2-22 所示的"另存为"窗口，用户应先在列表框中选定与保存文档有关的位置，之后，在弹出的图 2-23 所示"另存为"对话框中，选定所要保存文档的驱动器和文件夹，在"文件名"一栏中输入新的文件名，单击"保存"按钮，即可将当前文档保存到指定的驱动器和文件夹，同时当前文档窗口标题栏中的文件名变更为新输入的文件名。文档保存后，该文档窗口并没有关闭，可以继续编辑该文档。

2．保存已有的文档

　　对已有的文件打开和修改后，可直接单击"保存"按钮，修改后的文档将以原来的文件名保存在原来的文件夹中，此时不再出现"另存为"窗口。

3．用另一文档名保存文档

　　选择"文件"→"另存为"命令可以把一个正在编辑的文档以另一个不同的名字保存起来，而原来的文件依然存在。执行"另存为"命令后，会打开图 2-22 所示的"另存为"窗口，其后的操作与保存新建文档一样。

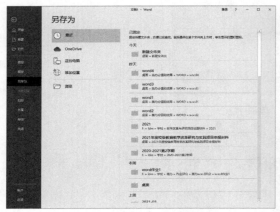 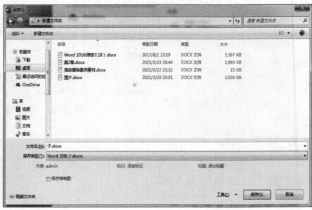

图 2-22 "另存为"窗口 图 2-23 "另存为"对话框

2.5.2 打印文档

当文档编辑、排版完成后，就可以打印输出。打印前，可以利用打印预览功能先查看一下排版是否理想。如果满意则打印，否则可继续修改排版。

1. 打印预览

选择"文件"→"打印"命令，在打开的"打印"窗口面板右侧就是预览文档的打印效果，如图 2-24 所示。

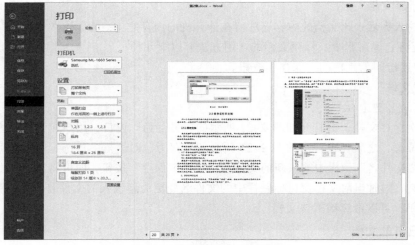

图 2-24 "打印"窗口面板

2. 打印文档

通过"打印预览"查看满意后，就可以打印。打印前，最好先保存文档，以免意外丢失。Word提供了许多灵活的打印功能。可以打印一份或多份文档，也可以打印文档的某一页或某几页。常见的操作说明如下：

（1）打印一份文档

打印一份当前文档的操作最简单，只要单击"打印"窗口面板上的"打印"按钮即可。

（2）打印多份文档副本

如果要打印多份文档副本，那么应在"打印"窗口面板上的"份数"文本框中输入要打印的文档份数，然后单击"打印"按钮。

（3）打印一页或几页

如果仅仅打印文档中的一页或几页，则应单击"设置"区域"打印所有页"右侧的下拉列表按钮，在打开列表的"文档"选项组中，选定"打印当前页"，那么只打印当前插入点所在的页面；如果选定"自定义打印范围"，那么还需要进一步设置需要打印的页码或页码范围。

2.6　Office 组件之间的数据共享

作为一个套装软件，Office 组件之间的数据共享，可以减少不必要的重复输入，保证数据的完整性、准确性，提高工作效率，实现 Office 组件之间的无缝协同工作。

扫一扫

Office 组件之间的
数据共享

2.6.1　Office 主题共享

Office 2016 中，文档主题是一套具有统一设计元素的格式选项，包括一组主题颜色（配色方案的集合）、一组主题字体（包括标题文字和正文字体）和一组主题效果（包括线条和填充效果）。通过应用文档主题，可以快速而轻松地设置整个文档的格式，赋予它专业、时尚的外观。

文档主题在 Word、Excel、PowerPoint 应用程序之间共享，以便确保应用了相同主题的 Office 文档具有相同的、统一的外观。Office 2016 提供多套默认的主题可供选用，也可以根据需要自定义主题。在一个程序组件（如 Word）中自定义的主题可以在其他程序（如 Excel、PowerPoint）中调用。如果自定义文档主题，需要先完成对主题颜色、主题字体以及主题效果的设置。对一个或多个这样的主题组件所做的更改将立即影响当前文档的显示外观。如果要将这些更改应用到新文档，则可以将它们另存为自定义文档主题。

在 Word 和 PowerPoint 应用程序中，可以通过"设计"选项卡上的"主题"组选择应用，而 Excel 中则需要在"页面布局"选项卡上的"主题"组选择应用主题，如图 2-25 所示。

图 2-25　不同的 Office 程序应用主题

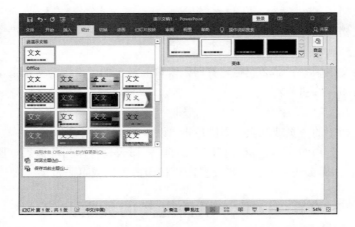

图 2-25 不同的 Office 程序应用主题（续）

2.6.2 Office 数据共享

Word、Excel、PowerPoint 应用程序三者在处理文档时各有各的长处。Word 主要用于文字处理、排版，Excel 主要用于制作表格、数据计算，PowerPoint 主要用于制作演示文稿。为了高效地创建和处理综合文档，Office 采用了数据共享的设计，以便实现 Office 组件之间的无缝协同工作。

1. Word 与 PowerPoint 之间的数据共享

Office 为 Word 与 PowerPoint 之间传递和共享数据提供了专有的方式。

（1）将 Word 文档发送到 PowerPoint 中

Word 擅长文字处理、排版，而 PowerPoint 擅长对信息进行演示。有时候需要将 Word 文档进行压缩、精简然后制作成简短的演示文稿，如果一点一点去复制、粘贴，是相当麻烦的。如果利用 Office 共享数据的特性，即可将在 Word 中编辑完成的文本快速发送到 PowerPoint 中形成幻灯片文本。具体操作步骤如下：

① 在 Word 中编辑好文档，为需要发送到 PowerPoint 中的内容使用内置的标题样式。一般情况下，

标题 1 对应幻灯片中的标题，标题 2 对应幻灯片中第一级文本，标题 3 对应幻灯片中第二级文本……以此类推。

② 选择"文件"→"选项"→"快速访问工具栏"→"不在功能区中的命令"→"发送到 Microsoft PowerPoint"命令，如图 2-26 所示，单击"添加"按钮，相应命令将显示在"自定义快速访问工具栏"，然后单击"确定"按钮，关闭"Word 选项"对话框。

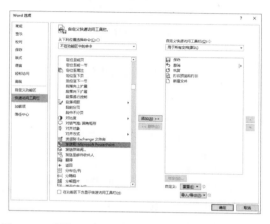

图 2-26　添加"发送到 Microsoft PowerPoint"按钮

③ 单击"自定义快速访问工具栏"中新增加的"发送到 Microsoft PowerPoint"按钮，即可把 Word 中的文本内容发送到新创建的 PowerPoint 演示文稿中，如图 2-27 所示。

注意这种方式只能发送文本，不能发送图表图像。如果 Word 文档内容比较长，生成演示文稿的时间也比较长。

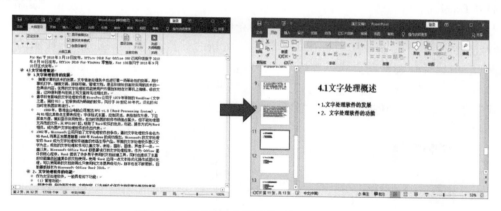

图 2-27　将 Word 文档发送到 PowerPoint 中

（2）使用 Word 为幻灯片创建讲义

PowerPoint 制作的演示文稿可以在 Word 中生成讲义并打印，操作步骤如下：

① 打开要生成讲义的 PowerPoint 演示文稿。

② 选择"文件"→"选项"→"快速访问工具栏"→"不在功能区中的命令"→"在 Microsoft Word 中创建讲义"命令，单击"添加"按钮，相应命令将显示在"自定义快速访问工具栏"，然后单击"确定"按钮，关闭"PowerPoint 选项"对话框。

③ 单击"自定义快速访问工具栏"中新增加的"在 Microsoft Word 中创建讲义"按钮，打开如图 2-28（a）所示的对话框。

④ 选择讲义版式后，单击"确定"按钮，幻灯片按固定版式从 PowerPoint 中发送至 Word 文档中，如图 2-28（b）所示。

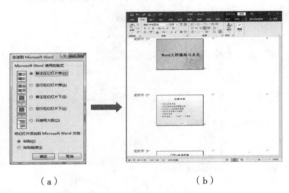

（a）　　　　　　　　　　　　（b）

图 2-28　Word 中创建幻灯片讲义

2. Excel、Word 与 PowerPoint 之间的数据共享

Excel 擅长处理和加工数据，利用 Office 传递和共享数据的特性，可以在 Word 文档或 PowerPoint 演示文稿中采用 Excel 表格，充分发挥 Excel 功能。一般有以下两种方法来实现数据共享：通过剪贴板共享数据和以对象方式插入共享数据。

（1）通过剪贴板共享数据

具体操作步骤如下：

① 打开 Excel 工作簿，选择要复制的数据区域，单击"开始"→"剪贴板"分组中"复制"按钮。

② 打开 Word 文档或 PowerPoint 演示文稿，将光标定位到要插入 Excel 表格的位置。

③ 单击"开始"→"剪贴板"分组中"粘贴"按钮的下拉箭头，从图 2-29 所示的"粘贴选项"下拉列表中选择一种粘贴方式。选择"选择性粘贴"命令，将会弹出"选择性粘贴"对话框，如图 2-30 所示，如果选择"粘贴"单选钮，会直接粘贴内容且与源数据不会有任何关联；如果选择"粘贴链接"单选按钮，会让插入的内容与源数据同步更新。

图 2-29　选择粘贴方式

图 2-30　"选择性粘贴"对话框

（2）以对象方式插入共享数据

具体操作步骤如下：

① 开 Word 文档或 PowerPoint 演示文稿，将光标定位到要插入 Excel 表格的位置。

② 单击"插入"→"文本"组中"对象"按钮。

③ 弹出"对象"对话框，如图 2-31 所示，单击"由文件创建"选项卡，在"文件名"文本框中输入 Excel 文件所在的位置，或单击"浏览"按钮进行选择，勾选"链接到文件"复选框，如图 2-32 所示，可使插入的内容与源数据同步更新，单击"确定"按钮完成表格的插入。

如果需要对表格进行修改，可在插入的表格中双击，弹出 Excel 界面，在 Excel 中编辑修改。修改完毕，在表格区域外单击即可返回 Word 文档或 PowerPoint 演示文稿中。

图 2-31　"对象"对话框

图 2-32　"由文件创建"选项卡

课后习题 2

一、思考题

1. 新建 Word 文档有哪些方法？

2. Office 的数据共享体现在哪些方面？

3. 在一篇内容很多的 Word 文档中，如何快速删除文档中的所有空白行？

二、操作题

在 Word1 文档中进行下列操作，完成操作后按原文件名保存，效果如图 2-33 所示。

① 将文中所有的"武夷岩茶"设置为突出显示。

② 设置页面纸张大小为"16 开（18.4 厘米×26 厘米）"，页面颜色为"预设颜色（雨后初晴）"。

③ 正文所有文字的字体均设置：楷体，11。

④ 正文所有段落设置：首行缩进 2 字符，段前 0.5 行，段后 0.5 行，行距为固定值 20 磅。

⑤ 将正文第 4 段进行分栏，要求：等宽两栏、栏间加分隔线、栏间距为 2 个字符。

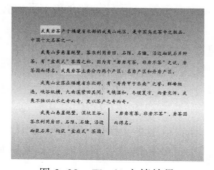

图 2-33　Word1 文档效果

第**3**章

Word 文档经过编辑、修改后，如果用户要让单调乏味的文档变得赏心悦目，就需要对其格式进行设置，如字号、字形、颜色等字体格式，文本对齐、缩进、间距等段落格式。另外在文档中插入适当的 SmartArt 智能图形、图像、图表等对象，可以使得文档的表现力更加丰富、形象。恰当的格式设置及图文混排不仅有助于美化文档，还能够在很大程度上增强信息的传递力度，从而帮助用户更加轻松自如地阅读文档。

3.1　设置文档格式

Word 文档格式设置包括字体格式和段落格式两大部分。

3.1.1　字体格式

文本的字体格式是以单字、词组或句子为对象的格式设置，包括字体、字形和字号等。此外，还可以给文字设置颜色、边框、加下画线或着重号和改变文字间距等。

Word 默认的字体格式：中文字体为宋体、五号；西文字体为 Time，New Roman、五号。

1．设置字体、字形、字号、下画线和颜色

设置文本字体格式的方法有两种：一种是利用"开始"→"字体"组的"字体"、"字号"、"加粗"、"倾斜"、"下画线"和"字体颜色"等按钮来设置文字的格式；另一种是在文本编辑区的任意位置右击，在随之打开的下拉菜单中选择"字体"，打开"字体"对话框如图 3-1 所示，设置文字的格式。

2．改变字符间距、字宽度和水平位置

有时，由于排版的原因，需要改变字符间距、字宽度和水平位置。具体操作步骤如下：

① 选定要调整的文本。

② 右击，在随之打开的快捷菜单中选择"字体"，打开"字体"对话框。

③ 单击"高级"选项卡，得到图 3-2 所示的"字体"对话框，设置以下选项：

a．缩放：在水平方向上扩展或压缩文字。100%为标准缩放比例，小于 100%使文字变窄，大于 100%使文字变宽。

b．间距：通过调整"磅值"，加大或缩小文字的字间距。默认的字间距为"标准"。

c．位置：通过调整"磅值"，改变文字相对水平基线提升或降低显示的位置，系统默认为"标准"。

设置后，可在预览框中查看设置效果，确认后单击"确定"按钮。

图 3-1　"字体"对话框的"字体"选项卡

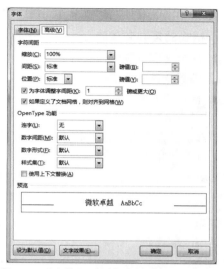

图 3-2　"字体"对话框的"高级"选项卡

3．给文本添加边框和底纹

对文本添加边框和底纹。具体操作步骤如下：

① 选定要加边框和底纹的文本内容。

② 单击"设计"→"页面背景"组中"页面边框"按钮，打开如图 3-3 所示的"边框和底纹"对话框。

扫一扫

给文本添加边框 和底纹

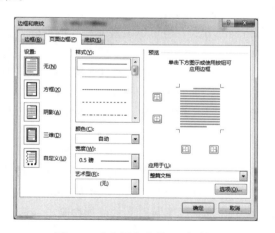

图 3-3　"边框和底纹"对话框

③ 在"页面边框"选项卡（或"边框"选项卡）的"设置"、"样式"、"颜色"和"宽度"等列表中选定所需的参数。

④ 在"应用于"列表框中选定应用对象。

⑤ 在预览框中可查看效果，确认后单击"确定"按钮。

如果要加底纹，那么单击"底纹"选项卡，做类似上述的操作，在选项卡中选定填充的颜色和图案的样式及颜色；在"应用于"列表框中选定应用对象；在预览框中可查看效果，确认后单击"确定"按钮。边框和底纹可以同时或单独完成添加。

4．格式的复制和清除

对一部分文字设置的格式可以复制到另一部分的文字上，使其具有相同的格式。设置好的格式如果觉得不满意，也可以清除它。

（1）格式的复制

使用"开始"→"剪贴板"组中"格式刷"按钮，可以实现格式的复制。具体操作步骤如下：

① 选定已设置格式的文本。

② 单击"开始"→"剪贴板"组中"格式刷"按钮，此时鼠标指针变为刷子形。

③ 将鼠标指针移动到要复制格式的文本开始处。

④ 拖动鼠标直到要复制格式的文本结束处，松开鼠标左键即完成格式的复制。

ⓘ提示

单击"格式刷"按钮只能使用一次，如果想多次使用，应双击"格式刷"按钮。如果取消"格式刷"功能，只要再单击"格式刷"按钮一次即可。

（2）格式的清除

如果对于所设置的格式不满意，那么可以清除所设置的格式，恢复到 Word 默认的状态。清除格式的具体操作步骤如下：

① 选定需要清除格式的文本。

② 单击"开始"→"样式"组中"其他"按钮，并在打开的样式列表框下方的命令列表中选择"清除格式"命令，即可清除所选文本的格式。

还有一种同时清除样式和格式的方法，也可以实现对格式的清除，具体操作步骤如下：

① 选定需要清除格式的文本。

② 单击"开始"→"样式"组右下角的"对话框启动器"按钮，打开"样式"列表框，在"样式"列表框中单击"全部清除"按钮，即可清除所选文本的所有样式和格式。

另外，也可以用组合键清除格式。其操作步骤：选定清除格式的文本，按组合键【Ctrl+Shift+Z】。

3.1.2 段落格式

一篇文章是否简洁、醒目和美观，除了文字格式的合理设置外，段落的恰当编排也是很重要的。段落是以段落标记"↵"作为结束的一段文字。每按一次【Enter】键就插入一个段落标记，并开始一个新的段落。如果删除段落标记，那么，下一段文本就连接到上一段文本之后，成为上一段文本的一部分，其段落格式改变成与上一段相同。

当输入文本到页面右边界时，Word 会自动换行，只有在需要开始一个新的段落时才按【Enter】键。文档中，段落是一个独立的格式编排单位，它具有自身的格式特征，如左右边界、对齐方式、间距和行距、分栏等，所以，可以对单独的段落做段落设置。

1．段落左右边界的设置

段落的左边界是指段落的左端与页面左边距之间的距离（以厘米或字符为单位）。同样，段落的右边界是指段落的右端与页面右边距之间的距离。Word 默认以页面左、右边距为段落的左、右边界，即页面左边距与段落左边界重合，页面右边距与段落右边界重合。

段落左右边界的设置方法有以下几种：

（1）使用"开始"→"段落"组的有关命令按钮

单击"开始"→"段落"→"减少缩进量"或"增加缩进量"按钮可缩减或增加段落的左边界。这种方法由于每次的缩进量是固定不变的，因此灵活性差。

（2）使用"段落"对话框

使用"段落"对话框设置段落边界的操作步骤如下：

① 选定将设置左、右边界的段落。

② 单击"开始"→"段落"组右下角的"对话框启动器"按钮，打开图 3-4 所示的"段落"对话框。

③ 在"缩进和间距"选项卡中，单击"缩进"区域的"左侧"或"右侧"文本框的增减按钮设定左右边界的字符数。

④ 单击"特殊"列表框的下拉菜单按钮，选择"首行缩进"、"悬挂缩进"或"无"确定段落首行的格式。

图 3-4　"段落"对话框

⑤ 在"预览"框中查看，确认设置效果满意后，单击"确定"按钮；若效果不理想，则可单击"取消"按钮取消本次设置。

（3）用鼠标拖动标尺上的缩进标记

在普通视图和页面视图下，Word 窗口中可以显示水平标尺。标尺给页面设置、段落设置、表格大小的调整和制表位的设定都提供了方便。在标尺的两端有可以用来设置左右边界的可滑动的缩进标记，标尺的左端上下共有 3 个缩进标记，分别是：首行缩进、悬挂缩进、左缩进；标尺的右端是右缩进标记。

使用鼠标拖动这些标记可以对选定的段落设置左、右边界和首行缩进的格式。如果在拖动标记的同时按住【Alt】键，那么在标尺上会显示出具体缩进的数值，使用户一目了然。各个缩进标记的功能如下：

① 首行缩进标记：仅控制第一行第一个字符的起始位置。

② 悬挂缩进标记：控制除段落第一行外的其余各行起始位置，且不影响第一行。

③ 左缩进标记：控制整个段落的左缩进位置。

④ 右缩进标记：控制整个段落的右缩进位置。

2. 设置段落对齐方式

段落对齐方式有"两端对齐"、"左对齐"、"右对齐"、"居中"和"分散对齐"5 种。

（1）使用"开始"→"段落"组的各功能按钮设置

在"开始"选项卡"段落"组中，提供了"左对齐"、"右对齐"、"居中"、"两端对齐"和"分散对齐"5 个对齐按钮。Word 默认的对齐方式是"两端对齐"。如果希望把文档中某些段落设置为"居中"对齐，那么只要选定这些段落，然后单击"段落"组中"居中"按钮即可。

（2）使用"段落"对话框

具体操作步骤如下：

① 选定将要设置对齐方式的段落。

② 单击"开始"→"段落"组右下角的"对话框启动器"按钮，打开如图 3-4 所示的"段落"对话框。

③ 在"缩进和间距"选项卡中，单击"对齐方式"列表框的下拉菜单按钮，在对齐方式列表中选定相应的对齐方式。

④ 在"预览"框中查看，确认设置效果满意后，单击"确定"按钮；若效果不理想，则可单击"取消"按钮取消本次设置。

（3）使用组合键

有组合键可以对选定的段落实现对齐方式的快捷设置。具体见表 3-1。

表 3-1　设置段落对齐的组合键

组 合 键	功　　能
Ctrl+J	使所选定的段落两端对齐
Ctrl+L	使所选定的段落左对齐
Ctrl+R	使所选定的段落右对齐
Ctrl+E	使所选定的段落两端对齐
Ctrl+Shift+D	使所选定的段落分散对齐

3. 段间距与行间距的设置

用"段落"对话框来精确设置段间距和行间距。

（1）设置段间距

设置段间距具体操作步骤如下：

① 选定要改变段间距的段落。

② 单击"开始"→"段落"组右下角的"对话框启动器"按钮，打开"段落"对话框。

③ 在"缩进和间距"选项卡中，单击"间距"区域的"段前"和"段后"文本框的增减按钮，设定间距，每按一次增加或减少 0.5 行。也可以在文本框中直接键入数字和单位。"段前"表示所选段落与上一段之间的距离，"段后"表示所选段落与下一段之间的距离。

④ 在"预览"框中查看，确认设置效果满意后，单击"确定"按钮；若效果不理想，则可单击"取消"按钮取消本次设置。

（2）设置行间距

一般情况下，Word 会根据用户设置的字体大小自动调整段落内的行距，默认值为"单倍行距"。具体操作步骤如下：

① 选定要设置行间距的段落。

② 单击"开始"→"段落"组右下角的"对话框启动器"按钮，打开"段落"对话框。

③ 单击"行距"列表框下拉菜单按钮，选择所需的行距选项。

④ 在"设置值"框中键入具体的设置值。注意，有的行距选项不需要"设置值"。

⑤ 在"预览"框中查看，确认设置效果满意后，单击"确定"按钮；若效果不理想，则可单击

"取消"按钮取消本次设置。

4．制表位的设置

按【Tab】键后，插入点移动到的位置称为制表位。Word 中，提供了 5 种不同的制表位，默认制表位是从标尺左端开始自动设置，各制表位间的距离是 2 字符，可以根据需要选择并设置各制表位间的距离。

（1）使用标尺设置制表位

在水平标尺左端有一制表位对齐方式按钮，不断单击它可以循环出现左对齐、居中、右对齐、小数点对齐和竖线对齐等 5 个制表符，可以单击选定它。具体操作步骤如下：

① 将插入点置于要设置制表位的段落。

② 单击水平标尺左端的制表位对齐方式按钮，选定一种制表符。

③ 单击水平标尺上要设置制表位的位置。此时在该位置上出现选定的制表符图标。

④ 重复②、③两步可以完成制表位设置工作。

⑤ 可以拖动水平标尺上的制表符图标调整其位置，如果拖动的同时按住【Alt】键，则可以看到精确的位置数据。

设置好制表符位置后，当键入文本并按【Tab】键时，插入点将依次移动到所设置的下一制表位上。如果想取消制表位的设置，那么只要往下拖动水平标尺上的制表符图标离开水平标尺即可。

（2）使用"制表位"对话框设置制表位

具体操作步骤如下：

① 将插入点置于要设置制表位的段落。

② 单击"开始"→"段落"组右下角的"对话框启动器"按钮，打开"段落"对话框。在"段落"对话框中，单击左下角的"制表位"按钮，打开图 3-5 所示的"制表位"对话框。

③ 在"制表位位置"文本框中键入具体的位置值（以字符为单位）。

④ 在"对齐方式"区域，单击选择某一种对齐方式。

⑤"前导符"区域选择一种前导符。

⑥ 单击"设置"按钮。

⑦ 重复步骤③~⑥，可以设置多个制表位。

如果要删除某个制表位，则可以在"制表位位置"文本框中选定要清除的制表位位置，并单击"清除"按钮即可。单击"全部清除"按钮可以一次性清除所有设置的制表位。

图 3-5　"制表位"对话框

设置制表位时，还可以设置带前导符的制表位，这一功能对目录排版很有用。

3.1.3　其他格式

1．项目符号和编号

编排文档时，在某些段落前加上编号或某种特定的符号（称为项目符号），可以提高文档的可读性。在 Word 中，可以在键入文本时自动给段落创建编号或项目符号，

扫一扫

项目符号和编号

也可以给已键入的各段文本添加编号或项目符号。

（1）在键入文本时自动创建编号或项目符号

在键入文本时自动创建项目符号的方法是：在键入文本时，先输入一个星号"*"，后面加一个空格，然后键入文本。当输完一段按【Enter】键后，星号会自动改变成黑色圆点的项目符号，并在新的一段开始处自动添加同样的项目符号。这样，逐段输入，每一段前都有一个项目符号。如果要结束自动添加项目符号，可以按【BackSpace】键删除插入点前的项目符号，或再按一次【Enter】键。

在键入文本时自动创建段落编号的方法是：在键入文本时，先输入如"1."" (1)""第一、"等格式的起始编号，然后键入文本。当按【Enter】键时，在新的一段开头处就会根据上一段的编号格式自动创建编号。重复上述步骤，可以对键入的各段建立一系列的段落编号。如果要结束自动创建编号，那么可以按【BackSpace】键删除插入点前的编号，或再按一次【Enter】键即可。在这些建立了编号的段落中，删除或插入某一段落时，其余的段落编号会自动修改，不必人工干预。

（2）对已键入的各段文本添加项目符号或编号

单击开始→"段落"组中"项目符号"或"编号"按钮给已有的段落添加项目符号或编号。具体操作步骤如下：

① 选定要添加项目符号（或编号）的各段落。

② 单击"开始"→"段落"组中"项目符号"按钮（或"编号"按钮）中的下拉菜单按钮，打开图 3-6 所示的项目符号列表框（或图 3-7 所示的编号列表框）。

图 3-6　项目符号列表框　　　　　图 3-7　编号列表框

③ 在"项目符号"（或"编号"）列表中，选定所需要的项目符号（或"编号"），再单击"确定"按钮。

④ 如果"项目符号"（或"编号"）列表中没有所需要的项目符号（或编号），可以单击"定义新项目符号"（或"定义新编号格式"）按钮，在打开的"定义新项目符号"（或"定义新编号格式"）对话框中，选定或设置所需要的"项目符号"（或"编号"）。

2.　首字下沉

将段落第一行的第一个字设置变大，并且下沉一定距离，段落的其他部分保持原样，这种效果称为首字下沉。这是书报刊物常用的一种排版方式。具体操作步骤如下：

① 将光标定位到需要设置首字下沉的段落中。

② 单击"插入"→"文本"组中"首字下沉"按钮，在下拉列表中选择"下沉"或"悬挂"命令。如果需要进行更复杂的设置，则在下拉列表中选择"首字下沉选项"命令，打开"首字下沉"对话框，如图 3-8 所示，选择下沉位置，设置字体、下沉行数、距正文，单击"确定"按钮即可完成设置。

3．边框与底纹

编辑文档时为了让重要的内容更加醒目或页面效果更美观，可以为字符、段落、图形或整个页面设置边框和底纹效果，设置方法如下：

① 单击"开始"→"段落"组中"边框"下拉按钮，在下拉列表中选择"边框和底纹"命令，打开"边框和底纹"对话框，如图 3-9 所示。

图 3-8　"首字下沉"对话框

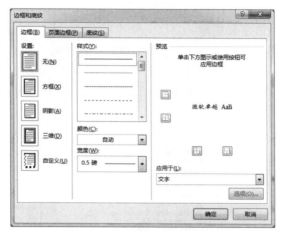

图 3-9　"边框和底纹"对话框

② 选择"边框"选项卡，可以设置边框线的样式、颜色、宽度。需要注意的是，设置流程的总体方向应遵循"从左到右，从上到下"的基本原则，否则设置将无效。例如，设置当前段落的边框为 3 磅宽度的红色虚线方框，则先选择左侧"设置"区域的"方框"，再依次选择"样式"列表框中的"虚线""颜色"下拉列表框中的"红色""宽度"下拉列表框中的"3.0 磅"，再选择"应用于"下拉列表框中"段落"，在此过程中，"预览"栏中即时显示设置效果。

③ 选择"页面边框"选项卡，可以为页面设置普通的线型边框和各种艺术型边框，使文档更富有表现力。"页面边框"设置方法与"边框"设置方法类似。

④ 在"底纹"选项卡中，可以为文字或段落设置颜色或图案底纹。

提示

"应用于"是指设置效果作用的范围。在"边框"和"底纹"选项卡中，"应用于"的范围是指选中的文本或选中文本所在的段落；而在"页面边框"选项卡中，"应用于"的范围是指整篇文档或节。因此，在设置过程中应根据具体要求进行应用范围的选择。

如果需要对个别边框线进行调整，可以单击"边框"下拉按钮的列表框中相应选项命令完成设置。

3.1.4　使用主题调整文档外观

文档主题是一套具有统一设计元素的格式选项，包括主题颜色、主题字体和主题效果。通过应用文档主题，可以快速而轻松地设置整个文档的格式。Office 主题在 Word、Excel、PowerPoint 应用程序之间共享。

1. 应用 Office 内置主题

① 单击"设计"→"文档格式"组中"主题"按钮。

② 在弹出的下拉列表中，系统内置的"主题库"以图示的方式罗列了"Office"、"画廊"、"环保"和"回顾"等 31 种文档主题。可以在这些主题之间滑动鼠标，通过实时预览功能来展示每个主题的应用效果。

③ 单击一个符合需求的主题，即可完成文档主题的设置。

2. 自定义主题

自定义文档主题，需要先完成对主题颜色、主题字体以及主题效果的设置。在"设计"选项卡的"文档格式"组中，分别单击"颜色"、"字体"和"效果"按钮，按照需求完成自定义设置即可。

例如，需要改变超链接的显示颜色，则可通过"颜色"按钮下的"自定义颜色"来实现，如图 3-10 所示。

图 3-10　自定义主题颜色

3.2　调整页面布局

扫一扫

Word 采用"所见即所得"的编辑排版工作方式，在编排或打印文档之前，用户需要进行纸型、页边距、装订线等页面格式设置。页面设置方法：单击"布局"→"页面设置"组中右下角的"对话框启动器"按钮，打开如图 3-11 所示的对话框，分别在 4 个选项卡中进行设置。

调整页面布局

图 3-11　"页面设置"对话框

3.2.1　页边距设置

"页边距"选项卡主要用来设置文字的起始位置与页面边界的距离。用户可以使用默认的页边距，也可以自定义页边距，以满足不同的文档版面要求。设置页边距的操作步骤如下：

①　单击"布局"→"页面设置"组中"页边距"按钮。

②　从弹出的预定义页边距下拉列表中选择合适的页边距，如图 3-12 所示。

③　如果需要自己指定页边距，可以在下拉列表中选择"自定义边距"命令，打开"页面设置"对话框中的"页边距"选项卡，如图 3-11 所示。其中：

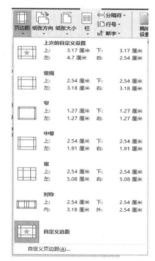

图 3-12　快速设置页边距

a.　在"页边距"选项区域中，可以通过单击微调按钮调整上、下、左、右 4 个页边距的大小。

b.　装订线的设置：装订线宽度和装订线位置。装订线宽度是指为了装订纸质文档而在页面中预留出的空白，不包括页边距。因此，页面中相应边预留出的空白空间宽度为装订线宽度与该边的页边距之和。如果不需要装订线，则装订线宽度为"0"。装订线位置只有"靠左"和"靠上"两种，即只能在页面左边或顶部进行装订。

c.　在"页码范围"的"多页"设置中，Word 提供了普通、对称页边距、拼页、书籍折页、反向书籍折页等 5 种多页面设置方式。

d.　在"应用于"下拉列表中指定页边距设置的应用范围，可指定应用于整篇文档、插入点之后等。

④　单击"确定"按钮即可完成自定义页边距的设置。

3.2.2 纸张设置

纸张的大小和方向决定了排版页面所采用的布局方式。设置恰当的纸张大小和方向可以让文档更加美观、实用。

1. 纸张大小

Word 中用户可以使用默认的纸张大小，也可以自己设定纸张大小，以满足不同的应用需求。设置纸张大小的操作步骤如下：

① 单击"布局"→"页面设置"组中"纸张大小"按钮。

② 从弹出的预定义纸张大小下拉列表中单击选择合适的纸张大小，如图 3-13 所示。

③ 如果需要自己指定纸张大小，可以在下拉列表中选择"其他纸张大小"命令，打开"页面设置"对话框中的"纸张"选项卡，如图 3-14 所示。其中：

a. 在"纸张大小"下拉列表框中，选择不同型号的打印纸，例如 A3、A4、16 开等。

b. 选择"自定义大小"纸型，可以通过单击微调按钮调整"宽度"和"高度"的大小。

c. 在"应用于"下拉列表中可以指定纸张大小的应用范围。

④ 单击"确定"按钮即可完成自定义纸张大小的设置。

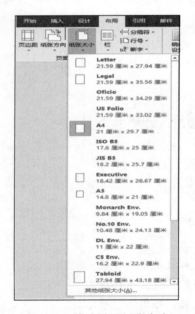

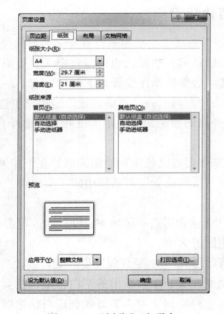

图 3-13　快速设置纸张大小　　　　　　　图 3-14　"纸张"选项卡

2. 纸张方向

Word 提供了纵向和横向两种布局。更改纸张方向时，与其相关的内容选项也会随之更改，例如封面、页眉、页脚等始终与当前所选纸张方向保持一致。更改文档纸张方向的操作步骤如下：

① 单击"布局"→"页面设置"组中"纸张方向"按钮。

② 在弹出的下拉列表中，选择"纵向"或"横向"。

如果需要同时指定纸张方向的应用范围，则可通过"页面设置"对话框进行选择设置。

3.2.3　文档网格设置

Word 文档中，要求每页有固定的行数，则需要进行文档网格的设置。具体操作步骤如下：

① 单击"布局"→"页面设置"组右下角的"对话框启动器"按钮，打开"页面设置"对话框。

② 单击"文档网格"选项卡，切换到图 3-15 所示的"文档网格"窗口。

③ 指定网格类型，设置每行字符数、每页行数等内容。

④ 在"应用于"下拉列表中可以指定应用范围，单击"确定"按钮完成设置。

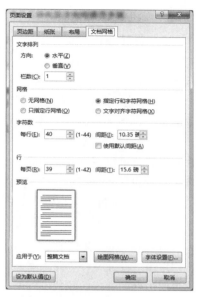

图 3-15　"文档网格"选项卡

3.2.4　页面背景设置

页面背景是指显示于 Word 文档最底层的颜色或图案，用于丰富文档的页面显示效果，使文档更美观，增加其观赏性。页面背景包括水印、页面颜色和页面边框的设置。

扫一扫

页面背景设置

1．水印

在打印一些重要文件时给文档加上水印，如"绝密""保密""禁止复制"等字样，以强调文档的重要性。水印分为图片水印和文字水印。添加水印的具体操作步骤如下：

① 单击"设计"→"页面背景"组中"水印"按钮，弹出下拉列表，选择所需的水印即可。

② 若要自定义水印，选择下拉列表中"自定义水印"命令，弹出"水印"对话框，如图 3-16 所示。

图 3-16　"水印"对话框

③ 在对话框中，可以根据需要设置图片水印和文字水印。图片水印是将一幅制作好的图片作为文档水印。文字水印包括设置水印语言、文字、字体、字号、颜色、版式等格式。

④ 单击"确定"按钮，完成水印设置。

如要取消水印，可单击"设计"→"页面背景"组中"水印"按钮，打开"水印"列表框，选择

"删除水印"命令即可；或打开"水印"对话框，选中"无水印"单选按钮。

2．页面颜色

在 Word 中，系统默认的页面颜色为白色，用户可以将页面颜色设置为其他颜色，以增强文档显示效果。例如，将当前 Word 文档页面的填充效果设置为"雨后初晴"，具体操作步骤如下：

① 单击"设计"→"页面背景"组中"页面颜色"按钮，弹出下拉列表，可以根据需要选择主题颜色、其他颜色、填充效果等。

② 选择"填充效果"命令，弹出"填充效果"对话框。单击"渐变"、"纹理"、"图案"或"图片"标签，可以在打开对应选项卡中选择所需要的填充效果。"雨后初晴"效果在"渐变"选项卡中，选中"预设"单选按钮，在"预设颜色"下拉列表框中选择"雨后初晴"，单击"确定"按钮返回。

③ 页面颜色即为指定的颜色。

3．页面边框

可以在 Word 文档的每页四周添加指定格式的边框，具体操作步骤如下：

单击"设计"→"页面背景"组中"页面边框"按钮，弹出"边框和底纹"对话框。在对话框中设置页面边框的样式、颜色、宽度、艺术型等，通过预览框查看设置效果，最后单击"确定"按钮即可。

3.3 图 文 混 排

图文混排是 Word 的特色功能之一，可以在文档中插入由其他软件制作的图片，也可以插入由 Word 提供的绘图工具绘制的图形，使文档达到图文并茂的效果。

3.3.1 插入图片与图片格式

1．插入图片

在 Word 2016 中，对于要添加到文档中的图片，除了通过简单的复制操作外，系统在"插入"选项卡"插图"组中提供了 6 种方式插入图片，分别是图片、联机图片、形状、SmartArt、图表、屏幕截图，如图 3-17 所示。

图 3-17 "插图"组

① 图片：来自文件的图片，单击该按钮会弹出"插入图片"，确定插入图片的位置及图片名称。

② 联机图片：计算机处于联网状态才可搜索图片。

③ 形状：绘制各种形状，如矩形、圆、箭头、线条和标注等。

④ SmartArt：智能图形 SmartArt，以直观的方式交流信息。SmartArt 图形包括图形列表、流程图及更复杂的图形。

⑤ 图表：插入图表，用于演示和比较数据，包括柱形图、折线图、饼图等。

⑥ 屏幕截图：插入任何未最小化到任务栏的程序窗口的图片，可插入程序的整个窗口或部分窗口的图片。

2．图片格式

Word 中提供了 6 种方式插入各种图形、图片，其中，插入的形状图片默认方式为"浮于文字上方"，其他均以嵌入方式插入文档中。根据用户需要，可以对插入的图形、图片进行各种编辑操作及设置。

（1）设置文字环绕方式

文字环绕方式是指插入图形、图片后，图形、图片与文字的环绕关系。Word 中提供了 7 种文字环绕方式：嵌入型、四周型、紧密型、穿越型、上下型、衬于文字下方及浮于文字上方。其设置方法为：选择图形或图片，单击"图片工具/格式"→"排列"组中"环绕文字"下拉按钮，在弹出的下拉列表中选择一种环绕方式即可。也可以右击要设置环绕方式的图形或图片，在弹出的快捷菜单中选择"大小和位置"（或"环绕文字"子菜单中"其他布局选项"）命令，弹出"布局"对话框，在"文字环境"选项卡中可选择其中的一种文字环绕方式，如图 3-18（a）所示。

（2）设置大小

对于 Word 文档中的图形和图片，可以使用鼠标拖动四周控点的方式调整大小，但很难精确控制。可以通过如下操作方法来实现精确控制：选中图形或图片，直接在"图片工具/格式"→"大小"组中的"高度"和"宽度"文本框中输入具体值；可以单击"大小"组右下角的"对话框启动器"按钮，打开"布局"对话框，在"大小"选项卡中对图形或图片的高度和宽度进行精确设置，如图 3-18（b）所示；可以右击要设置大小的图形或图片，在弹出的快捷菜单中选择"大小和位置"（或"环绕文字"子菜单中"其他布局选项"）命令，弹出"布局"对话框，在"大小"选项卡中进行设置。如果取消选择"锁定纵横比"复选框，则可以实现高度和宽度不同比例的设置。

（a）

（b）

图 3-18　"布局"对话框

（3）裁剪图片

该功能仅对图片文件、屏幕截图的图片有效。裁剪是指仅取一幅图片的部分区域。具体操作步骤为：选中要裁剪的图片，单击"图片工具/格式"→"大小"组中"裁剪"下拉按钮，在弹出的下拉列表中选择一种裁剪方式。

裁剪：图片四周出现裁剪控点，通过拖动控点可以实现边、两侧及四侧的裁剪，完成后按【Esc】键退出。

裁剪为形状：可将图片裁剪为特定形状，如圆形、箭头、星形等。

填充/调整：调整图片大小，以便填充整个图片区域，同时保持原始纵横比。

（4）调整图片效果

该功能仅对图片文件、屏幕截图的图片有效。可以调整图片亮度、对比度、颜色、压缩图片等。选中图片，单击"图片工具/格式"→"调整"组中"更正"下拉按钮，在弹出的下拉列表中选择预设好的效果，即可实现图片的亮度和对比度设置。单击"调整"组中"颜色"下拉按钮，在弹出的下拉列表中选择色调、饱和度或重新着色即可实现颜色的设置。单击"调整"组中"艺术效果"下拉按钮，在弹出的下拉列表中选择一种艺术效果即可实现图片艺术化。

图 3-19　"设置图片格式"任务窗格

单击"调整"组中"压缩图片"按钮，在弹出的"压缩图片"对话框中可以对文档中的当前图片或所有图片进行压缩。单击"调整"组中"更改图片"按钮，可以重新选择图片代替现有图片，同时保持原图片的格式和大小。单击"调整"组中"重设图片"下拉按钮，可以实现放弃对图片所做的格式和大小等设置。

图片格式的设置还可以通过右击图片，在弹出的快捷菜单中选择"设置图片格式"命令，弹出"设置图片格式"任务窗格，可以根据实际需要进行各种格式设置，如图 3-19 所示。

3.3.2　艺术字与文本框

艺术字是文档中具有特殊效果的文字，它不是普通的文字，而是图形对象。文本框也是一种图形对象，它作为存放文本或图片的独立窗口可以放在页面中的任意位置。在 Word 2016 中，插入的艺术字及文本框的默认方式均为"浮于文字上方"。

1. 艺术字

艺术字可以有各种颜色及字体，可以带阴影、倾斜、旋转和缩放，还可以转换为特殊的形状效果。在文档中插入艺术字的操作步骤如下：

① 将插入点定位在文档需要插入艺术字的位置，单击"插入"→"文本"组中"艺术字"下拉按钮，在弹出的下拉列表中选择一种艺术字样式（例如第 1 行第 3 列），在文档中将自动出现一个带有"请在此放置您的文字"字样的文本框。

② 在文本框中输入需要的文本内容，如输入"武夷学院"，即在文档中插入了艺术字。插入艺术字后，可以根据要求修改艺术字的风格，如艺术字的形状格式、形状样式等，操作步骤为：选择要修改的艺术字，单击"图片工具/格式"→"形状样式"组的按钮，可以进行形状填充、形状轮廓、形状效果的设置，"艺术字样式"组提供了文本填充、文本轮廓、文本效果的设置。例如，对"武夷学院"艺术字设置如下："文本效果"下"转换"中的"双波形：上下"弯曲效果，文本填充颜色为"红色"，字体为"华文琥珀"，编辑后效果如图 3-20 所示。

图 3-20 艺术字效果

2．文本框

文本框是一独立的对象，框中的文字和图片可随文本框移动，它与给文字加边框是不同的概念。文本框分为横排和竖排，可以根据需要进行选择。

扫一扫

文本框

（1）绘制文本框

如果要绘制文本框，可以单击"插入"→"文本"组中"文本框"按钮，打开文本框下拉列表框，单击所需的文本框，即可在当前插入点处插入一个文本框。将插入点移动至文本框中，可以在文本框中输入文本或插入图片。文本框中的文字格式设置与前述的文字格式设置方法相同。

（2）改变文本框的位置、大小和环绕方式

① 移动文本框：鼠标指针指向文本框的边框线，当鼠标指针变成※形状时，用鼠标拖动文本框实现移动。

② 复制文本框：选中文本框，按【Ctrl】键的同时用鼠标拖动文本框实现复制。

③ 改变文本框的大小：首先单击文本框，在该文本框四周出现 8 个控点，向内/外拖动控点可改变文本框的大小。

④ 改变文本框的环绕方式：文本框环绕方式的设定与图片环绕方式的设定基本相同。

（3）文本框格式设置

如果想改变文本框边框线的颜色或给文本框填充颜色，可按如下步骤操作：

① 选定要操作的文本框。

② 右击，弹出"文本框"快捷菜单。

③ 选择"设置形状格式"命令，打开"设置形状格式"任务窗格。

④ 在"设置形状格式"任务窗格中可以使用"填充"、"线条"、"线型"、"阴影"和"三维格式"等命令，为文本框填充颜色，给文本框边框设置线型和颜色，给文本框对象添加阴影或产生立体效果等。

（4）文本框链接

编辑排版时可以看到，放入方格或文本框的内容将无法分栏。为了解决这一问题，采用多个文本框互相链接的办法来进行排版，实现分栏效果。具体操作步骤：在页面相应位置分别绘制所需文本框，将所有需放入文本框的文字内容全部选中并复制，插入点移动到第一个文本框中粘贴，单击"绘图工具/格式"→"文本"组中"创建链接"按钮，鼠标指针呈现"杯子"形状，将鼠标指针移动到第二个文本框中，当鼠标指针变成"倾倒"形状时单击鼠标左键，此时上一个文本框中显示不下的文字就会自动转移到第二个文本框中。同理，再单击"创建链接"按钮，将鼠标指针移动到第三个文本框中，当鼠标指针变成"倾倒"形状时单击鼠标左键，此时上一个文本框中显示不下的文字就会自动转移到第三个文本框中。以此类推，即可实现多个文本框内容的链接。

> **ⅰ)提示**
>
> 　　在建立文本框链接的过程中，有时会出现链接错误的情况，Word 将会弹出错误提示框，此时只需按下【Enter】键或【Esc】键取消链接操作。如果要取消两个文本框的链接，则只需单击"绘图工具/格式"→"文本"→"断开链接"按钮即可。

3.3.3　绘制图形

　　Word 提供了一套绘制图形的工具，利用它可以创建各种图形。只有在页面视图方式下才可以在 Word 文档中插入图形。

　　单击"插入"→"插图"组中"形状"按钮，打开自选图形单元列表框，可以从中选择所需的图形单元并绘制图形。

　　绘制好图形后，对其可进行修饰、添加文字、组合、调整叠放次序等操作。与设置图片格式的方法类似，设置图形格式的常用方法也有两种：利用"绘图工具/格式"选项卡和利用右击弹出的快捷菜单命令。

　　下面介绍利用快捷菜单命令对图形进行操作。

　　1．图形的创建

　　任何一个复杂的图形总是由一些简单的几何图形组合而成的。单击"插入"→"插图"组中"形状"按钮，在下拉列表框中首先选择绘制基本图形单元，然后加上控制大小和位置等就可组合出复杂的图形。

　　2．在图形中添加文字

　　Word 提供在封闭的图形中添加文字的功能，对绘制示意图很有帮助。具体操作步骤如下：将鼠标指针移动到要添加文字的图形中，右击该图形，在弹出的快捷菜单中选择"添加文字"命令，此时插入点移动到图形内部；在插入点之后键入文字即可。

　　图形中添加的文字将与图形一起移动。同样，可以用前面所述的方法，对文字格式进行编辑和排版。

　　3．图形的颜色、线条、三维效果

　　选中图形右击，在弹出的快捷菜单中选择"设置形状格式"命令，打开"设置形状格式"任务窗格，在任务窗格中可以使用"填充"、"线条"、"线型"、"阴影"和"三维格式"等命令，为封闭图形填充颜色，给图形的线条设置线型和颜色，给图形对象添加阴影或产生立体效果等。

　　4．调整图形的叠放次序

　　当两个或多个图形对象重叠在一起时，最近绘制的那一个总是覆盖其他的图形。利用快捷菜单中的相应命令可以调整各图形之间的叠放关系。具体操作步骤如下：

　　① 选定要确定叠放关系的图形对象。

　　② 右击，弹出快捷菜单。

　　③ 单击"置于顶层"（或"置于底层"）右侧的三角形按钮，在下一级菜单中，从"置于顶层"（或"置于底层"）、"上移一层"（或"下移一层"）和"浮于文字上方"（或"衬于文字下方"）3 个命令选项中选择所需的一个执行。

利用叠放次序命令可以确定图形与文字之间的叠放次序关系。图形可以覆盖文字，也可以在文字下面。

5. 多个图形的组合

当用许多简单的图形组成一个复杂的图形后，由于每一个简单图形仍是一个独立的对象，所以要同时移动所有图形是非常困难的，而且还可能因操作不当而破坏刚刚构成的复杂图形。此时，利用组合功能可以将许多简单图形组合成一个整体的图形对象，以便图形的移动和旋转。组合操作步骤如下：按住【Ctrl】键依次选中要组合的所有图形对象，如图 3-21（a）所示；右击，在弹出的快捷菜单中选择"组合"命令，如图 3-21（b）所示。

图 3-21 展示了组合示例，组合后的所有图形成为一个整体的图形对象，可以整体移动和旋转。

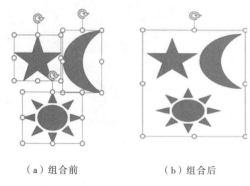

（a）组合前　　　　　　　（b）组合后

图 3-21　图形组合示例

3.3.4　SmartArt 智能图形

单纯的文字总是令人难以记忆，如果能够将文档中的某些理念以图形方式展现出来，就能够大大促进阅读者对该理念的理解与记忆。在 Word 中，SmartArt 智能图形功能可以使单调乏味的文字以美轮美奂的效果呈现在用户面前，令人印象深刻。

添加 SmartArt 智能图形的基本方法如下：

① 将鼠标光标定位到要插入 SmartArt 图形的位置。

② 单击"插入"→"插图"组中 SmartArt 按钮，打开图 3-22 所示的"选择 SmartArt 图形"对话框。

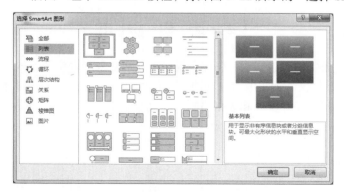

图 3-22　"选择 SmartArt 图形"对话框

③ 在该对话框中列出了所有 SmartArt 图形的分类，以及每个 SmartArt 图形的外观预览效果和详细的使用说明信息。从左侧的类别列表中单击选择某一图形类别，如"列表"。

④ 在中间区域中单击选择某一图形，如"基本列表"，右侧将会显示其预览效果。

⑤ 单击"确定"按钮，将 SmartArt 图形插入文档中。此时的 SmartArt 图形还没有具体的信息，是个只显示占位符文本的框架，如图 3-23 所示。

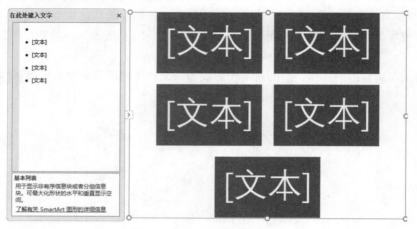

图 3-23　SmartArt 图形框架

⑥ 在 SmartArt 图形中各形状上的文字编辑区域内直接输入所需信息替代占位符文本，也可以在左侧的"文本"窗格中输入所需内容。在"文本"窗格中添加和编辑内容时，SmartArt 图形会自动更新，即根据"文本"窗格中的内容自动添加或删除形状。

ℹ️ 提示

如果看不到"文本"窗格，则可以单击"SmartArt 工具/设计"→"创建图形"组中"文本"窗格按钮，即可显示出该窗格。或者，单击 SmartArt 图形框架左侧的控件按钮，将"文本"窗格显示出来。

⑦ 通过"SmartArt 工具/设计"和"SmartArt 工具/格式"两个选项卡，可以对插入的 SmartArt 图形的布局、样式、颜色、排列等进行设置。

3.4　表 格 应 用

表格是一种简明、扼要的表达方式。在许多报告中，常常采用表格的形式来表达某一事物，如成绩表、工资表等。Word 提供了丰富的表格功能，不仅可以快速创建表格，而且还可以对表格进行编辑、修改，表格与文本间的相互转换和表格格式的自动套用等。

3.4.1　表格的创建

1. 自动创建表格

表格一般是由行和列组成的，横向称为行，纵向称为列。由行和列组成的方格称为单元格。Word

提供了几种创建表格的方法。

① 单击"插入"→"表格"组中"表格"按钮创建表格。

② 选择"插入"→"表格"组中"插入表格"命令，打开如图 3-24 所示的"插入表格"对话框，分别设置所需表格的行数和列数，最后单击"确定"按钮即可创建表格。

③ 选择"插入"→"表格"组中"文本转换为表格"命令创建表格。输入文本时将表格的内容同时输入，并设置制表位将各行表格内容上、下对齐，再将文本转换为表格，具体操作步骤如下：

a. 选定用制表符分隔的表格文本。

b. 单击"插入"→"表格"组中"表格"按钮，在"插入表格"下拉菜单中选择"文本转换为表格"命令，打开图 3-25 所示的"将文字转换成表格"对话框。

图 3-24　"插入表格"对话框

图 3-25　"将文字转换为表格"对话框

c. 在对话框的"列数"文本框中键入表格列数。

d. 在"文字分隔位置"选项中，选择"制表符"单选按钮。

e. 单击"确定"按钮，即实现了文本到表格的转换。

2. 手工绘制复杂表格

有的表格除横、竖线外还包含了斜线，可以选择"插入"→"表格"组中"绘制表格"命令来绘制表格。具体操作步骤如下：

① 单击"插入"→"表格"组中"表格"按钮，在"插入表格"下拉菜单中选择"绘制表格"命令，此时鼠标指针变成笔状，表明鼠标处于"手动制表"状态。

② 将鼠标指针移动到要绘制表格的位置，按住鼠标左键拖动鼠标绘出表格的外框虚线，松开鼠标左键后，得到实线的表格外框。此时功能区新增上下文选项卡"表格工具/设计"和"表格工具/布局"。

③ 拖动鼠标笔状指针，在表格中绘制水平线或垂直线，也可将鼠标指针移动到单元格的一角向其对角画斜线。

④ 可以单击"表格工具/布局"→"绘图"组中"橡皮擦"按钮，使鼠标变成橡皮形，把橡皮形鼠标指针移动到要擦除线条的一端，拖动鼠标到另一端，松开鼠标就可擦除选定的线段。

使用上述 4 步操作，可以绘制复杂的表格。

3．表格中输入文本

建立空表格后，可以将插入点移动到表格的单元格中输入文本，当输入到单元格右边线时，单元格高度会自动增大，把输入的内容转到下一行。像编辑文本一样，如果要另起一段，则按【Enter】键。

可以用鼠标在表格中移动插入点，也可以按【Tab】键将插入点移动到下一个单元格，按【Shift+Tab】组合键可将插入点移动到上一个单元格。按上、下箭头可将插入点移动到上、下一行。这样，即可将要输入的文本一一键入到相应的单元格。

3.4.2　表格的编辑与修饰

表格创建后，通常要对它进行编辑与修饰。

1．选定表格

要对表格进行修改，首先必须选定表格。选定表格的方法如下：

① 使用鼠标选定单元格、行或列。

② 使用键盘选定单元格、行或列。

③ 选择"表格工具/布局"→"表"组中"选择"下拉菜单命令选定单元格、行、列、表格。

2．修改行高和列宽

一般情况下，Word 能根据单元格中输入内容的多少自动调整行高，但也可以根据需要来修改它。修改表格的行高或列宽的方法有拖动鼠标和使用菜单命令两种。

（1）拖动鼠标修改表格的行高或列宽

将鼠标指针移动到表格的水平或垂直框线上，当鼠标指针变成调整行高或列宽指针时，拖动鼠标时按住【Alt】键，在垂直标尺（或水平标尺）上会显示行高（或列宽）的数据，拖动鼠标到所需的新位置，松开左键即可。

（2）用菜单命令改变行高或列宽

选定要修改的一行或数行（一列或数列），单击"表格工具/布局"→"表"组中"属性"按钮，打开"表格属性"对话框，单击"行"选项卡，在图 3-26 所示对话框中可以设置表格的行高。

图 3-26　"表格属性"对话框的"行"选项卡

3．合并或拆分单元格

（1）合并单元格

单元格的合并是指多个相邻的单元格合并成一个单元格。操作步骤：选定 2 个或 2 个以上相邻的单元格，单击"表格工具/布局"→"合并"组中"合并单元格"按钮，则选定的多个单元格合并为一个单元格。

（2）拆分单元格

单元格的拆分是指将单元格拆分成多行、多列的多个单元格。操作步骤：选定要拆分的一个单元格，单击"表格工具/布局"→"合并"组中"拆分单元格"按钮，打开"拆分单元格"对话框，键入要拆分的列数和行数，最后单击"确定"按钮即可。

4. 表格的拆分与合并

如果要拆分一个表格,那么,先将插入点置于拆分后成为新表格的第一行的任意单元格中,然后,单击"表格工具/布局"→"合并"组中"拆分表格"按钮,这样就在插入点所在行的上方插入一空白段,把一个表格拆分成两个表格。

如果要合并两个表格,那么只要删除两个表格之间的换行符即可。

5. 表格格式的设置

（1）表格自动套用格式

表格创建后,可以单击"表格工具/设计"→"表格样式"组中"其他"按钮,打开图 3-27 所示的表格样式列表框,在表格样式列表框中选定所需的表格样式即可。

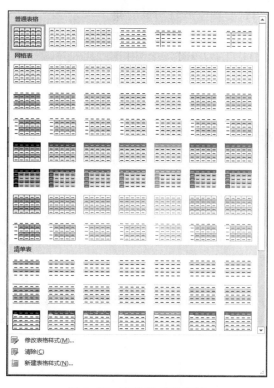

图 3-27　表格样式列表框

（2）表格边框与底纹的设置

除了表格样式外,还可以单击"表格工具/设计"→"表格样式"组中"底纹"按钮和"边框"组中"边框"按钮,分别对表格的底纹颜色,表格边框线的线型、粗细和颜色等进行个性化的设置。

单击"底纹"按钮,打开底纹颜色列表,可选择所需的底纹颜色。

单击"边框"按钮,打开边框列表,可以设置所需的边框。

（3）表格在页面中的位置

设置表格在页面中的对齐方式和是否文字环绕表格的操作步骤如下:

① 将插入点移动到表格任意单元格内。

② 单击"表格工具/布局"→"表"组中"属性"按钮，打开"表格属性"对话框，单击"表格"选项卡，打开图 3-28 所示的"表格"选项卡窗口。

③ 在"尺寸"区域中，如果选择"指定宽度"复选框，则可设定具体的表格宽度。

④ 在"对齐方式"区域，选择表格对齐方式。

⑤ 在"文字环绕"区域，选择"无"或"环绕"。

⑥ 单击"确定"按钮，关闭对话框。

（4）表格中文本格式的设置

表格中的文字同样可以用对文档文本排版的方法进行字体、字号、字形、颜色和左、居中、右对齐方式等设置。此外，还可以单击"表格工具/布局"→"对齐方式"→"对齐"按钮，选择 9 种对齐方式中的一种。

图 3-28 "表格属性"对话框的"表格"选项卡

3.4.3 表格数据处理

Word 能对表格中的数据进行简单排序和计算。

扫一扫

表格数据处理

1. 排序

Word 中，可以按照递增或递减的顺序把表格中的内容按照笔画、数字、拼音及日期等方式进行排序，而且可以根据表格多列的值进行复杂排序。表格排序的操作步骤如下：

① 将插入点移动到表格中的任意单元格中，单击"表格工具/布局"→"数据"组中"排序"按钮。

② 整个表格高亮显示，同时弹出"排序"对话框。

③ 在"主要关键字"下拉列表框中选择用于排序的字段，在"类型"下拉列表框中选择用于排序的值的类型，如笔画、数字、拼音及日期等。升序或降序用于选择排序的顺序，默认为升序。

④ 若需要多字段排序，则可在"次要关键字""第三关键字"等下拉列表框中指定字段、类型及顺序。

⑤ 单击"确定"按钮完成排序。

ℹ️ 提示

要进行排序的表格中不能有合并后的单元格，否则无法进行排序。同时，在"排序"对话框中，如果选择"有标题行"单选按钮，则排序时标题行不参与排序；否则，标题行参与排序。

2. 计算

利用 Word 提供的公式，可以对表格中的数据进行简单的计算，如加、减、乘、除、求和、求平均值、求最大值、求最小值等。以图 3-29 所示的学生成绩表为例计算学生考试平均成绩，具体操作步骤如下：

① 将插入点移动到存放平均成绩的单元格中。

② 单击"表格工具/布局"→"数据"组中"公式"按钮，打开图 3-30 所示的"公式"对话框。

姓名	计算机	英语	数学	平均成绩
王辉	90	85	93	
张桂兰	96	88	75	
郭香	85	95	82	

图 3-29　学生成绩表

图 3-30　"公式"对话框

③ 在"公式"列表框中显示"=SUM(LEFT)"，表明要计算左边各列数据的总和，而例题要求计算其平均值，所以应将其修改为"=AVERAGE(LEFT)"，公式名也可以在"粘贴函数"列表框中选定，公式括号中的参数还可能是右侧（RIGHT）、上面（ABOVE）或下面（BELOW），可根据需要进行参数设置。

④ 在"编号格式"列表框中选择数字格式，如"0.00"格式，表示保留两位小数。

⑤ 单击"确定"按钮，可得计算结果。

按照同样的操作可以求得各行的平均成绩。

3.5　在文档中插入其他内容

在 Word 文档中除了文字、表格、图片之外，还可以插入很多其他内容，例如文档部件、文本框、图表等。多种多样的信息汇总和排列，可令文档的内容丰富、表现力卓越。

3.5.1　构建并使用文档部件

文档部件是对某一段指定文档内容（文本、图片、表格、段落等文档对象）的封装手段，也可以单纯地将其理解为对这段文档内容的保存和重复使用。文档部件包括自动图文集、文档属性（标题和作者）、域等。

1．自动图文集

自动图文集是可以重复使用，存储在特定位置的构建基块，是一类特殊的文档部件。如果需要在文档中反复使用某些固定内容，就可将其定义为自动图文集词条，并在需要时引用。

① 首先在文档中输入需要定义为自动图文集词条的内容，如学校名称、专业、学号、姓名等组成的联系方式可作为一组词条。可对其进行适当的格式设置。

② 选择需要定义为自动图文集词条的内容。

③ 单击"插入"→"文本"组中"文档部件"按钮，从下拉列表中选择"自动图文集"下的"将所选内容保存到自动图文集库"命令，打开"新建构建基块"对话框，如图 3-31 所示。

④ 输入词条名称，设置其他属性后，单击"确定"按钮。

⑤ 在文档中需要插入自动图文集词条的位置单击，依次选择"插入"→"文本"→"文档部件"→"自动图文集"→定义好的词条名称，即可快速插入相关词条内容。

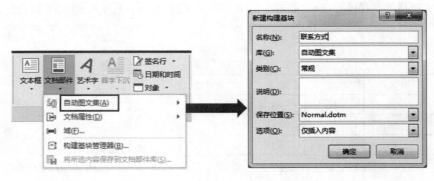

图 3-31　定义自动图文集词条

2．文档属性

文档属性包含当前正在编辑文档的标题、作者、主题、摘要等文档信息，这些信息可在"文件"后台视图中进行编辑和修改。设置文档属性的操作步骤如下：

① 打开需要设置文档属性的 Word 文档。

② 单击"文件"选项卡，打开后台视图。

③ 从左侧列表中选择"信息"命令，如图 3-32 所示。在右侧的属性区域中进行各项文档属性设置。

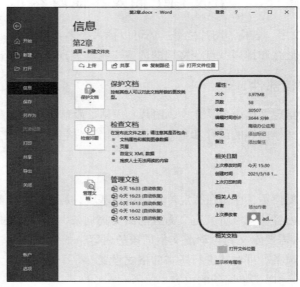

图 3-32　文档属性

调用文档属性的操作步骤如下：

① 在文档中需要插入文档属性的位置单击。

② 打开"插入"选项卡，单击"文本"组中"文档部件"按钮，从下拉列表中选择"文档属性"。

③ 从"文档属性"列表中选择所需的属性名称即可将其插入文档中。

④ 在插入文档中的"文档属性"框中可以修改属性内容。该修改可同步更新到后台视图的属性信息。

3.5.2　插入其他对象

1．文档封面

专业的文档要配以漂亮的封面才会更加完美，Word 2016 内置的"封面库"提供了充足的选择空间，无须为设计漂亮的封面而大费周折。为文档添加专业封面的操作步骤如下：

① 单击"插入"→"页面"组中"封面"按钮，打开系统内置的"封面库"列表。

② "封面库"中以图示的方式列出了许多文档封面。单击其中某一封面类型，例如"奥斯汀"，所选封面自动插入当前文档的第一页中，现有的文档内容会自动后移，如图 3-33 所示。

③ 单击封面中的内容控件框，例如"摘要"、"标题"和"作者"等，在其中输入或修改相应的文字信息并进行格式化，一个漂亮的封面就制作完成了。

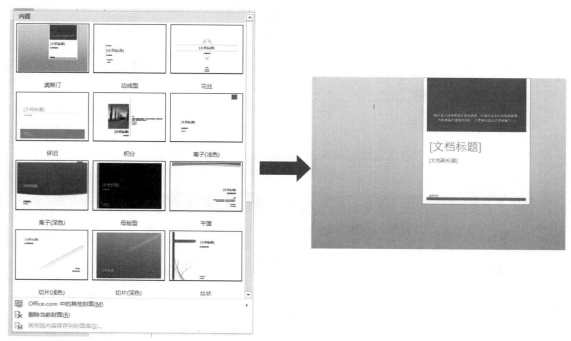

图 3-33　选择封面并插入文档中

若要删除已插入的封面，可以单击"插入"→"页面"组中"封面"按钮，然后在弹出的下拉列表中选择"删除当前封面"命令。

如果自行设计了符合特定需求的封面，也可以通过执行"插入"→"页面"组中"封面"→"将所选内容保存到封面库"命令，将其保存到"封面库"中以备下次使用。

2．图表

图表可对表格中的数据图示化，增强可读性，能使复杂和抽象的问题变得直观、清晰。在文档中制作图表的操作步骤如下：

① 在文档中将光标定位于需要插入图表的位置。

② 单击"插入"→"插图"组中"图表"按钮，打开"插入图表"对话框，如图 3-34 所示。

③ 选择合适的图表类型，单击"确定"按钮，自动进入 Excel 工作表窗口。

④ 在指定的数据区域中输入生成图表的数据源，拖动数据区域的右下角可以改变数据区域的大小。同时，Word 文档中显示相应的图表，如图 3-35 所示。

⑤ 先退出 Excel，然后在 Word 文档中通过"图表工具"下的"设计"、"布局"和"格式"3 个选项卡对插入的图表进行各项设置。

图 3-34　"插入图表"对话框

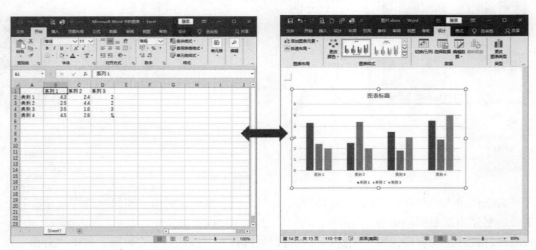

图 3-35　Word 文档中插入图表

课后习题 3

一、思考题

1. 在 Word 中，表格列宽的调整方式有哪几种？

2. 在修改图形的大小时，若需要保持其长宽比例不变，应该怎么操作？

3. 图形与文字混排的方式有哪几种？如何设置？

二、操作题

1. 在 Word2 文档中进行下列操作，完成后以原文件名保存。

① 将标题设置为艺术字，艺术字样式为"第 3 行第 2 列"艺术字，字体为华文细黑，字号为 20，环绕方式为"上下型"。

② 将正文的第一句设置为黑体、小四、标准色蓝色，加双实线的下画线，下画线颜色为标准色红色；将正文行距设置为固定值 20 磅，各段首行缩进 2 个字符。

③ 在文档末尾建立如图 3-36 所示的表格。

④ 利用公式计算总评成绩（总评成绩 = 平时成绩 ×60%+期末成绩 ×40%）。设置表格标题文字为黑体、小三、居中对齐，表格其他文字设置为幼圆、四号、居中对齐。设置表格的外框线为 3 磅花线、内框线为 1.5 磅单实线。

人文教育学院 2020 级《大学计算机基础》成绩单				
学号	姓名	平时成绩	期末成绩	总评成绩
20201001	周小天	75	80	
20201007	李　平	80	72	
20201020	张　华	87	67	
20201025	刘一丽	78	84	

图 3-36　Word2 文档表格

2. 在 Word3 文档中进行下列操作，完成后以原文件名保存。

① 将标题段文字（木星及其卫星）设置为 18 磅、华文行楷、居中，字符间距加宽 6 磅。

② 设置正文各段（木星是太阳系中……简介：）段间距为 0.5 行，设置正文的第一段（木星是太阳系中……公斤。）首字下沉 2 行（距正文 0.1 厘米），将正文的第一段末尾处"1027公斤"中的"27"设置为上标形式。

③ 将文中后 17 行文字转换成一个 17 行 4 列的表格，设置表格居中，表格中的所有文字水平居中，表格列宽为 3 厘米，设置所有表格框线为"1 磅蓝色单实线"。

④ 按"半径（km）"列依据"数字"类型升序排列表格内容。

第 4 章

长文档的编辑与管理

制作文档除了使用常规的页面内容和美化操作外，还需要注重文档的结构以及排版。Word 2016 提供了诸多简便的功能，让长文档的编辑、排版、阅读和管理更加轻松自如。

4.1 样　式

样式是一组已经命名的字符和段落格式的集合，它规定了文档中标题、正文以及要点等各个文本元素的格式。在文档中使用样式，可以迅速、轻松地统一文档的格式，减少了长文档编排过程中大量重复的格式设置操作，并且借助样式还可以自动生成文档目录。

样式有内置样式和自定义样式两种。内置样式是指 Word 软件自带的标准样式，自定义样式是指用户根据文档需要而设定的样式。

4.1.1　应用样式

Word 软件提供了丰富的样式类型。"开始"选项卡"样式"组的快速样式库中含有多种内置样式，可以为文本快速应用某种样式。

1. 快速样式库

利用"快速样式库"应用样式的操作步骤如下：

① 在文档中选择要应用样式的文本段落，或将光标定位于某一段落中。

② 单击"开始"→"样式"组中"其他"按钮，打开图 4-1 所示的"快速样式"下拉列表。

③ 在"快速样式"下拉列表中的各种样式之间滑动鼠标，所选文本就会自动呈现出当前样式应用后的视觉效果。单击某一样式，该样式所包含的格式就会被应用到当前所选文本中。

2. "样式"任务窗格

通过"样式"任务窗格也可以将样式应用于选中文本段落，操作步骤如下：

① 在文档中选择要应用样式的文本段落，或将光标定位于某一段落中。

② 单击"开始"→"样式"组右下角的"对话框启动器"按钮，打开如图 4-2 所示的"样式"任务窗格。

③ 在"样式"任务窗格的列表框中选择某一样式，即可将该样式应用到当前段落中。

在"样式"任务窗格中选中下方的"显示预览"复选框方可看到样式的预览效果，否则所有样式只以文字描述的形式列举出来。

图 4-1　"快速样式"下拉列表

图 4-2　"样式"任务窗格

4.1.2　新建样式

　　在应用内置样式的基础上进行修改即可实现所需样式的设置，但也可以根据需要自定义新样式。新建样式操作步骤如下：

　　① 单击"开始"→"样式"组右下角的"对话框启动器"按钮，打开如图 4-2 所示的"样式"任务窗格。

　　② 单击"样式"任务窗格左下角的"新建样式"按钮，打开"根据格式化创建新样式"对话框，如图 4-3 所示。

　　③ 在"名称"文本框中键入新建样式的名称，在"样式类型"下拉列表框中选择"段落""字符""链接段落和字符""表格""列表"5 种样式类型中的一种。如果要使新建样式基于已有样式，可在"样式基准"下拉列表框中选择原有的样式名称。"后续段落样式"则用来设置在当前样式段落键入回车键后下一段落的样式，其他设置与修改样式方法相同。

图 4-3　"根据格式化创建新样式"对话框

　　④ 设置完成后单击"确定"按钮，新建的样式名称将出现在"样式"任务窗格中，"开始"选项卡"样式"组中也将出现新建的样式名称。

　　新建样式的应用方法与内置样式的应用方法相同。

4.1.3 复制与管理样式

在编辑文档的过程中，如果需要使用其他模板或文档的样式，可以将其复制到当前的活动文档或模板中，而不必重复创建相同的样式。复制与管理样式的操作步骤如下：

① 打开需要接收新样式的目标文档，单击"开始"→"样式"组右下角的"对话框启动器"按钮，打开"样式"任务窗格。

② 单击"样式"任务窗格底部的"管理样式"按钮，打开"管理样式"对话框，如图 4-4 所示。

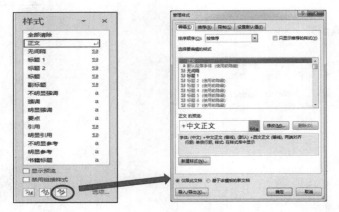

图 4-4　打开"管理样式"对话框

③ 单击左下角的"导入/导出"按钮，打开"管理器"对话框中的"样式"选项卡。在该对话框中，左侧区域显示的是当前文档中所包含的样式列表，右侧区域显示的是 Word 默认文档模板中所包含的样式，如图 4-5 所示。

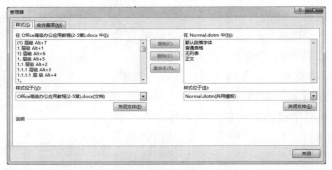

图 4-5　"管理器"对话框中的"样式"选项卡

④ 右侧区域显示的是 Word "Normal.dotm（共用模板）"所包含的样式，而不是要复制到目标文档样式的源文档。为了改变源文档，单击右侧的"关闭文件"按钮，原来的"关闭文件"按钮就会变成"打开文件"按钮。

⑤ 单击"打开文件"按钮，打开"打开"对话框。

⑥ 在"文件类型"下拉列表中选择"所有 Word 文档"，找到并选择包含需要复制到目标文档样式的源文档后，单击"打开"按钮将源文档打开。

⑦ 选中右侧样式列表中所需要的样式类型，然后单击"复制"按钮，将选中的样式复制到左侧的当前目标文档中。

⑧ 单击"关闭"按钮，结束操作。此时即可在当前文档的"样式"任务窗格中看到已添加的新样式。

在复制样式时，如果目标文档或模板已经存在相同名称的样式，Word 会给出提示，可以决定是否要用复制的样式来覆盖现有的样式。如果既想要保留现有的样式，同时又想将其他文档或模板的同名样式复制出来，则可以在复制前对样式进行重命名。

提示

实际上，也可以将左边的文件设置为源文件，将右边的文件设置为目标文件。在源文件中选中样式时，可以看到中间的"复制"按钮上的箭头方向发生了变化，从右指向左就变成了从左指向右，实际上箭头的方向就是从源文件到目标文件的方向。即在复制操作时，既可以把样式从左边打开的文档或模板中复制到右边的文档或模板中，也可以从右边打开的文档或模板中复制到左边的文档或模板中。

4.1.4　修改样式

内置样式和用户新建的样式都能进行修改。可以先修改样式再应用，也可以在样式应用之后再修改。对样式的修改将会反映在所有应用该样式的段落中。

方法 1：在文本中修改。

① 在文档中修改已应用了某个样式的文本的格式。

② 选中该文本段落，将光标指向"样式"任务窗格中需要修改的样式名称，单击其右侧的下拉按钮。

③ 从弹出的下拉列表中选择"更新××以匹配所选内容"命令，其中"××"为样式名称。新格式将会应用到当前样式中。

方法 2：在样式中修改。

① 单击"开始"→"样式"组右下角的"对话框启动器"按钮，打开"样式"任务窗格。

② 将光标指向"样式"任务窗格中需要修改的样式名称，单击其右侧的下拉按钮。

③ 从弹出的下拉列表中选择"修改"命令，打开"修改样式"对话框，如图 4-6 所示。

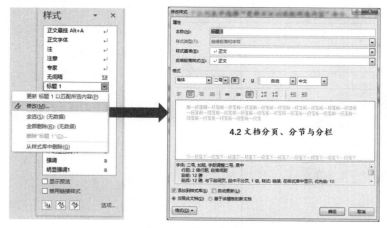

图 4-6　修改样式

④ 在该对话框中，可重新定义样式基准和后续段落样式。单击左下角的"格式"按钮，可分别对该样式的字体、段落、边框、编号等进行重新设置。

⑤ 修改完毕，单击"确定"按钮。对样式的修改将会立即反映到所有应用该样式的文本段落中。

4.1.5 多级列表标题样式

扫一扫

多级列表标题样式

在长文档的编辑排版过程中，除样式外，Word 还提供了诸多简便高效的排版功能，例如通过设置多级列表可为标题自动编号，并且在后期修改内容时系统会自动重新调整序号，可以大大节省因手动调整序号而消耗的时间。

要正确设置多级列表标题样式，首先需要了解标题样式与大纲级别的关系。

Word 文档中，一种样式对应一种大纲级别。默认的"标题 1"样式对应的大纲级别是 1 级，"标题 2"是 2 级，以此类推。Word 共支持 9 个大纲级别的设置，这种排列有从属关系，也就是说，大纲级别为 2 级的段落从属于 1 级，3 级的段落从属于 2 级……9 级的段落从属于 8 级。

内置样式库中的标题样式通常用于各级标题段落，但它们是不带自动编号的。下面以完成"多级列表标题样式素材.docx"文件为例介绍设置方法。

案例：将"多级列表标题样式素材.docx"文件按表 4-1 所示的要求应用多级列表功能完成标题的自动编号设置。编号生成后，检查是否与原标题编号一致并删除原编号。操作完成后以"多级列表标题样式.docx"文件名保存，在导航窗格中的显示效果如图 4-7 所示。

表 4-1　标题编号格式设置要求

标题范围	样式	编号格式
章标题	标题 1	"第 x 章"格式，其中 x 为自动编号，如"第 2 章"
节标题	标题 2	"x.y"格式，其中 x 为章序号，y 为节序号，如"1.1"
节内小标题	标题 3	"x.y.z"格式，其中 x 为章序号，y 为节序号，z 为小节内标题序号，如"1.1.1"

具体操作步骤如下：

① 将光标定位在任意"标题 3"样式段落，单击"开始"→"段落"→"多级列表"下拉按钮，弹出图 4-8 所示的下拉列表。

图 4-7　设置后的效果

图 4-8　多级列表的下拉列表

② 选择"定义新的多级列表"命令，打开"定义新多级列表"对话框。

③ 单击左下角的"更多"按钮，此时"更多"按钮自动变为"更少"按钮，如图 4-9 所示。

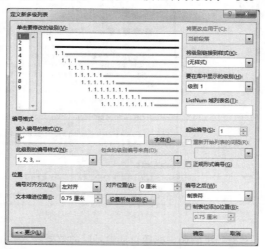

图 4-9　"定义新多级列表"对话框

④ 设置大纲级别为 1 级的标题编号样式。在"定义新多级列表"对话框左侧的"单击要修改的级别"下选择"1"，将光标定位至"输入编号的格式"文本框中，为了在章标题前显示"第 x 章"的编号形式，需要在符号"1"前后分别输入"第"和"章"字样（注意：此时不能删除文本框中带有灰色底纹的数值），还可以为当前样式设置对齐方式、文本缩进位置等。在对话框右侧的"将级别链接到样式"下拉列表框中选择"标题 1"，在"要在库中显示的级别"下拉列表框中选择"级别 1"，以上的设置效果应用到已应用了"标题 1"样式的所有段落。

⑤ 在"单击要修改的级别"下选择"2"，可先删除"输入编号的格式"文本框中的自动编号"1.1"，然后在"包含的级别编号来自"下拉列表框中选择"级别 1"，即第一个编号取章序号，在"输入编号的格式"文本框中自动出现"1"，紧接其后输入分隔符"."（小数点）。在"此级别的编号样式"下拉列表框中选择"1，2，3，…"的编号样式。此时，在"输入编号的格式"文本框中将出现节序号"1.1"。根据要求再设置其他选项。在"将级别链接到样式"下拉列表框中选择"标题 2"，在"要在库中显示的级别"下拉列表框中选择"级别 2"。

⑥ 与步骤⑤相似，在"单击要修改的级别"下选择"3"，在"包含的级别编号来自"下拉列表框中选择"级别 1"，输入分隔符"."，继续选择"级别 2"，再次输入分隔符"."，在"此级别的编号样式"下拉列表框中选择"1，2，3，…"的编号样式。在"将级别链接到样式"下拉列表框中选择"标题 3"，在"要在库中显示的级别"下拉列表框中选择"级别 3"，最后单击"确定"按钮。

⑦ 此时各级标题前都自动添加了与原编号相同的编号。在自动生成的编号处单击，可见自动编号呈灰色底纹，设置完成后的效果如图 4-10 所示。

⑧ 单击导航窗格中的相应标题，从右侧编辑窗口中删除各级标题的原有编号。

⑨ 选择"文件"→"另存为"命令，以"多级列表标题样式.docx"文件名保存。

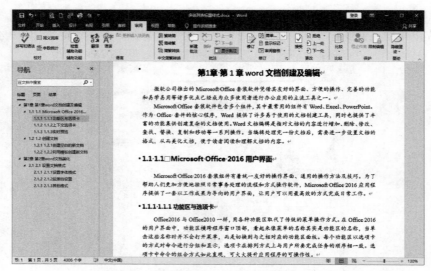

图 4-10　标题自动编号后的效果

> ℹ️ **提示**
>
> 设置多级列表编号成功的关键在于以下 3 个因素：
>
> ① 已为段落设置相应样式。
>
> ② 如果采用非系统默认的"标题 1""标题 2""标题 3"标题样式，则在设置该级编号时先应删除"输入编号的格式"文本框中的自动编号，再根据要求在"包含的级别编号来自"下拉列表框中选择该级别编号的来源。
>
> ③ 在"将级别链接到样式"下拉列表框中正确选择对应的样式。

4.2　文档分页、分节与分栏

分页、分节与分栏操作，可以使得文档的版面更加多样化，布局更加合理有效。

4.2.1　分页与分节

通常情况下，当文档的内容超过纸型能容纳的内容时，Word 会按照默认的页面设置产生新的一页。如果用户需要在指定的位置产生新页面，则只能利用插入分隔符的方法强制分页。

1. 分页

（1）插入分页符

分页符位于上一页结束与下一页开始的位置。插入分页符的操作步骤如下：

① 将光标定位到需要分页的位置。

② 单击"布局"→"页面设置"组中"分隔符"按钮，在弹出的下拉列表中选择"分页符"区域的"分页符"命令，则在插入点位置插入一个分页符。分页符前后页面设置的属性及参数均保持一致。（提示：可以按【Ctrl+Enter】组合键实现快速手动分页。）

（2）分页设置

Word 不仅允许用户手动分页，还允许用户调整自动分页的相关属性，例如用户可以利用分页选项避免文档中出现"孤行"，避免在段落内部、表格中或段落之间进行分页等，具体操作步骤如下：

① 选定需要分页的段落。

② 单击"开始"→"段落"组右下角的"对话框启动器"按钮，打开"段落"对话框。

③ 选择"换行和分页"选项卡，在其中设置各种分页控制，如图 4-11 所示。该选项卡中，不同的选项对分页起着不同的控制作用，各项的作用说明见表 4-2。

表 4-2　"换行和分页"选项卡中各选项的作用说明

选　项	说　明
孤行控制	防止该段的第一行出现在页尾或最后一行出现在页首，否则该段整体移到下一页
与下段同页	用于控制该段需与下段同页，表格标题一般设置此项
段中不分页	防止该段从段中分页，否则该段整体移到下一页
段前分页	用于控制该段必须另起一页

2. 分节

如果为了把某一文档设置为不同页面格式，则需要对文档进行分节。节可以包含一个段，也可以是多个段、多页甚至一个文档就只有一个节。"节"是文档格式化的最大单位，分节符是一个节的结束符号，起着分隔其前面文本格式的作用。默认情况下，将整个文档视为一个"节"。

插入分节符的操作步骤如下：

① 将光标定位到需要分节的位置。

② 单击"布局"→"页面设置"组中"分隔符"按钮，弹出图 4-12 所示的下拉列表，例如选择"分节符"区域的"下一页"命令，则在插入点位置插入一个分节符，同时插入点从下一页开始。

图 4-11　"换行和分页"选项卡

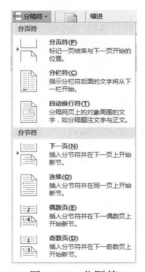

图 4-12　分隔符

在实际操作过程中，往往需要根据具体情况插入不同类型的分节符，其功能各不相同。分节符的类型及功能见表 4-3。

表 4-3　分节符的类型及功能

分节符类型	功　能
下一页	插入一个分节符并分页，新节从下一页开始
连续	插入一个分节符，新节从当前插入位置开始
偶数页	插入一个分节符，新节从下一个偶数页开始
奇数页	插入一个分节符，新节从下一个奇数页开始

ⓘ 提示

删除分节符：将插入点移动到分节符的前面，按【Delete】键删除。分节符中保存着分节符上面文本的格式，当删除一个分节符后，意味着删除该分节符之上的文本所使用的格式，该节的文本将使用下一节文档内容的格式。

4.2.2　分栏

扫一扫

分栏

分栏用来实现在页面上以两栏或多栏的方式显示文档内容，便于阅读，使版面的呈现更加生动。可以控制栏数、栏宽及栏间距。具体操作步骤如下：

① 如要对整个文档分栏，则将插入点移动到文本的任意处；如要对部分段落分栏，则应先选定这些段落。

② 单击"布局"→"页面设置"组中"添加或删除栏"按钮。

③ 从弹出的下拉列表中，选择一种预定义的分栏方式，实现排版，如图 4-13 所示。

④ 如需对分栏进行更为具体的设置，则可以在弹出的下拉列表中选择"更多栏"命令，打开如图 4-14 所示的"栏"对话框，进行以下设置：

a. 在"栏数"微调框中设置所需的分栏数值。

b. 在"宽度和间距"选项区域中设置栏宽和栏间的距离。只需在相应的"宽度"和"间距"微调框中输入数值即可改变栏宽和栏间距。

c. 如果选中"栏宽相等"复选框，则在"宽度和间距"选项区域中自动计算栏宽，使各栏宽度相等。如果选中"分隔线"复选框，则在栏间插入分隔线，使得分栏界限更加清晰。

d. 若在分栏前未选中文本内容，则可在"应用于"下拉列表框中设置分栏效果作用的区域。

图 4-13　预定义分栏方式

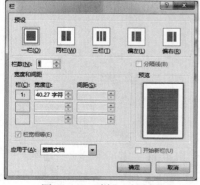

图 4-14　"栏"对话框

⑤ 设置完毕，单击"确定"按钮即可完成分栏排版。

如果需要取消分栏布局，只需在"栏"下拉列表中选择"一栏"命令即可。

提示

如果分栏前事先选中内容，或者在"栏"对话框中选择了"应用于"插入点之后，则在分栏的同时会自动插入连续分节符。可以通过单击"开始"→"段落"组中"显示/隐藏编辑标记"按钮来控制分节或分页符显示与隐藏，从而了解这些标记在文档中的位置。

4.3　页码、页眉与页脚

页眉和页脚分别位于每页的顶部和底部，通常用来显示文档的附加信息，包括文档名、作者名、章节名、页码、日期时间、图片等。可以将文档首页的页眉和页脚设置成与其他页不同的形式，也可以对奇数页和偶数页设置不同的页眉和页脚。

4.3.1　插入页码

页码是一种放置于每页中标明次序，用以统计文档页数，便于用户检索的编码或其他数字。页码可以插入页眉、页脚、页边距或当前位置，通常显示在文档的页眉或页脚处。Word 中插入页码功能插入的实际是一个域而非单纯数码，它是可以自动变化和更新的。

1．插入预设页码

① 单击"插入"→"页眉和页脚"组中"页码"按钮，打开可选位置下拉列表。

② 光标指向插入页码的位置，如"页边距"，右侧出现预置页码格式列表，如图 4-15 所示。

图 4-15　插入页码

③ 从中单击选择某一页码格式，页码即以指定格式插入指定位置。

2．自定义页码格式

① 首先在文档中插入页码，将光标定位在需要修改页码格式的节中。

② 单击"插入"→"页眉和页脚"组中"页码"按钮，打开下拉列表。

③ 选择其中的"设置页码格式"命令，打开图 4-16 所示的"页码格式"对话框。

④ 在"编号格式"下拉列表框中可以为页码设置多种编号格式，同时在"页码编号"区域中还可以重新设置页码编号的起始位置，单击"确定"按钮，完成页码的格式设置。

⑤ 单击"关闭页眉和页脚"按钮，退出页眉页脚编辑状态。

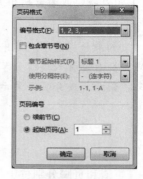

图 4-16　"页码格式"对话框

4.3.2　插入页眉或页脚

在 Word 中，不仅可以在文档中轻松地插入、修改预设的页眉或页脚样式，还可以创建自定义外观的页眉或页脚，并将新的页眉或页脚保存到样式库中以便在其他文档中使用。页眉和页脚通常用于显示文档的附加信息，如日期、章标题等，页眉在页面的顶部，页脚在页面的底部。

1．插入相同的页眉页脚

默认情况下，在文档中的任意一页插入页眉或页脚，则其他页面都生成与之相同的页眉或页脚。插入页眉的操作步骤如下：

① 将光标定位到文档中的任意位置，单击"插入"→"页眉和页脚"组中"页眉"按钮。

② 在弹出的下拉列表中选择需要的内置样式选项，如图 4-17 所示，则当前文档的所有页面都添加了同一样式的页眉。

③ 在页眉处添加所需文本内容，此时为每个页面添加相同的页眉。

同样，单击"插入"→"页眉和页脚"组中"页脚"按钮，在弹出的下拉列表（见图 4-18）中选择需要的内置样式选项，即可为每个页面设置相同的页脚。

文档中插入页眉或页脚后，在页眉或页脚区域中双击鼠标，即可快速进入页眉和页脚编辑状态，自动出现"页眉和页脚工具"中的"设计"选项卡，通过该选项卡可对页眉或页脚进行编辑和修改。单击"关闭"选项组中的"关闭页眉和页脚"按钮，即可退出页眉和页脚编辑状态。

页眉页脚的删除与页眉页脚的插入过程类似，分别在图 4-17 和图 4-18 中选择对应的删除命令。

2．插入不同的页眉页脚

长文档编辑过程中，经常需要对不同的页面设置不同的页眉页脚。如首页与其他页面的页眉页脚不同，奇数页与偶数页的页眉页脚不同。

（1）首页不同

"首页不同"是指在当前节，首页的页眉页脚和其他页面的页眉页脚不同。设置首页不同的操作步骤如下：

① 在需要设置首页不同的节中双击该节任意页面的页眉或页脚区域，功能区自动出现"页眉和页脚工具/设计"上下文选项卡，如图 4-19 所示。

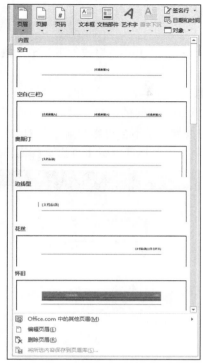

图 4-17　内置页眉样式

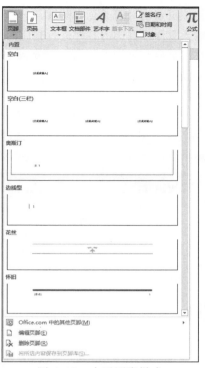

图 4-18　内置页脚样式

图 4-19　"页眉和页脚工具/设计"上下文选项卡

② 选中"选项"组中"首页不同"复选框，此时文档首页就可以单独设置页眉页脚。

（2）奇偶页不同

"奇偶页不同"是指在当前节，奇数页和偶数页的页眉页脚不同。默认情况下，同一节中所有页面的页眉页脚都是相同的（首页不同除外），不论是奇数页还是偶数页，修改任意页的页眉页脚，其他页面都进行了修改。设置奇偶页有不同的页眉或页脚的操作步骤如下：

① 双击文档中的页眉或页脚区域，功能区自动出现"页眉和页脚工具/设计"上下文选项卡，选中"选项"组中"奇偶页不同"复选框。

② 分别在奇数页和偶数页的页眉或页脚区域内输入相应内容并格式化，以创建不同的页眉或页脚。

（3）不同的节设置不同的页眉页脚

当文档分为若干节时，可以为文档的各节创建不同的页眉或页脚。例如一个长篇文档的"目录"与"内容"两部分应用不同的页脚样式。为不同节创建不同的页眉或页脚的操作步骤如下：

① 首先将文档分节，然后将光标定位在某一节的某一页面中。

② 在该页双击页眉或页脚区域，进入页眉和页脚编辑状态。

③ 插入页眉或页脚内容并进行相应的格式化设置。

④ 在"页眉和页脚工具/设计"选项卡的"导航"组中，单击"上一节"或"下一节"按钮进入其他节的页眉或页脚中。

⑤ 默认情况下，下一节自动链接上一节的页眉页脚信息，如图 4-20 所示。单击"导航"组中"链接到前一节"按钮，可以断开当前节与前一节中的页眉（或页脚）之间的链接，页眉和页脚区域将不再显示"与上一节相同"的提示信息，此时修改本节页眉和页脚信息不会再影响前一节的内容。

⑥ 编辑修改新节的页眉或页脚信息。在文档正文区域中双击鼠标即可退出页眉页脚编辑状态。

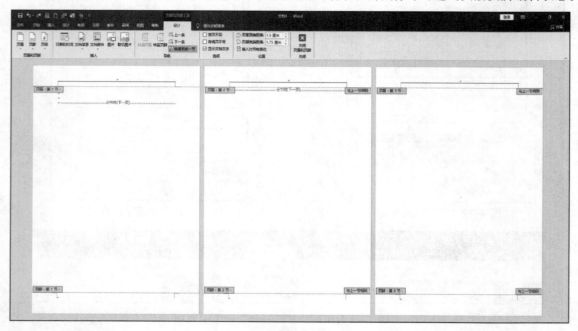

图 4-20　页眉页脚在文档不同节中的显示

4.3.3　删除页眉或页脚

文档中不需要页眉或页脚，可以删除，具体操作步骤如下：

① 单击"插入"→"页眉和页脚"组中"页眉"按钮。

② 在弹出的下拉列表中选择"删除页眉"命令，即可将当前节的页眉删除。

③ 同样，单击"插入"→"页眉和页脚"组中"页脚"按钮，在弹出的下拉列表中选择"删除页脚"命令，即可将当前节的页脚删除。

ⓘ 提示

页眉页脚不属于正文，因此在编辑正文时，页眉页脚以灰色显示，此时页眉页脚不能编辑。反之，当编辑页眉页脚时，正文不能编辑。

4.4　引　用　内　容

长文档编辑过程中，文档内容的目录、脚注尾注、题注、索引等引用信息非常重要，这类信息的添加可以使文档的引用内容和关键内容得到有效的组织，并可随着文档内容的更新而自动更新。

4.4.1　域

域可以用来控制在 Word 文档中插入的信息，实现信息的自动化功能。域贯穿于 Word 的许多功能中，如自动编号、插入时间和日期、插入索引和目录、表格计算、邮件合并、对象链接等功能。

1．域的定义

域是引导 Word 在文档中自动插入文字、图形、域指令和开关组成的字符串。域特征字符是指包围域代码的一对大括号"{}"。域类型就是域的名称，类似 Excel 的函数名。域指令和开关是设定域类型如何工作的指令或开关，其中域开关用来设定编号的格式、字母的大小写和字符的格式，防止在更新域时使已有域结果的格式发生改变。

域结果是域的显示结果，类似于 Excel 函数运算后得到的值。例如，在文档中输入域代码"{FILENAME…*MERGEFORMAT}"，则将在文档中输入当前文件名，其中"{ }"为域特征字符，"FILENAME"为域类型，"*MERGEFORMAT"为通用域开关。

2．使用域

插入域的最简便方法是从 Word 中直接插入，例如单击"插入"→"文本"组中"文档部件"按钮，在弹出的下拉列表中选择"域"命令，打开图 4-21 所示的"域"对话框，在"域名"列表框中选择相应的域类型，最后单击"确定"按钮即可插入域。

图 4-21　"域"对话框

熟悉域的用户也可以直接从键盘上输入域代码，但需要注意的是，域特征字符必须按【Ctrl+F9】组合键插入，按从左到右的顺序输入域类型、域指令、开关等。域代码输入完成后，按【F9】键更新域，或者按【Shift+F9】组合键显示域结果。如果显示的域结果不正确，可以再次按【Shift+F9】组合键切换到显示域代码状态，重新对域代码进行修改，直到显示的域结果正确为止。

3．删除域

插入文档中的"域"被更新后，其样式和普通文本的相同，如果手动查找和删除域比较困难，但可以利用查找和替换功能实现域的快速查找和删除，操作步骤如下：

① 按【Alt+F9】组合键，显示文档中所有的域代码（反复按【Alt+F9】组合键可在显示和隐藏域代码之间切换）。

② 单击"开始"→"编辑"组中"替换"按钮，打开"查找和替换"对话框。

③ 单击"更多"按钮，将光标定位在"查找内容"文本框中，再单击"特殊格式"按钮，从弹出的列表中选择"域"命令，此时"查找内容"文本框中显示代码"^d"。

④ 单击"查找下一处"按钮，查找到需要删除的域，再单击"替换"按钮，则删除选中的域，如果需要一次性删除文档中所有的域，则单击"全部替换"按钮。

4.4.2　目录

目录是文档中指导阅读、检索内容的工具。目录通常是长篇幅文档不可缺少的一项内容，它列出了文档中的各级标题及其所在的页码，便于用户快速查找到相关内容。自动生成目录时，最重要的准备工作是为文档的各级标题应用样式。

1．利用目录库样式创建目录

Word 提供的内置"目录库"中包含多种目录样式可供选择，使得插入目录的操作变得快捷、简便。插入目录的操作步骤如下：

① 打开已设置标题样式的文档，将光标定位在需要建立目录的位置，通常是文档的开头处。

② 单击"引用"→"目录"组中"目录"按钮，打开目录库下拉列表，如图 4-22 所示。系统内置的"目录库"以可视化的方式展示了许多目录的编排方式和显示效果。

③ 在列表中选择一种满意的目录样式，则 Word 将自动在指定位置创建目录，如图 4-23 所示。目录生成后，按住【Ctrl】键的同时单击目录中的某标题行即可跳转到该标题对应的页面。

图 4-22　内置"目录库"

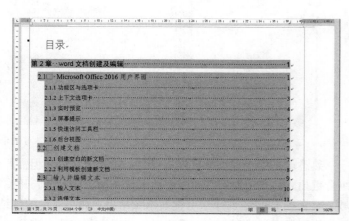

图 4-23　插入的目录

2．自定义目录

除了直接调用目录库中的现成目录样式外，还可以自定义目录格式，特别是在文档标题应用了自定义样式后，自定义目录变得更加重要。自定义目录的操作步骤如下：

① 打开已设置标题样式的文档，将光标定位在需要建立目录的位置。

② 单击"引用"→"目录"组中"目录"按钮，在弹出的下拉列表中选择"自定义目录"命令，打开如图 4-24 所示的"目录"对话框。在该对话框中可以设置页码格式、目录格式以及目录中的标题显示级别，默认显示 3 级标题。

③ 单击"目录"→"选项"按钮，打开如图 4-25 所示的"目录选项"对话框，在"有效样式"区域中列出了文档中使用的样式，包括内置样式和自定义样式。在样式名称旁边的"目录级别"文本框中输入目录的级别（可以输入 1 ~ 9），以指定样式所代表的目录级别。如果仅使用自定义样式，则可删除内置样式的目录级别数字。

图 4-24 "目录"对话框

图 4-25 "目录选项"对话框

④ 有效样式和目录级别设置完后，单击"确定"按钮，关闭"目录选项"对话框。

⑤ 返回到"目录"对话框后，可以在"打印预览"和"Web 预览"区域中查看插入后的目录样式，如果用户对当前设置样式不满意，则可以单击"修改"按钮，在打开的"样式"对话框中选择其他样式。

⑥ 单击"确定"按钮完成所有设置。

3．目录的更新与删除

目录也是以域的方式插入文档中的。如果在创建目录后，又添加、删除或更改了文档中的标题或其他目录项，目录并不会自动更新。更新文档目录的方法如下：

① 光标定位在目录区域的任意位置，单击"引用"→"目录"组中"更新目录"按钮，打开"更新目录"对话框，选择"只更新页码"或"更新整个目录"单选按钮，然后单击"确定"按钮完成目录更新。

② 单击目录区域的任意位置，此时在目录区域左上角出现浮动按钮"更新目录"。

③ 选择目录区域后按【F9】键，打开"更新目录"对话框。

若要删除创建的目录，操作方法如下：单击"引用"→"目录"组中"目录"下拉按钮，选择下拉列表底部的"删除目录"命令；或者选择整个目录后按【Delete】键。

4．图表目录

除标题目录外，图表目录也是一种常见的目录形式，图表目录是针对 Word 文档中的图、表、公式等对象编制的目录。创建图表目录的操作步骤如下：

① 打开已应用题注功能的 Word 文档，将光标定位到图表目录插入位置。

② 单击"引用"→"题注"组中"插入表目录"按钮，打开"图表目录"对话框，如图 4-26 所示。

③ 在"题注标签"下拉列表框中选择不同的题注类型，例如选择"图"题注，在该对话框中还可以进行其他设置，设置方法与标题目录的设置类似。

④ 单击"确定"按钮完成图表目录的创建，效果如图 4-27 所示，其中"图目录"字样为手动输入。

图表目录的操作还涉及图表目录的修改、更新和删除，操作方法和标题目录的操作方法类似，在此不再赘述。

图 4-26　"图表目录"对话框

图 4-27　图表目录的创建效果

4.4.3　脚注和尾注

脚注和尾注主要用于在文档中对文本进行补充说明，如单词解释、备注说明或提供文档中引用内容的来源等。脚注和尾注由两部分组成：引用标记和注释内容。

1．插入脚注

脚注通常位于页面的底部，插入脚注的操作步骤如下：

① 将光标定位到插入脚注的位置，单击"引用"→"脚注"组中"插入脚注"按钮，此时在文字右上角出现脚注引用标记，同时在当前页面左下角出现横线和闪烁的光标。

② 在光标处键入注释内容，即完成脚注的插入。

脚注插入完成后，将鼠标指针停留在脚注标记上，注释文本就会以浮动的方式显示，如图 4-28 所示。

2．修改或删除脚注分隔符

将文档正文与脚注或尾注分隔开的短横线称为注释分隔符，可以根据需要将分隔符进行修改或删除，操作步骤如下：

① 单击"视图"→"视图"组中"草稿"按钮，将文档视图切换到草稿视图模式。

② 单击"引用"→"脚注"组中"显示备注"按钮，在文档正文的下方将出现图 4-29 所示的操作界面，在"脚注"下拉列表框中选择"脚注分隔符"。

③ 如果要删除脚注分隔符，则在窗格底部选择分隔符后按【Delete】键。

④ 单击状态栏右侧的"页面视图"按钮切换到页面视图，脚注分隔符已被删除，但注释内容依然保留。

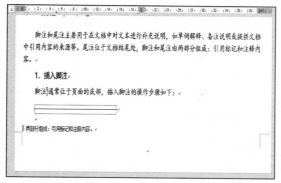

图 4-28　插入脚注

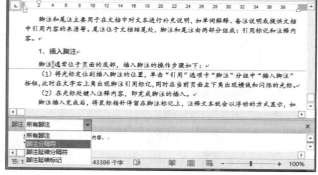

图 4-29　修改或编辑脚注

3．删除脚注

要删除单个脚注，只需选定文本右上角的脚注引用标记后按【Delete】键。如果需要一次性删除所有脚注，操作步骤如下：

① 单击"开始"→"编辑"组中"替换"按钮，打开"查找和替换"对话框。

② 单击"更多"按钮，将光标定位在"查找内容"文本框中，单击"特殊格式"按钮，在弹出的列表中选择"脚注标记"选项，再单击"全部替换"按钮，即可一次性删除所有脚注标记。

ⓘ提示

尾注和脚注的插入、修改或编辑方法完全相同，区别在于它们出现的位置不同，尾注通常位于文档结尾处。尾注的相关操作在此不再赘述。

4.4.4　题注与交叉引用

扫一扫

题注是添加到表格、图表、公式或其他项目上的名称和编号标签，如果在文档的编辑过程中对题注执行了添加、删除或移动操作，则可以一次性更新所有题注编号，而不需要再进行单独调整。交叉引用是在文档的某个位置引用文档另外一个位置的内容，例如引用题注。

插入题注与交叉引用

1．插入题注

题注插入的位置因对象不同而不同。一般情况下，题注插在表格的上方或图片的下方。在文档中插入题注的操作步骤如下：

① 将光标定位到需要插入题注的位置。

② 单击"引用"→"题注"组中"插入题注"按钮，打开如图 4-30 所示的"题注"对话框。

③ 根据添加的具体对象，在"标签"下拉列表框中选择相应标签，如图、表格、公式等，如果需要在文档中使用自定义的标签，则单击"新建标签"按钮，在打开的"新建标签"对话框中，输入新标签名称，如新建标签"图"，单击"确定"按钮，返回"题注"对话框。

④ 单击"编号"按钮，打开图 4-31 所示的"题注编号"对话框，在"格式"下拉列表中可重新指定题注编号的格式。如果勾选"包含章节号"复选框，则可以在题注前自动增加标题序号（该标题已经应用了内置的标题样式）。单击"确定"按钮完成编号设置。

图 4-30 "题注"对话框

图 4-31 "题注编号"对话框

⑤ 所有的设置均完成后单击"确定"按钮，即可将题注添加到相应的文档位置。

2. 交叉引用

在 Word 中，可以在多个不同的位置使用同一个引用源的内容，这种方法称为交叉引用。交叉引用是作为域插入文档中的，当引用源发生改变时，交叉引用的域将自动更新。可以为标题、脚注、书签、题注等项目创建交叉引用。

（1）创建交叉引用

文档中创建交叉引用的操作步骤如下：

① 将光标定位到要创建交叉引用的位置，单击"引用"→"题注"组中"交叉引用"按钮，打开"交叉引用"对话框，如图 4-32 所示。

② 在"引用类型"下拉列表框中选择要引用的项目类型，如选择"图"，在"引用内容"下拉列表框中选择要插入的信息内容，如选择"仅标签和编号"，在"引用哪一个题注"列表框中选择要引用的题注，如选择"图 2-1 Word 2016 功能区"，然后单击"插入"按钮，题注编号"图 2-1"自动添加到文档的插入点。

③ 单击"取消"按钮，退出交叉引用操作。

（2）更新题注和交叉引用

图 4-32 "交叉引用"对话框

在文档中被引用项目发生变化后，如添加、删除或移动题注，则题注编号和交叉引用也应随之发生改变。但有时一些操作，系统并不会自动更新，就必须采用手动更新的方法。

① 若要更新单个题注编号和交叉引用，则选定对象即可；若要更新文档中所有的题注编号和交叉引用，则选定整篇文档。

② 按【F9】键同时更新题注和交叉引用。

③ 在所选对象上右击，在弹出的快捷菜单中选择"更新域"命令，即可实现所选范围题注编号和交叉引用的更新。

4.4.5　索引

扫一扫

索引能将文档中的字、词、短语等按一定的检索方法编排，与目录功能类似，方便用户快速查阅。索引的操作主要包括标记索引项、编制索引目录、更新索引、删除索引等。

索引

1．标记索引项

在文档中索引之前，应当先标记出组成文档索引的如单词、短语和符号之类的全部索引项。索引项是用于标记索引中特定文字的域代码。当选择文本并将其标记为索引项时，Word 将会添加一个特殊的 XE（索引项）域，该域包括标记好的主索引项以及所选择的任何交叉引用信息。

标记索引项的操作步骤如下：

① 在文档中选择要作为索引项的文本。

② 单击"引用"→"索引"组中"标记条目"按钮，打开"标记索引项"对话框，在"索引"选项区域的"主索引项"文本框中显示已选定的文本，如图 4-33 所示。

③ 单击"标记"按钮即可标记索引项，例如在"Word2016"文本后出现"{XE"Word2016"}"索引域；单击"标记全部"按钮，则为文档中的所有主索引项如"Word 2016"文本都建立了索引标记。

④ 标记索引项之后，对话框中的"取消"按钮变为"关闭"按钮。单击"关闭"按钮即可完成标记索引项的工作。

图 4-33　"标记索引项"对话框

> ⓘ **提示**
>
> 插入文档中的索引项实际上是域代码。通常情况下该索引标记域代码只用于显示不会被打印。

2．编制索引目录

标记索引项之后，就可以选择一种索引设计并生成最终的索引目录。Word 会收集索引项，并将它们按字母顺序排序，同时引用其页码，找到并删除同一页上的重复索引项。为文档中的索引项创建索引目录的操作步骤如下：

① 将光标定位在需要建立索引的位置，通常是文档的末尾。

② 单击"引用"→"索引"组中"插入索引"按钮，打开图 4-34 所示的"索引"对话框。

③ 根据实际需要，可以设置类型、栏数、排序依据、页码右对齐、格式等选项，例如选择"栏数"为 1，排序依据为"拼音"，格式为"流行"，单击"确定"按钮，在光标处自动插入索引目录，如图 4-35 所示。

图 4-34　"索引"对话框

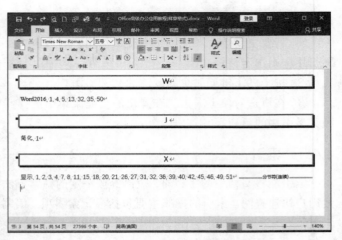

图 4-35　在文档中创建索引

> **提示**
>
> Word 文档中以 "XE" 为域特征字符插入索引项，标记好索引项后，默认方式为显示索引标记。由于索引标记在文档中占用空间，可将其隐藏，方法：单击 "开始" → "段落" 组中 "显示/隐藏编辑标记" 按钮，再次单击则显示。

3. 更新索引

文档中索引项或索引项的页码发生改变后，应及时更新索引，其操作方法与目录的更新类似。选中索引，单击 "引用" → "索引" 组中 "更新索引" 按钮，或按【F9】键，也可以右击索引，在弹出的快捷菜单中选择 "更新域" 命令。

4.4.6　书目

在论文写作时，结尾通常需要列出参考文献，可以通过创建书目功能来实现这一效果。书目是在创建文档时参考或引用的源文档的列表，通常位于文档的末尾。

1. 创建书目源信息

源可能是一本书、一篇报告或一个网站等，当在文档中添加新的引文的同时就新建了一个可显示于书目中的源。创建源的操作步骤如下：

① 单击 "引用" → "引文与书目" 组中 "样式" 旁边的下拉按钮，从下拉列表中选择要用于引文和源的样式。例如，社会科学类文档的引文和源通常使用 APA 样式。

② 在要引用的句子或短语的末尾处单击鼠标。

③ 单击 "引用" → "引文与书目" 组中 "插入引文" 按钮，从下拉列表中选择 "添加新源" 命令，打开 "创建源" 对话框，如图 4-36 所示，在对话框中输入作为源的书目信息。

> **提示**
>
> 如果从 "插入引文" 下拉列表中选择 "添加新占位符" 命令，则只在当前位置添加一个占位符，待需要时再创建引文和填写源信息。

④ 单击"确定"按钮，创建源信息的同时完成插入引文的操作。

2．创建书目

文档中已插入一个或多个源信息后，就可以随时创建书目。创建书目的操作步骤如下：

① 在文档中单击需要插入书目的位置，通常位于文档的末尾。

② 单击"引用"→"引文与书目"组中"书目"按钮，打开图 4-37 所示的书目样式列表。

③ 从中单击一个内置的书目格式，或者直接选择"插入书目"命令，即可将书目插入文档。

① 提示

为了方便创建书目，一般会先将书目信息保存于"xml"文档中。

图 4-36　"创建源"对话框

图 4-37　插入书目

课后习题 4

一、思考题

1. 如何新建样式并修改已有样式？

2. 在 Word 中，能成功插入自动生成的目录的前提条件是什么？

3. 域代码的主要组成部分有哪些？

4. Word 文档基本页面是纵向排版，如果其中某一页需要横向排版，应该如何解决？

二、操作题

1. 小赵是某大学企业管理专业的应届毕业生，正在撰写毕业论文，按照下列要求帮助他对论文进行排版。

① 打开素材文档 Word.docx，后续操作均基于此文件。

② 论文在交给指导教师修改的时候，教师添加了某些内容，并保存在文档"教师修改.docx"中，要求在自己的论文 Word.docx 中接受修改，添加该内容。

③ 参照样例图片"封面.png"中的效果，为论文添加封面，其中从文本"学校名称"到论文标

题设置为居中对齐，并适当调整字体和字号；从文本"姓名"到"指导教师"的 5 个段落的左侧缩进设置为 13 字符；将下方的日期设置为右对齐，并替换为可以显示上次文档保存日期的域，格式如样例所示（提示：具体日期不必和样例一致）。

④ 删除文档中的所有全角空格和空行。

⑤ 将文档中"标题 1"、"标题 2"和"标题 3"的手动编号替换为可以自动更新的多级列表，样式保持不变。

⑥ 将论文中所有正文文字设置为首行缩进 2 字符，且段前段后各空半行，但各级标题文字不能应用此格式。

⑦ 在文档末尾的标题"参考文献"下方插入参考书目，书目保存于文档"书目.xml"中，设置书目样式为"ISO690-数字引用"。

⑧ 设置目录、摘要、每章标题、参考文献和致谢都从新的页面开始。

⑨ 修改所有的脚注为尾注，且放到每章之后，并对尾注的编号应用[1],[2],[3]…的格式。

⑩ 在论文页面底部中间位置添加页码，要求封面没有页码，目录页使用罗马数字Ⅰ,Ⅱ,Ⅲ,…的格式，从摘要开始使用 1,2,3,…的格式，页码都是从 1 开始。

⑪ 为文档正文（第 1 章~第 7 章）添加页眉，页眉内容能够自动引用页面所在章的标题和编号、且居中显示。

⑫ 在文档封面页的标题文字"目录"下方插入文档目录，要求"摘要"、"参考文献"和"致谢"也体现在目录中，且和"标题 1"同级别。

2. 在某旅行社就职的小许为了开发德国旅游业务，在 Word 中整理了介绍德国主要城市的文档，按照如下要求帮助他对这篇文档进行完善。

① 打开素材文件 Word.docx。

② 修改文档的页边距，上、下为 2.5 厘米，左、右为 3 厘米。

③ 将文档标题"德国主要城市"设置为如下格式：

字体	微软雅黑，加粗
字号	小初
对齐方式	居中
文本效果	填充–橄榄色，着色 3，锋利棱台
字符间距	加宽，6 磅
段落间距	段前间距：1 行；段后间距：1.5 行

④ 将文档第 1 页中的绿色文字内容转换为 2 列 4 行的表格，并进行如下设置（效果可参考"操作题 2"文件夹下的"表格效果.png"示例）：

a. 设置表格居中对齐，表格宽度为页面的 80%，并取消所有的框线；

b. 使用"操作题 2"文件夹下的图片"项目符号.png"作为表格中文字的项目符号，并设置项目符号的字号为小一；

c. 设置表格中的文字颜色为黑色，字体为方正姚体，字号为二号，其在单元格内"中部两端对齐"，并左侧缩进 2.5 字符；

d. 修改表格中内容段落的中文版式，将文本对齐方式调整为居中对齐；

e. 在表格的上、下方插入恰当的横线作为修饰；

f. 在表格下方的横线后插入分页符，使得正文内容从新的页面开始。

⑤ 为文档中所有红色文字内容应用新建的样式，样式名称为城市名称要求如下（效果可参考"城市名称.png"示例）：

字体	微软雅黑，加粗
字号	三号
字体颜色	深蓝,文字 2
段落格式	段前、段后间距为 0.5 行，行距为固定值 18 磅，并取消相对于文档网格的对齐；设置与下段同页，大纲级别为 1 级
边框	边框类型为方框，颜色为"深蓝,文字 2"，左框线宽度为 4.5 磅，下框线宽度为 1 磅，框线紧贴文字（到文字间距磅值为 0），取消上方和右侧框线
底纹	填充颜色为"蓝色,个性色 1,淡色 80%"，图案样式为"5%"，颜色为自动

⑥ 为文档正文中除了蓝色的所有文本应用新建立的样式，样式名称为城市介绍，要求如下：

字号	小四
段落格式	两端对齐，首行缩进 2 字符，段前、段后间距为 0.5 行，并取消相对于文档网格的对齐

⑦ 取消标题"柏林"下方蓝色文本段落中的所有超链接，并按如下要求设置格式（效果可参考"柏林一览.png"示例）：

设置并应用段落制表位	8 字符，左对齐，第 5 个前导符样式
	18 字符，左对齐，无前导符
	28 字符，左对齐，第 5 个前导符样式
设置文字宽度	将第 1 列文字宽度设置为 5 字符；将第 3 列文字宽度设置为 4 字符

⑧ 将标题"慕尼黑"下方的文本"Muenchen"修改为"München"。

⑨ 在标题"波茨坦"下方，显示名为"会议图片"的隐藏图片。

⑩ 为文档设置"阴影"型页面边框，以及恰当的页面颜色，保存"Word.docx"文件。

⑪ 将"Word.docx"文件另存为"笔画顺序.docx"到"操作题 2"文件夹；在"笔画顺序.docx"文件中，将所有的城市名称标题（包含下方的介绍文字）按照笔画顺序升序排列，并删除该文档第一页中的表格对象。

3. 打开"操作题 3"文件夹中的"北京政府统计工作年报.docx"文档，按照题目要求完成下面的操作，完成后按原文件名保存。

① 将文档中的西文空格全部删除。

② 将纸张大小设为 16 开，上边距设为 3.2 厘米、下边距设为 3 厘米，左右页边距均设为 2.5 厘米。

③ 利用素材前三行内容为文档制作一个封面页，令其单独占用一页（参考样例见"操作题 3"文件夹中的 "封面样例.png"文件）。

④ 将标题"（三）咨询情况"下用蓝色标出的段落部分转换为表格，为表格套用一种表格样式使其更加美观。基于该表格数据，在表格下方插入一个饼图，用于反映各种咨询形式所占比例，要求在饼图中仅显示百分比。

⑤ 将文档中以 "一、"、"二、"……开头的段落设为 "标题 1"样式；以 "（一）"、"（二）"……

开头的段落设为"标题2"样式；以"1、"、"2、"……开头的段落设为"标题3"样式。

⑥ 为正文第 3 段中用红色标出的文字"统计局队政府网站"添加超链接，链接地址为"http://www.bjstats.gov.cn/"。同时在"统计局队政府网站"后添加脚注，内容为"http://www.bjstats.gov.cn"。

⑦ 将除封面页外的所有内容分为两栏显示，但是前述表格及相关图表仍需跨栏居中显示，无须分栏。

⑧ 在封面页与正文之间插入目录，目录要求包含标题第 1 ~ 3 级及对应页号。目录单独占用一页，且无须分栏。

⑨ 除封面页和目录页外，在正文页上添加页眉，内容为文档标题"北京市政府信息公开工作年度报告"和页码，要求正文页码从"1"开始，其中奇数页页眉居右显示，页码在标题右侧，偶数页页眉居左显示，页码在标题左侧。

第**5**章

文档审阅与邮件合并

多人处理同一文档时，可能需要彼此之间对文档内容的变更状况做一个解释，因此审阅、跟踪文档的修订状况是最重要的环节之一，可以及时了解其他用户更改了文档的哪些内容，以及为何要进行这些更改。

编辑文档时，通常会碰到文档的主体内容相同，只是一些具体的细节文本稍有变化，如录取通知书、准考证、邀请函等。Word 提供了强大的邮件合并功能，可以快速、准确地完成一些重复性的工作。

5.1 审阅与修订文档

用户可以通过审阅窗格来快速对比、查看、合并同一文档的多个修订版本。

5.1.1 修订文档

在修订状态下修改文档时，Word 应用程序将跟踪文档中所有内容的变化状况，同时会把当前文档中修改、删除、插入的每一项内容都标记下来。

1．开启修订状态

默认情况下，修订处于关闭状态。若要开启修订并标记修订过程，应执行以下操作：

① 打开要修订的文档，单击"审阅"→"修订"组中"修订"按钮，使其处于按下状态，当前文档即进入修订状态，如图 5-1 所示。

图 5-1　开启文档修订状态

② 修订状态下对文档进行修改，文档内容会通过颜色和下画线标记下来，所有修订动作均会在修订任务窗格中进行记录，如图 5-2 所示。

2．更改修订选项

当多人同时参与同一文档的修订时，可以通过不同的颜色来区分不同的修订内容，从而避免多人参与文档修订而造成的混乱局面。对修订样式进行自定义设置的操作步骤如下：

① 单击"审阅"→"修订"组中右下角的"对话框启动器"按钮，打开"修订选项"对话框，如图 5-3 所示。

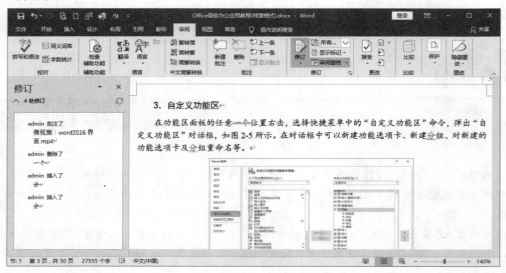

图 5-2　对当前文档进行修订

② 用户可以根据自己的浏览习惯和具体需求设置修订内容的显示情况。单击"高级选项"按钮，打开"高级修订选项"对话框，如图 5-4 所示，用户可以根据实际需要，对相应选项进行设置，如批注和修订标记的颜色、边框、大小等。单击"更改用户名"按钮，进入 Office 后台视图，在"用户名"文本框中输入新用户名即可。

③ 单击"确定"按钮完成设置。

图 5-3　"修订选项"对话框

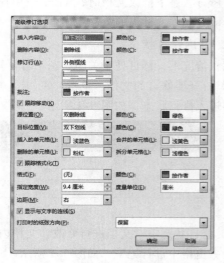

图 5-4　"高级修订选项"对话框

3. 退出修订状态

当文档处于修订状态时，再次单击"审阅"→"修订"组中"修订"按钮，使其恢复弹起状态，即可退出文档修订状态。

5.1.2 添加批注

多人审阅同一文档时，彼此之间对文档内容变更情况需做一个解释，或者互相询问一些问题，此时就可以在文档中插入"批注"信息。"批注"与"修订"的不同之处在于，"批注"不在原文的基础上进行修改，而是在文档页面的空白处添加相关的注释信息。

1. 添加批注

文档中添加批注的操作步骤如下：

① 选择要添加批注的文本内容，单击"审阅"→"批注"组中"新建批注"按钮。

② 选中的文本背景将被填充颜色，旁边为批注框，直接在批注框中输入批注内容，再单击批注框外的任意区域，即可完成添加批注操作，如图 5-5 所示。

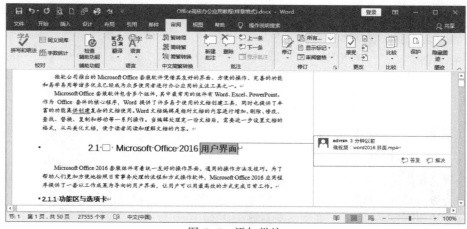

图 5-5 添加批注

2. 查看批注

添加批注后，将鼠标指针移至文档中添加了批注的对象上，鼠标指针附近会出现批注者姓名、批注时间和内容的浮动窗口。

单击"审阅"→"批注"组中"上一条"或"下一条"按钮，可使光标在批注之间移动，便于查看文档中的所有批注。

3. 删除批注

可以选择性地进行单个或多个批注的删除，也可以一次性删除所有批注，根据删除对象的不同，方法也有所不同，操作步骤如下：

① 将光标置于批注框内或批注文本内容范围内。

② 单击"审阅"→"批注"组中"删除"按钮，在下拉列表中选择"删除"命令则删除当前的批注，若选择"删除文档中的所有批注"命令则删除所有批注。若要删除特定审阅者的批注，则单击"修订"组中"显示标记"按钮，下拉列表中选择"特定人员"，在其子菜单中取消对"所有审阅者"复选框的选择，单击某"审阅者"，此时只显示该审阅者的批注。将光标定位任意一处批注，单击"批注"组中"删除"按钮，在下拉列表中选择"删除所有显示的批注"命令则删除指定审阅者的批注。

5.1.3 审阅修订和批注

文档修订完成后，用户需要对文档的修订和批注状况进行最后审阅，根据需要对修订内容进行接受或拒绝处理，确定出最终的文档版本。审阅修订和批注的操作步骤如下：

① 单击"审阅"→"更改"组中"上一处"或"下一处"按钮，即可定位到文档中的修订或批注内容。

② 对于修订信息，可以单击"更改"组中"接受"或"拒绝"按钮，如果要接受所有修订，可以单击"更改"组中"接受"按钮，下拉列表中选择"接受所有修订"命令，如图 5-6 所示；如果要拒绝对当前文档做出的所有修订，可以单击"更改"组中"拒绝"按钮，下拉列表中选择"拒绝所有修订"命令，如图 5-7 所示。

③ 对于批注信息可以单击"批注"组中"删除"按钮删除当前批注。

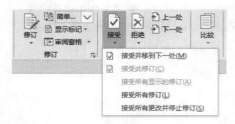

图 5-6 接受修订的方式

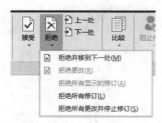

图 5-7 拒绝修订的方式

> **提示**
>
> 接受修订选择不同的命令则产生不同的编辑效果：
> ① "接受并移到下一处"：表示接受当前这条修订操作并自动移到下一条修订上。
> ② "接受此修订"：表示接受当前这条修订操作。
> ③ "接受所有显示的修订"：表示接受指定审阅者所做的修订操作。
> ④ "接受所有修订"：表示接受文档中所有的修订操作。
> ⑤ "接受所有更改并停止修订"：表示接受当前所有的修订操作，并退出修订状态。
> 对应的拒绝修订命令与接受修订命令作用相反。

5.2 管理与共享文档

Word 文档中，除了修订和批注外，通过"审阅"选项卡的"拼写和语法""字数统计""简繁转换"等功能也可对文档进行一些常见的管理工作。

5.2.1 拼写与语法

在编辑文档时，经常会因为疏忽而造成一些错误，难以保证输入文本的拼写和语法完全正确。Word 2016 的拼写和语法功能开启后，将自动在其认为有错误的字句下面加上波浪线，从而起到提醒作用。如果出现拼写错误，则用红色波浪线进行标记；如果出现语法错误，则用蓝色波浪线进行标记。

扫一扫

拼写与语法

开启拼写和语法检查功能的操作步骤如下：

① 打开 Word 文档，单击"文件"选项卡，打开 Office 后台视图。

② 选择"选项"命令。

③ 打开"Word 选项"对话框，切换到"校对"选项卡。

④ "在 Word 中更正拼写和语法时"选项区域中勾选"键入时检查拼写"和"键入时标记语法错误"复选框，如图 5-8 所示。另外，还可以根据具体情况，选中"随拼写检查语法"等其他复选框，设置相关功能。

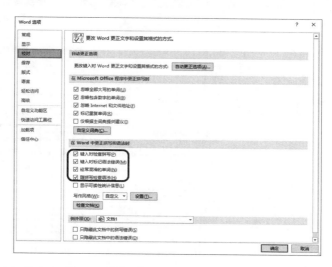

图 5-8　设置自动拼写和语法检查功能

⑤ 单击"确定"按钮，拼写和语法检查功能的开启设置完成。

拼写和语法检查功能的使用十分简单，单击"审阅"→"校对"组中"拼写和语法"按钮，打开"拼写和语法"任务窗格，然后根据具体情况进行忽略或更改等操作即可。

5.2.2　比较与合并文档

文档经过最终审阅后，用户可以通过 Word 提供的比较功能来查看修订前后两个文档版本的变化情况，并将两个版本最终合并为一个。

1. 比较文档

使用比较功能对文档的不同版本进行比较的操作步骤如下：

① 单击"审阅"→"比较"组中"比较"按钮，在弹出的下拉列表中选择"比较"命令，打开"比较文档"对话框，如图 5-9 所示。

图 5-9　"比较文档"对话框

②"原文档"下拉列表框中通过浏览选择修订前的文件,"修订的文档"下拉列表框中通过浏览选择修订后的文件。也可以通过单击"打开"按钮,在"打开"对话框中分别选择修订前、后的文件。

③ 单击"更多"按钮展开比较选项,可以对比较内容、修订的显示级别和显示位置进行设置。

④ 单击"确定"按钮,Word 将自动对原文档和修订后的文档进行精确比较,并以修订方式显示两个文档的不同之处。默认情况下,比较结果显示在新建的文档中,被比较的两个文档内容不变,如图 5-10 所示。

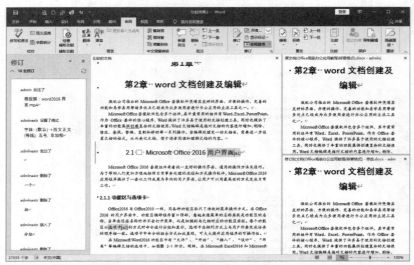

图 5-10　比较后的结果

⑤ 比较文档窗口分 4 个区域,分别显示两个文档的内容、比较的结果及修订摘要。此时可以对比较生成的文档进行审阅操作,单击"保存"按钮可以保存审阅后的文档。

2. 合并文档

合并文档可以将多位作者的修订内容组合到一个文档中,具体操作步骤如下:

① 单击"审阅"→"比较"组中"比较"按钮,在弹出的下拉列表中选择"合并"命令,打开"合并文档"对话框。

②"原文档"下拉列表框中通过浏览选择原始文档,"修订的文档"下拉列表框中通过浏览选择修订后的文件。

③ 单击"确定"按钮,将会新建一个合并结果文档。

④ 在合并结果文档中,审阅修订,决定接受还是拒绝相关修订内容。

⑤ 对合并结果文档进行保存。

5.2.3　删除个人信息

在文档的最终版本确定之后,将文档共享给其他用户之前,利用"文档检查器"工具,可以帮忙查找并删除在 Office 文档中的隐藏数据和个人信息。

删除文档中个人信息的操作步骤如下:

① 打开要检查是否存在隐藏数据或个人信息的 Office 文档,检查前先保存修改。

② 单击"文件"选项卡,打开 Office 后台视图,依次选择"信息"→"检查问题"→"检查文

档"命令，打开"文档检查器"对话框，如图 5-11 所示。

　　③ 选择要检查隐藏内容的类型，单击"检查"按钮。

　　④ 检查完成后，在"文档检查器"对话框中审阅检查结果，并在所要删除的内容类型右侧单击"全部删除"按钮，如图 5-12 所示。

图 5-11　"文档检查器"对话框

图 5-12　审阅检查结果

5.2.4　标记最终状态

标记最终状态

　　Word 文档已经确定修改完成，用户可以为文档标记最终状态来标记文档的最终版本，此操作将文档设置为只读，并禁用相关的内容编辑命令。

　　标记文档的最终状态的操作步骤如下：

　　① 单击"文件"选项卡，打开 Office 后台视图。

　　② 依次选择"信息"→"保护文档"→"标记为最终"命令，如图 5-13 所示。

　　③ 选择"标记为最终"命令完成设置。此时的文档属性变为"只读"，如图 5-14 所示，文档不再允许修改。

图 5-13　标记文档的最终状态

图 5-14　文档编辑受限

5.2.5　与他人共享文档

Word 文档除了可以打印出来供他人审阅外，也可以根据不同的需求通过多种电子化的方式完成共享。

1．通过电子邮件共享文档

如果希望将编辑完成的 Word 文档通过电子邮件方式发送给对方，具体操作步骤如下：

① 单击"文件"选项卡，打开 Office 后台视图。

② 依次单击"共享"→"电子邮件"→"作为附件发送"按钮，如图 5-15 所示。

2．转换成 PDF 文档格式

可以将编辑完成的 Word 文档保存为 PDF 格式，既保证了文档的只读性，又确保了没有部署 Microsoft Office 产品的用户可以正常浏览文档内容。将文档另存为 PDF 文档的操作步骤如下：

① 单击"文件"选项卡，打开 Office 后台视图。

② 依次单击"导出"→"创建 PDF/XPS 文档"→"创建 PDF/XPS"按钮，如图 5-16 所示。

③ 在随后打开的"发布为 PDF 或 XPS"对话框中，输入文件名并选择保存位置后，单击"发布"按钮。

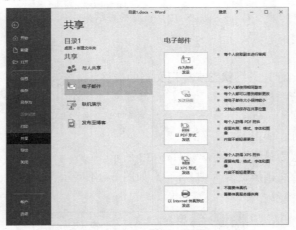

图 5-15　使用电子邮件发送文档　　　　图 5-16　文档发布为 PDF 格式

3．与其他组件共享信息

与 Excel、PowerPoint 等其他 Office 组件共享信息的方法，可参见本书第 2 章中的相关介绍。

5.3　邮　件　合　并

Word 中编辑文档时，通常会遇到一种情况：多个文档内容基本相同，只是具体数据有所变化，如学生的获奖证书、录取通知书、成绩单等。对于这类文档的处理，可以使用 Word 2016 提供的邮件合并功能，直接从源数据处提取数据，将其合并到 Word 文档中，最终自动生成一系列输出文档。

扫一扫

邮件合并

5.3.1　邮件合并基础

要实现邮件合并功能，需首先了解与之相关的一些基本概念以及基本的操作流程。

1．邮件合并的定义

Word 文档的邮件合并可以将一个主文档与一个数据源结合起来，最终生成一系列输出文档。一般完成一个邮件合并任务，需要包含主文档、数据源、合并文档 3 个部分。

2．主文档

主文档是经过特殊标记的 Word 文档，它是用于创建输出文档的"蓝图"。其中包含了基本的文本内容，并设置了符合要求的文档格式。主文档中的文本和图形格式在合并后都固定不变。

3．数据源

数据源实际上是一个数据列表，可以是 Excel 文件、Word 文档、Access 数据库、Outlook 联系人列表等，该文件包含了合并文档各个副本中的数据。把数据源看作一维表格，则其中的每一列对应一类信息，在邮件合并中称为合并域，如成绩表中的学号；其中的每一行对应合并文档某副本中需要修改的信息，如成绩表中某学生的姓名、思想修养成绩、高等数学成绩等信息。完成合并后，该信息被映射到主文档对应的域名处。

4．邮件合并的最终文档

邮件合并的最终文档是一份可以独立存储或输出的 Word 文档，包含了所有的输出结果。最终文档中有些文本内容在每份输出文档中都是相同的，这些相同的内容来自主文档；有些会随着收件人的不同而发生变化，这些变化的内容来自数据源。

邮件合并功能将主文档和数据源合并在一起，形成一系列的最终文档。数据源中有多少条记录，就可以生成多少份最终结果。

5.3.2　邮件合并应用案例

1．案例描述

学期结束时，班主任陈老师遇到了一个难题：学校要求根据已有的文件"各科成绩表．xlsx"，给每位同学制作一份"成绩单"并发送给各自的家长，让家长及时了解孩子在学校的学习情况，样文如图 5–17 所示。成绩单中主要内容基本都是相同的，只是具体数据有变化而已，应该如何解决？

可以灵活运用"邮件合并"功能，不仅操作简单，而且还可以设置各种格式，打印效果好，可以满足许多不同的需求。首先创建成绩单中不变化的内容作为模板，选择"各科成绩表．xlsx"作为数据源，再将成绩单中变化的部分即成绩、学生获奖情况等作为合并域。

2．案例实现过程

具体操作步骤如下：

① 创建主文档（模板文件）。模板文件就是即将输出的界面模板。设计成绩单的内容及版面格式，并预留文档中相关信息的占位符，如图 5–18 所示，以"成绩单模板.docx"为文件名进行保存。

② 创建数据源。采用 Excel 文件格式作为数据源，其中，第 1 行为标题行，其他行为记录行，如图 5–19 所示，并以"各科成绩表.xlsx"为文件名进行保存。

③ 打开已创建好的主文档，单击"邮件"→"开始邮件合并"组中"选择收件人"按钮，在下拉列表中选择"使用现有列表"命令，弹出"选取数据源"对话框。

④ 在对话框中选择已创建好的数据源文件"各科成绩表.xlsx"，单击"打开"按钮。出现"选择表格"对话框，选择数据所在的工作表，默认为 Sheet1，如图 5–20 所示，单击"确定"按钮将自动返回。

2020-2021 学年第 1 学期期末成绩单

学号: **20130101**　　　　姓名: 张小英

科目	成绩	班级平均分
思想修养	90	84.7
大学英语	90	82.3
高等数学	95	83
计算机基础	92	84.7
平均分	91.75	83.68
获奖情况	一等奖奖学金	

图 5-17　成绩单

2020-2021 学年第 1 学期期末成绩单

学号:　　　　　　　　姓名:

科目	成绩	班级平均分
思想修养		84.7
大学英语		82.3
高等数学		83
计算机基础		84.7
平均分		83.68
获奖情况		

图 5-18　成绩单模板

	A	B	C	D	E	F	G	H
1	学号	姓名	思想修养	大学英语	高等数学	计算机基础	平均分	获奖情况
2	20130101	张小英	90	90	95	92	92	一等奖奖学金
3	20130102	李兴	90	80	79	83	83	
4	20130103	陈晓菲	95	76	90	78	85	三等奖奖学金
5	20130104	王丽英	82	82	81	85	83	
6	20130105	黄玉	75	91	85	93	86	二等奖奖学金
7	20130106	刘果	94	84	80	81	85	三等奖奖学金
8	20130107	张明	80	74	70	76	75	
9	20130108	林晓红	88	81	78	86	83	
10	20130109	叶云	70	91	94	93	87	二等奖奖学金
11	20130110	陈小飞	83	74	78	80	79	
12								

Sheet1　Sheet2　Sheet3

图 5-19　Excel 表格

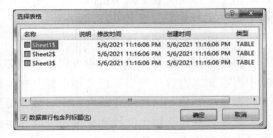

图 5-20　"选择表格"对话框

⑤ 在主文档中选择第一个占位符"学号",单击"邮件"→"编写和插入域"组中"插入合并域"按钮,在弹出的下拉列表中选择要插入的域"学号"。用同样的方法在成绩单的对应位置插入其他的域。所有域插入完成后,成绩单的设置效果如图 5-21 所示。

⑥ 单击"邮件"→"预览结果"组中"预览结果"按钮,将显示主文档和数据源关联后的第一条数据结果。单击查看记录按钮,可逐条显示各记录对应数据源的数据。

⑦ 单击"邮件"→"完成"组中"完成并合并"按钮,在下拉列表中选择"编辑单个文档"命令,将弹出"合并到新文档"对话框,如图 5-22 所示。

2020-2021 学年第 1 学期期末成绩单

学号:《学号》　　　　姓名:《姓名》

科目	成绩	班级平均分
思想修养	《思想修养》	84.7
大学英语	《大学英语》	82.3
高等数学	《高等数学》	83
计算机基础	《计算机基础》	84.7
平均分	《平均分》	83.68
获奖情况	《获奖情况》	

图 5-21　插入合并域后的效果

图 5-22　"合并到新文档"对话框

课后习题 5

一、思考题

1. 批注和修订分别有什么功能？

2. 在 Word 中，如何删除个人信息？

3. 邮件合并的功能是什么？ 简要描述邮件合并的关键步骤。

二、操作题

1. 培训部小郑正在为本部门报考会计职称的考生准备相关通知及准考证，利用提供的相关素材，按下列要求帮助小郑完成文档的编排。

① 打开素材文档 "准考证.docx"，参照图片 "准考证示例.png" 制作准考证主文档，具体制作要求如下：

a. 准考证表格整体水平、垂直方向均位于页面的中间位置。

b. 表格宽度根据页面窗口自动调整，为表格添加任一图案样式的底纹，以不影响阅读其中的文字为宜。

c. 适当加大表格第一行中标题文本的字号、字符间距。

d. "考生须知" 四字竖排且水平、垂直方向均在单元格内居中，"考生须知" 下包含的文本自动编号排列。

② 为指定的考生每人生成一份准考证，要求如下：

a. 在主文档 "准考证.docx" 中，将表格中的红色文字替换为相应的考生信息，考生信息保存在 Excel 文档 "考生名单.xlsx" 中。

b. 标题中的考试级别信息根据考生所报考科目自动生成："考试科目" 为 "高级会计实务" 时，考试级别为 "高级"，否则为 "中级"。

c. 在考试时间栏中，令中级 3 个科目名称（素材中蓝色文本）均等宽占用 6 个字符宽度。

d. 表格中的文本字体均采用 "微软雅黑"、黑色，并选用适当的字号。

e. 在 "贴照片处" 插入考生照片（提示：只有部分考生有照片），要求插入的照片保持原图片大小。

f. 为所属 "门头沟区" 且报考中级全部 3 个科目（中级会计实务、财务管理、经济法）或报考高级科目（高级会计实务）的考生每人生成一份准考证，并以 "个人准考证.docx" 为文件名保存，同时保存主文档 "准考证.docx" 的编辑结果。

③ 打开素材文档 Word.docx 制作有关考试事项的通知：

a. 将文档中的所有手动换行符（软回车）替换为段落标记（硬回车）。

b. 在文号与通知标题之间插入高 2 磅、宽 40%、标准红色、居中排列的横线。

c. 用文档 "样式模板.docx" 中的样式 "标题、标题 1、标题 2、标题 3、正文、项目符号、编号" 替换本文档中的同名样式。

d. 参考图片 "流程图示例.png"，将文档中的蓝色文本转换为 SmartArt 流程图，并更改其颜色及样式。

e. 将文档最后的两个附件标题分别超链接到同文件夹下的同名文档。修改超链接的格式，使其访问前为标准紫色，访问后变为标准红色。

　　f. 在文档的最后以图标形式将"个人准考证.docx"嵌入当前文档中，任何情况下单击该图标即可开启相关文档。

　　2. 公积金管理中心文员小谢负责整理相关文件并下发各部门，利用提供的相关素材，按下列要求帮助小谢完成文件的修订与编排。

　　① 打开"操作题 2"文件夹下的"Word 素材_1.docx"，将其另存为"Word1.docx"。

　　a. 按下列要求改变 Word1.docx 的页面布局：纸张大小 A4，对称页边距，上边距 2.5 厘米、下边距 2 厘米，内侧边距 2.5 厘米、外侧边距 2 厘米，装订线 1 厘米，页眉页脚距边界均为 1.5 厘米。

　　b. 为文档中的红色文本段落应用样式"标题 1"、绿色文本段落应用样式"标题 2"。

　　c. 按下述所列要求将原文中的手动纯文本编号分别替换为自动编号：

原编号内容	替换为自动编号	要求
第一章、第二章、第三章……	第一章、第二章、第三章……，编号与后续文本间仅以一个西文空格分隔，编号位置为左侧对齐 0 厘米、文本缩进 0 厘米	自动编号与原文对照一致，即每个标题 1 样式下的章、条均自编号一开始
第一条、第二条、第三条……	第一条、第二条、第三条……，编号与后续文本间仅以一个西文空格分隔，编号位置为左侧对齐 0.75 厘米、文本缩进 0 厘米	

　　d. 将原文中重复的手动纯文本编号第一章、第二章……第十二章；第一条、第二条……第四十九以及其右侧的两个空格删除。

　　e. 设置页眉：在页眉中间位置插入当前页所属标题 1 的标题内容，在页面的右边距内插入格式为"圆（右侧）"、自 1 开始的连续页号，位置在水平、垂直方向上均相对于外边距居中排列。

　　f. 保存并关闭编辑完成的文档 Word1.docx。

　　② 打开"操作题 2"文件夹下的"Word 素材_2.docx"，将其另存为"Word2.docx"。

　　a. 保证文档中的编辑标记处于显示状态。

　　b. 将文中的手动换行符替换为段落标记并删除文中的所有空行（文档尾部的空行除外）。

　　c. 删除页眉中的所有内容及格式。

　　d. 为文档添加内容"公开"，字体为微软雅黑、斜式的文字水印。

　　e. 在"附件:"右侧的蓝色文本处插入图标"buffon.gif"，并适当调整该图片的大小。

　　③ 以 Word2.docx 为源文档，按照下列要求将整理好的通知文件发送给各个单位：

　　a. 各个单位的信息存放在 Excel 文档"业务网点.xlsx"中，其中"地图"列中仅显示图片的文件名为序号 01、02……，图片文件的扩展名均为.jpg。例如，"方庄管理部"地图图片的完整文件名为"04.jpg"。每个单位的地图存放在与"业务网点.xlsx"文档相同的"操作题 2"文件夹下。

　　b. 将文档 Word1.docx 链接到图标"buffon.gif"上，并添加屏幕提示文字"单击打开附件"。

　　c. 在 Word2.docx 的开始处以及最后的"联系信息确认"部分的蓝色文字标注的位置插入业务网点信息；当地图的图片文件为空时，跳过该单位不发通知，最后生成 19 份独立的通知文档，每份文档占用一页，以"通知.docx"为文件名保存于"操作题 2"文件夹下。

　　d. 最后保存源文档 Word2.docx。

3. 打开"操作题 3"文件夹下的 Word.docx 文档，完成如下要求：

① 将文档中"会议议程："段落后的 7 行文字转换为 3 列、7 行的表格，并根据窗口大小自动调整表格列宽。

② 为制作完成的表格套用一种表格样式，使表格更加美观。

③ 为了可以在以后的邀请函制作中再利用会议议程内容，将文档中的表格内容保存至"表格"部件库，其命名为"会议议程"。

④ 将文档末尾处的日期调整为可以根据邀请函生成日期而自动更新的格式，日期格式显示为"2014 年 1 月 1 日"。

⑤ 在"尊敬的"文字后面，插入拟邀请的客户姓名和称谓。拟邀请的客户姓名在"通讯录.xlsx"文件中，客户称谓则根据客户性别自动显示为"先生"或"女士"，例如"范俊弟（先生）"、"黄雅玲（女士）"。

⑥ 每位客户的邀请函占一页内容，且每页邀请函中只能包含一位客户姓名，所有的邀请函页面另外保存在一个名为"Word-邀请函.docx"文件中。如果需要，删除"Word-邀请函.docx"文件中的空白页面。

⑦ 本次会议邀请的客户均来自台资企业，因此，将"Word-邀请函.docx"中的所有文字内容设置为繁体中文格式，以便于客户阅读。

⑧ 文档制作完成后，分别保存"Word.docx"文件和"Word-邀请函.docx"文件。

第 **6** 章

Excel 制表基础与数据共享

Microsoft Office 的主要组件 Excel 电子表格是一款功能强大的电子表格处理软件，它广泛地应用于日常生活与工作中。在 Excel 电子表格中用户可以利用基本功能进行数据输入，可以利用丰富的公式函数进行数据计算，可以利用排序、筛选、分类汇总、数据透视表、合并计算等功能进行数据的统计分析，还可以利用多种类型的图表直观形象地将枯燥的数据展现出来。

本章介绍了 Excel 2016 的制表基础和数据共享操作，包括工作簿与工作表的基本操作、工作表的数据输入和编辑、单元格格式设置、工作表的修饰、宏的使用、获取外部数据、数据链接与共享等。

6.1 数据的输入和编辑

Excel 2016 提供数值、文本、日期和时间等多种类型的数据输入和编辑，这些数据的输入和编辑是表格数据进行计算、统计、分析的前提和基础。

6.1.1 常用术语

1．工作簿

Excel 电子表格文件称为工作簿，一个工作簿可以包含多张工作表。在 Excel 2016 中，工作簿文件的扩展名为.xlsx，默认情况下显示一张工作表，以 Sheet1 命名。

2．工作表

Excel 工作表由行和列构成，以数字 1、2、3…表示行号，以大写英文字母 A、B、C…表示列标，如图 6–1 所示。

3．单元格

Excel 单元格是 Excel 中最小的操作对象，默认情况下单元格以其列标与行号的组合表示，即单元格的名称，如图 6–1 中选中的单元格名称为 H9。通过单击鼠标左键选定的单元格称为活动单元格，如图 6–1 中的单元格 H9。

4．名称框

Excel 的名称框用于显示当前活动单元格或者单元格区域的名称，其位置在工作表的左上方，如图 6–1 所示。

5．编辑栏

Excel 的编辑栏可以用于显示和编辑当前活动单元格的内容，如图 6-1 所示。当单元格内容比较长时有可能被下一个单元格覆盖，无法完全显示，这时候可以通过编辑栏查看单元格的全部内容并进行编辑。

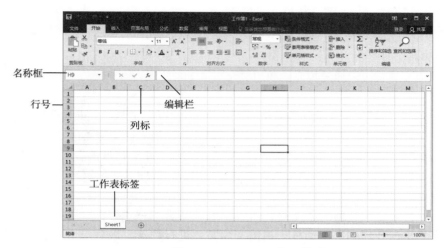

图 6-1　Excel 2016 窗口界面

6.1.2　数据输入

在 Excel 中输入数据，通常应该首先选择需要输入数据的单元格，然后输入数据，最后按【Enter】键或单击编辑栏左侧的"输入"按钮 ✓ 即完成输入。Excel 包含多种类型的数据，例如：数值、文本、日期、分数等。

1．数值

在 Excel 中输入数字后按【Enter】键，Excel 将自动判断为数值，数值数据自动右对齐。数值可以直接进行四则运算。

2．文本

Excel 中文本由汉字、字母、数字及各种符号组成，通常输入后按【Enter】键，Excel 将自动判断为文本，文本数据自动左对齐。

> **提示**
>
> 有一类文本比较特殊，这类文本全部是由数字构成，如序号、身份证号等，输入时首先在单元格中输入一个西文字符单撇号"'"，然后再输入数字。例如：输入序号 0123，在单元格中应该输入"'0123"。

3．日期

在 Excel 中输入日期，可以用西文字符"/"或"-"分隔日期中的年月日，例如：表示日期 2021 年1 月 1 日，可以在单元格内输入"2021/1/01"或"2021-1-01"。

4．分数

Excel 中输入分数，为了与文本、日期区分，输入时首先在单元格中输入数字 0，然后再输入一个空格，最后输入分数。例如：表示分数 1/2，应该在单元格内输入"0　1/2"。

6.1.3　数据自动填充

在 Excel 中利用自动填充功能输入数据，可以实现数据快速、准确的输入，提高数据输入的效率。

1．序列自动填充

Excel 序列自动填充通常可以通过填充柄和"填充"命令来实现。

（1）填充柄

在 Excel 2016 中，利用填充柄（活动单元格右下角的绿色小方块 ▭ ）进行序列自动填充，首先选择存放序列第一个数据的单元格，然后将光标移至填充柄，当光标变为黑色"+"号时按下鼠标左键，最后沿着填充方向拖动填充柄即可。填充完成后松开鼠标，填充区域的右下角会出现"自动填充选项"图标 ▣ ，单击该图标，可以更改所选数据的填充方式，如图 6-2 所示。

（2）"填充"命令

首先选择存放序列第一个数据的单元格，然后单击"开始"→"编辑"组中"填充"→"序列"命令，接着在弹出的"序列"对话框中根据实际需要进行设置，最后单击"确定"按钮，如图 6-3 所示。

图 6-2　"自动填充选项"下拉列表

图 6-3　"序列"对话框

2．内置序列填充

Excel 中存在一部分系统自定义的可以直接使用的序列，这类序列称为内置序列，如"一月、二月、三月……"、"星期一、星期二、星期三……"等，如图 6-4 所示。这类序列，只需要在单元格内输入序列的任意项，拖动填充柄即可完成序列填充。

图 6-4　内置序列

3．自定义序列填充

Excel 中对于系统未定义而用户又需要经常使用的序列，用户可以自定义序列，以便实现这类序列的快速输入。如何进行自定义序列呢？首先选择"文件"→"选项"命令，然后在弹出的"Excel 选项"对话框中单击"高级"标签，拖动右侧的滚动条至"常规"栏，如图 6-5 所示，接着单击"编辑自定义序列表"按钮，弹出"自定义序列"对话框，如图 6-6 所示，在右侧"输入序列"框中输入自定义的序列，最后单击"确定"按钮即可完成自定义序列的添加。如果需要删除已添加的自定义序列，首先选择左侧"自定义序列"框中需要删除的自定义序列，然后单击"删除"按钮。

自定义序列的填充方法与内置序列相同，不再重复。

图 6-5　"Excel 选项"对话框

图 6-6　"自定义序列"对话框

4. 公式填充

Excel 中的公式也可以进行填充。首先选择第一个单元格输入公式，然后拖动单元格的填充柄即可实现公式的填充。

5. 快速填充

Excel 2016 中的快速填充可以根据已有数据示例中的模式进行自动填充，是一种更为智能的填充。Excel 2016 中的快速填充功能可以帮助用户实现单元格数据的批量提取、批量合并、更换顺序等效果，给用户带来更为高效的体验。

（1）批量提取

Excel 2016 中的快速填充功能可以实现对表格数据的批量提取。

例 6-1　在如图 6-7 所示的表格数据中，分别提取班级和姓名信息。

具体操作步骤如下：

① 在 B2 单元格内输入"1 班"。

② 选择填充的单元格区域 B2:B7。

③ 选择"开始"→"编辑"组中"填充"→"快速填充"命令，完成提取，如图 6-7 所示。姓名信息的提取类似，不再重复。

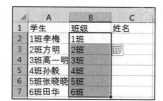

（a）原数据　　　　　　（b）选择填充区域　　　　　　（c）"班级"列填充

图 6-7　快速填充的批量提取

（2）批量合并

Excel 2016 中的快速填充功能可以实现对表格数据的批量合并。

例 6-2 在图 6-8 所示的表格数据中，将两列数据合并起来。

具体操作步骤如下：

① 在 C2 单元格内输入"1 日晴"。

② 选择填充的单元格区域 C2:C7。

③ 选择"开始"→"编辑"组中"填充"→"快速填充"命令，完成两列数据的合并，如图 6-8 所示。

（a）原数据　　　　　　　（b）选择填充区域　　　　　　　（c）填充效果

图 6-8　快速填充的批量合并

（3）批量提取并合并

Excel 2016 中的快速填充功能可以实现对表格数据批量提取的同时将不同列的数据批量合并。

例 6-3 在图 6-9 所示的表格数据中，在"城市天气情况"列中将"城市"列的汉字部分提取出来，与日期、天气两列数据合并。

具体操作步骤如下：

① 在 D2 单元格内输入"福州 1 日晴"。

② 选择填充的单元格区域 D2:D7。

③ 选择"开始"→"编辑"组中"填充"→"快速填充"命令，完成数据的提取合并，如图 6-9 所示。

扫一扫

例6-3

（a）原数据　　　　　　　（b）选择填充区域　　　　　　　（c）填充效果

图 6-9　快速填充的批量提取并合并

（4）更换顺序

Excel 2016 中的快速填充功能可以实现对表格数据顺序的批量更换。

例 6-4 在例 6-3 的 E 列中将"城市天气情况"列中的数据顺序进行调整，如图 6-10 所示。

具体操作步骤如下：

① 在 E2 单元格内输入"1 日晴福州"。

② 选择填充的单元格区域 E2:E7。

③ 选择"开始"→"编辑"组中"填充"→"快速填充"命令，完成数据顺序的更换。

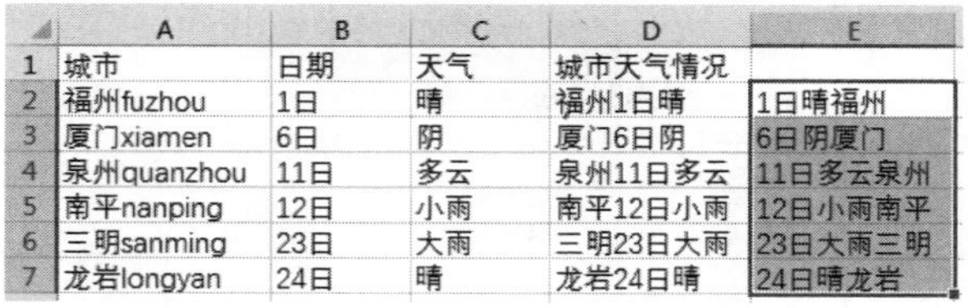

	A	B	C	D	E
1	城市	日期	天气	城市天气情况	
2	福州fuzhou	1日	晴	福州1日晴	1日晴福州
3	厦门xiamen	6日	阴	厦门6日阴	6日阴厦门
4	泉州quanzhou	11日	多云	泉州11日多云	11日多云泉州
5	南平nanping	12日	小雨	南平12日小雨	12日小雨南平
6	三明sanming	23日	大雨	三明23日大雨	23日大雨三明
7	龙岩longyan	24日	晴	龙岩24日晴	24日晴龙岩

图 6-10　快速填充的批量更换顺序

6.1.4　数据验证

在 Excel 中利用数据验证功能可以实现对输入数据的限定，输入错误时系统会自动发出警告，从而保证数据输入的准确性，防止误输入。

具体操作步骤如下：

① 选择需要限定的单元格。

② 单击"数据"→"数据工具"组中"数据验证"按钮，弹出如图 6-11 所示的"数据验证"对话框，根据需要指定数据验证的控制条件即可。

1．限定输入设置

"数据验证"对话框中的"设置"选项卡用来设置验证条件，即根据需要对输入的内容进行限定。

（1）限定数值范围

图 6-11　"数据验证"对话框

数据验证可以指定输入数值的范围，如整数和小数的取值范围、日期和时间的开始结束范围等。例如：对输入的成绩限定为取值范围是 0~100 之间的整数。

（2）限定文本长度

数据验证可以指定输入文本的长度，如学号长度、姓名长度等。

（3）限定重复输入

数据验证可以通过构建条件来限定输入重复的数据，如不能输入重复的身份证号。

（4）限定序列输入

数据验证可以限定输入的数据为指定的序列。

例 6-5　在图 6-12 所示的表格中，"天气"列中仅能输入文本"晴"、"阴"、"多云"、"小雨"或"大雨"。

扫一扫

具体操作步骤如下：

① 首先选择单元格区域 C2:C7，然后单击"数据"→"数据工具"组中"数据验证"按钮，弹出"数据验证"对话框。

例6-5

② 首先单击"设置"选项卡，然后从"允许"下拉列表中选择序列命令，接着在"来源"文本框中输入序列值：晴,阴,多云,小雨,大雨，如图 6-12 所示。

ⓘ 提示

序列中的每个值之间用西文字符逗号分隔。

（a）原数据　　　　　　（b）序列设置　　　　　　（c）输入效果

图 6-12　限定序列输入

2．输入信息提示

"数据验证"对话框中的"输入信息"选项卡可以用来设置单元格的输入提示信息，如图 6-13 所示。

（a）"输入信息"选项卡　　　　　　（b）显示效果

图 6-13　输入信息提示

3．出错警告提示

"数据验证"对话框中的"出错警告"选项卡可以用来设置单元格输入错误时的警告提示信息，如图 6-14 所示。

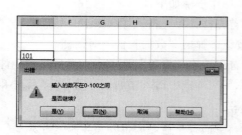

（a）"出错警告"选项卡　　　　　　（b）显示效果

图 6-14　出错警告提示

4．输入法模式设置

"数据验证"对话框中的"输入法模式"选项卡可以用来设置单元格数据输入时的输入法。

6.1.5　数据编辑

1．修改数据

在 Excel 中修改数据，可以双击单元格进入编辑状态，直接在单元格中修改数据；还可以单击单元格，然后在编辑栏中修改数据。

2．删除数据

在 Excel 中删除数据，可以选择需要删除数据的单元格或单元格区域，然后按【Delete】键；还可以选择需要删除数据的单元格或单元格区域，然后选择"开始"→"编辑"组中"清除"→"全部清除"命令。

6.2　单元格和工作表修饰

为了使 Excel 表格数据能够更加清晰地表达出来，提高表格的可读性，需要对单元格和工作表进行格式化。

6.2.1　单元格操作

1．选择单元格

单个单元格：单击鼠标左键选择单元格。

多个连续的单元格：可以按下鼠标左键不放，拖动鼠标选择；还可以先选择数据区域的第一个单元格，然后按下【Shift】键不放再单击选择数据区域的最后一个单元格。

多个不连续的单元格：首先选择数据区域的第一个单元格，然后按下【Ctrl】键不放再单击选择数据区域的其他单元格。

2．单元格操作

首先选择对应的单元格，选择"开始"→"单元格"组中"插入"或"删除"→"插入单元格"或"删除单元格"命令。

6.2.2　行、列操作

1．选择行、列

单行或单列：单击行号或列标。

连续的多行或多列：鼠标在行号或列标上拖动选择连续的多行或多列。

不连续的多行或多列：按下【Ctrl】键不放，再单击选择不连续的多行或多列。

2．行、列操作

插入行列：首先选择对应的单元格，然后选择"开始"→"单元格"组中"插入"→"插入工作表行"或"插入工作表列"命令。

删除行列：首先选择对应的单元格，然后选择"开始"→"单元格"组中"删除"→"删除工作表行"或"删除工作表列"命令。

调整行高、列宽：首先选择对应的行或列，然后选择"开始"→"单元格"组中"格式"→"行高"或"列宽"命令，在弹出"行高"或"列宽"对话框中输入确定的值。

自动调整行高、列宽：首先选择对应的行或列，然后选择"开始"→"单元格"组中"格式"→"自动调整行高"或"自动调整列宽"命令。

隐藏行、列：首先选择对应的行或列，然后右击，在弹出的快捷菜单中选择"隐藏"命令。

取消隐藏行、列：首先选择对应的行或列，然后右击，在弹出的快捷菜单中选择"取消隐藏"命令。

6.2.3 单元格格式设置

单元格格式包括单元格的数字、对齐、字体、边框、填充和保护。单元格格式设置具体的操作方法：首先选择设置的单元格，然后选择"开始"→"单元格"组中"格式"→"设置单元格格式"命令，弹出"设置单元格格式"对话框，如图 6-15 所示；或者右击设置的单元格，在弹出的快捷菜单中选择"设置单元格格式"命令，弹出"设置单元格格式"对话框。

图 6-15 "设置单元格格式"对话框

1. "数字"选项卡

在"设置单元格格式"对话框中选择"数字"选项卡，如图 6-15 所示，可以设置常规、数值、货币、日期等多种数据格式。

例 6-6 单元格显示的日期为"2021/1/1"，要求显示日期的同时能够显示日期对应的星期几。

具体操作步骤如下：

① 右击需要设置的单元格，在弹出的快捷菜单中选择"设置单元格格式"命令，弹出"设置单元格格式"对话框。

② 首先选择"数字"选项卡，然后在"分类"列表框中选择"自定义"，类型文本框中会显示当前单元格的数字类型，接着在类型文本框字符尾部添加"aaaa"，如图 6-16 所示。

（a）"自定义"分类　　　　　　　　　　（b）自定义日期格式

图 6-16　自定义格式

2. "对齐"选项卡

在"设置单元格格式"对话框中选择"对齐"选项卡，如图 6-17（a）所示，可以设置单元格内容的对齐方式。

3. "字体"选项卡

在"设置单元格格式"对话框中选择"字体"选项卡，如图 6-17（b）所示，可以设置单元格文字的字体格式。

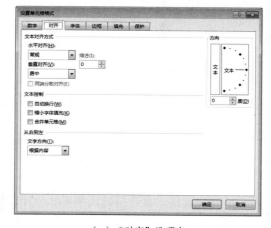 

（a）"对齐"选项卡　　　　　　　　　　（b）"字体"选项卡

图 6-17　"对齐"和"字体"选项卡

4. "边框"选项卡

在"设置单元格格式"对话框中选择"边框"选项卡，如图 6-18（a）所示，可以设置单元格的边框格式。

5. "填充"选项卡

在"设置单元格格式"对话框中选择"填充"选项卡，如图 6-18（b）所示，可以设置单元格的背景色、图案颜色、图案样式等。

（a）"边框"选项卡

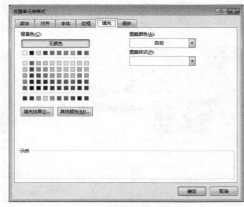
（b）"填充"选项卡

图 6-18　"边框"和"填充"选项卡

6. "保护"选项卡

在"设置单元格格式"对话框中选择"保护"选项卡，如图 6-19 所示，可以设置单元格的锁定和隐藏，可以防止单元格内容被误删除或更改。

图 6-19　"保护"选项卡

6.2.4　套用表格格式

Excel 表格除了可以手动设置格式外，还可以使用 Excel 中内置的大量表格样式和单元格样式快速地进行格式化。

1. 套用表格格式

Excel 中自带了多种表格样式，这些样式是字体格式、表格边框、填充背景色、填充图案等格式的集合，用户可以通过内置样式的应用快速地实现表格格式化。具体的操作方法：首先选择单元格或单元格区域，然后单击"开始"→"样式"组中"套用表格格式"按钮，打开内置的样式列表，如图 6-20（a）所示，最后选择一个内置的样式单击即可。

2. 单元格样式

Excel 中自带了多种单元格样式，这些样式是单元格数字、边框、填充等格式的集合，用户可以通过内置样式的应用快速地实现单元格格式化。具体的操作方法：首先选择单元格或单元格区域，然后单击"开始"→"样式"组中"单元格样式"按钮，打开内置的样式列表，如图 6-20（b）所示，最后选择一个内置的样式单击即可。

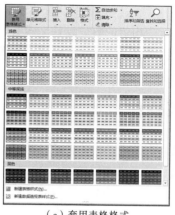

（a）套用表格格式

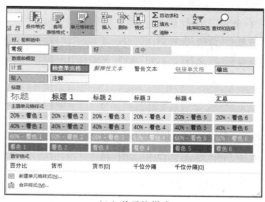

（b）单元格样式

图 6-20　Excel 表格内置样式列表

6.2.5　条件格式

扫一扫

条件格式

Excel 的条件格式功能是通过设定条件快速地选定单元格并为选定单元格设置某种格式。

例 6-7　将图 6-21 所示成绩表中 85 分及 85 分以上的单元格设置为蓝色填充红色字体显示。

具体操作步骤如下：

① 首先选择单元格区域 B2:D7，然后选择"开始"→"样式"组中"条件格式"→"新建规则"命令，弹出"新建格式规则"对话框，如图 6-21 所示。

② 首先在"选择规则类型"列表框中选择"只为包含以下内容的单元格设置格式"，然后在"只为满足以下条件的单元格设置格式"区域设置：单元格值大于或等于 85，如图 6-21 所示，接着单击"格式"按钮，打开"设置单元格格式"对话框，设置蓝色填充红色字体，最后单击"确定"按钮。

（a）原数据　　　　　　　（b）条件格式设置　　　　　　（c）完成效果

图 6-21　条件格式

例 6-8 将图 6-21 所示成绩表中语文成绩高于平均分的单元格设置为红色字体显示。

具体操作步骤如下：

① 首先选择单元格区域 B2:D7，然后选择"开始"→"样式"组中"条件格式"→"新建规则"命令，弹出"新建格式规则"对话框。

② 首先在"选择规则类型"列表框中选择"仅对高于或低于平均值的数值设置格式"，然后在"为满足以下条件的值设置格式"区域选择"高于"，接着单击"格式"按钮打开"设置单元格格式"对话框，设置红色字体，最后单击"确定"按钮。

6.3　工作簿和工作表操作

Excel 工作簿实际上指的就是 Excel 的电子表格文件。一个工作簿可以由一张或多张 Excel 工作表构成，最多可以包含 255 张工作表。

6.3.1　工作簿基本操作

1. 新建工作簿

选择"文件"→"新建"命令，在右侧显示的可用模板列表中选择需要的模板单击即可，如图 6-22 所示。通常情况下，新建工作簿是新建一个空白工作簿。新建一个空白工作簿可以在图 6-22 所示的模板列表中单击"空白工作簿"，也可以通过【Ctrl+N】组合键来新建。

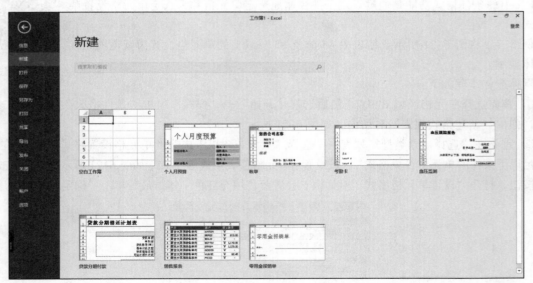

图 6-22　新建工作簿模板列表

2. 保存工作簿

首先选择"文件"→"保存"或"另存为"命令，或者单击快速访问工具栏上的"保存"按钮 ，在右侧显示的"另存为"界面中选择存储位置，如图 6-23（a）所示，然后在弹出的"另存为"对话框中选择保存位置和保存类型，再输入文件名，如图 6-23（b）所示，最后单击"确定"按钮。

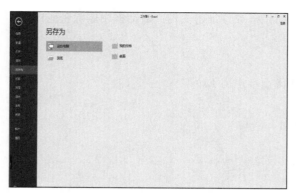

（a）"文件"选项卡　　　　　　　　　　（b）"另存为"对话框

图 6-23　保存工作簿

3．工作簿加密

为了保证 Excel 数据的安全性，可以为工作簿设置打开或修改的密码。

具体的操作方法：

方法 1：首先保存工作簿，在保存时弹出的"另存为"对话框中单击"工具"按钮，然后在下拉列表中选择"常规选项"命令，弹出"常规选项"对话框，如图 6-24 所示，输入密码。

（a）"工具"下拉列表　　　　　　　　　（b）"常规选项"对话框

图 6-24　保存时加密

方法 2：首先选择"文件"→"信息"命令，然后在右侧显示的界面中单击"保护工作簿"按钮，弹出下拉列表，接着选择"用密码进行加密"命令，在弹出的"加密文档"对话框中输入密码，如图 6-25 所示。

（a）"保护工作簿"下拉列表　　　　　　（b）"加密文档"对话框

图 6-25　保护工作簿

如果需要取消密码，则再次进入"常规选项"对话框或"加密文档"对话框中删除密码即可。

4．关闭工作簿与退出 Excel

（1）关闭工作簿

选择"文件"→"关闭"命令，关闭当前工作簿而不退出 Excel。

（2）退出 Excel

单击 Excel 标题栏右侧的"关闭"按钮✖，退出 Excel。

6.3.2　工作表基本操作

1．设置默认工作表数量

默认情况下，Excel 2016 的工作簿显示一张工作表。如果需要更改默认显示的工作表数量，可以选择"文件"→"选项"命令，然后在弹出的"Excel 选项"对话框中单击"常规"标签，接着在"新建工作簿时"栏中的"包含的工作表数"框中输入默认显示的工作表数量，最后单击"确定"按钮即可。退出 Excel 后，再次新建工作簿打开时，之前的设置生效。

2．工作表的编辑

（1）插入工作表

方法 1：右击选择的工作表标签，在弹出的快捷菜单［见图 6-26（a）］中选择"插入"命令。

方法 2：单击工作表标签右侧的"新建工作表"按钮⊕。

（2）移动或复制工作表

首先右击选择的工作表标签，在弹出的快捷菜单中选择"移动或复制"命令，弹出"移动或复制工作表"对话框，如图 6-26（b）所示；然后从"工作簿"下拉列表中选择移动或复制的目标工作簿，在"下列选定工作表之前"指定工作表的目标位置；接着如果未勾选"建立副本"复选框，那么进行的是工作表的移动操作，如果勾选了"建立副本"复选框，那么进行的是工作表的复制操作；最后单击"确定"按钮。

（a）右击工作表标签弹出的快捷菜单　　　　　　（b）"移动或复制工作表"对话框

图 6-26　工作表的编辑

（3）删除工作表

右击选择的工作表标签，在弹出的快捷菜单中选择"删除"命令。

（4）工作表重命名

双击工作表标签或者右击选择的工作表标签，在弹出的快捷菜单中选择"重命名"命令，工作表标签进入编辑状态，输入工作表名，按【Enter】键即可。

（5）修改工作表标签颜色

右击选择的工作表标签，在弹出的快捷菜单中选择"工作表标签颜色"命令，在颜色列表中单击需要的颜色即可。

（6）隐藏工作表

右击选择的工作表标签，在弹出的快捷菜单中选择"隐藏"命令即可。

如果要取消隐藏，同样地，右击选择的工作表标签，在弹出的快捷菜单中选择"取消隐藏"命令，在弹出的"取消隐藏"对话框中选择相应的工作表，单击"确定"按钮即可。

3．工作表的保护

为了防止单元格数据及其格式被误修改或误删除，可以对工作表设定保护。

（1）保护工作表

默认情况下，为工作表设定保护之后，该工作表的全部单元格均被锁定而不能进行修改或删除。具体操作步骤：首先单击"审阅"→"更改"组中"保护工作表"按钮，弹出"保护工作表"对话框，如图 6-27 所示，然后在"取消工作表保护时使用的密码"框中输入密码，用于取消保护，接着在"允许此工作表的所有用户进行"列表框中选择用户能够修改的项，最后单击"确定"按钮，再次确认输入密码即可。

除了上述情况外，有时候允许所有用户对部分单元格数据进行修改和删除，这就需要在保护工作表之前先取消这部分单元格的锁定，具体操作步骤：首先选择指定单元格或单元格区域，然后在"设置单元格格式"对话框中选择"保护"选项卡，如图 6-19 所示，取消对"锁定"复选框的选择。

（2）撤销保护

如果需要撤销工作表的保护，单击"审阅"→"更改"组中"撤销工作表保护"按钮即可。

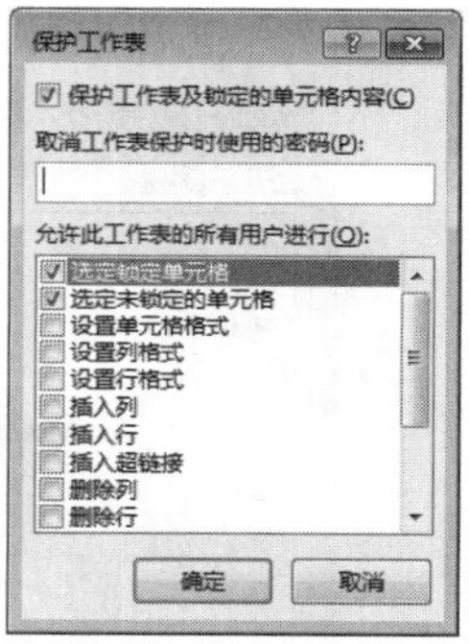

图 6-27　"保护工作表"对话框

4．工作表的打印

用户在打印 Excel 表格之前，为了获得更佳的打印效果，应该对工作表的纸张方向、纸张大小、页边距、页眉/页脚等进行适当的调整。具体操作方法：首先选择指定工作表，然后单击"页面布局"→"页面设置"组中右下角"对话框启动器"按钮，弹出"页面设置"对话框，如图 6-28、图 6-29 所示，进行相应设置即可。

（1）"页面"选项卡

"页面"选项卡可以对纸张方向、缩放、纸张大小、打印质量和起始页码进行设置，如图 6-28（a）所示。

（2）"页边距"选项卡

"页边距"选项卡可以对纸张距离边距的大小进行设置，如图 6-28（b）所示。

（3）"页眉/页脚"选项卡

"页眉/页脚"选项卡可以添加页眉/页脚，同时可以对页眉/页脚的选项进行设置，如图 6-29（a）所示。

（a）"页面"选项卡

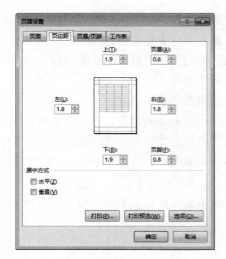

（b）"页边距"选项卡

图 6-28 "页面设置"对话框 1

（4）"工作表"选项卡

"工作表"选项卡可以对打印区域、打印标题、打印顺序等进行设置，如图 6-29（b）所示。

（a）"页眉/页脚"选项卡

（b）"工作表"选项卡

图 6-29 "页面设置"对话框 2

6.4　Excel 数据共享

Excel 可以将工作表数据提供给其他程序使用，也可以从外部获取数据，还可以通过宏功能快速完成重复性的任务。

6.4.1　获取外部数据

Excel 工作表的数据除了可以直接输入外，还可以通过外部数据源导入，如 Access 数据库、文本文件、网站数据等。

1．从文本获取数据

在 Excel 2016 中可以通过单击"数据"→"获取外部数据"组中"自文本"按钮，对外部的文本文件进行导入。

例 6-9　在"学生作业情况"工作表的 A1 单元格开始导入"学生作业成绩.txt"文件内容。

具体操作步骤如下：

① 打开"学生作业情况"工作表，单击 A1 单元格。

② 单击"数据"→"获取外部数据"组中"自文本"按钮，弹出"导入文本文件"对话框，如图 6-30 所示。

图 6-30　"导入文本文件"对话框

③ 选择"学生作业成绩.txt"文件，单击"导入"按钮，弹出"文本导入向导-第 1 步，共 3 步"对话框，如图 6-31 所示，选择原始数据类型、导入的起始行等。

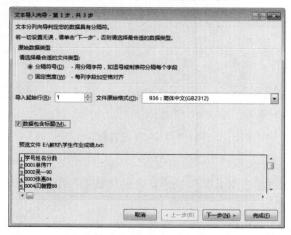

图 6-31　"文本导入向导-第 1 步，共 3 步"对话框

④ 单击"下一步"按钮，弹出"文本导入向导-第 2 步，共 3 步"对话框，如图 6-32 所示，选择分列数据的分隔符号，默认情况下分隔符号为"Tab 键"，可以根据实际情况更改。

⑤ 单击"下一步"按钮，弹出"文本导入向导–第 3 步，共 3 步"对话框，如图 6-33（a）所示，选择列数据的格式，默认情况为"常规"格式，可以根据实际情况更改。

⑥ 设置完成后单击"完成"按钮，弹出"导入数据"对话框，如图 6-33（b）所示，指定导入数据存放的位置，单击"确定"按钮即可完成文本文件的导入。

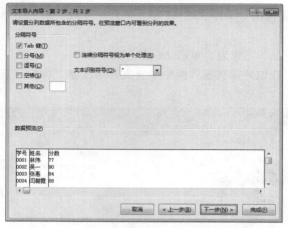

图 6-32 "文本导入向导–第 2 步，共 3 步"对话框

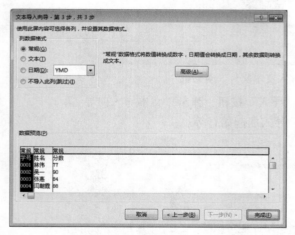

（a）"文本导入向导–第 3 步，共 3 步"对话框

（b）"导入数据"对话框

图 6-33 导入数据

2．从网站获取数据

在 Excel 2016 中可以通过单击"数据"→"获取外部数据"组中"自网站"按钮，对来自网站的数据进行导入。

例 6-10 在工作表的 A1 单元格开始导入网页 http://www.wuyiu.edu.cn/zsb/2020/0806/c2778a50534/page.htm 的表格内容。

具体操作步骤如下：

① 打开工作表，单击 A1 单元格。

② 单击"数据"→"获取外部数据"组中"自网站"按钮，弹出"新建 Web 查询"对话框，如图 6-34 所示，在"地址"栏中输入网页地址 http://www.wuyiu.edu.cn/zsb/2020/0806/c2778a50534/page.htm，单击"转到"按钮，结果如图 6-35 所示。

图 6-34　"新建 Web 查询"对话框

③ 首先在图 6-35 中单击表格数据左侧的箭头 ，箭头变为 ，然后单击"导入"按钮。

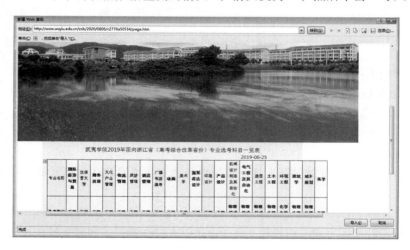

图 6-35　选择导入的表格

④ 弹出"导入数据"对话框，如图 6-36 所示，指定导入数据存放的位置，单击"确定"按钮即可完成网页表格内容的导入。

6.4.2　与其他程序共享数据

在 Excel 中，可以通过多种方式与其他程序共享数据。

1. 与早期版本的 Excel 用户交换工作簿

（1）Excel 2016 版本保存为早期版本

具体操作步骤如下：

① 在 Excel 2016 中打开工作簿文件。

图 6-36　"导入数据"对话框

② 选择"文件"→"另存为"命令，弹出"另存为"对话框，在"保存类型"下拉列表中选择"Excel 97–2003 工作簿（*.xls）"格式保存。

ⓘ 提示

保存为早期版本时，Excel 2016 工作簿中的部分格式和功能可能不会被保留。

（2）早期版本保存为 Excel 2016 版本

具体操作步骤如下：

① 在 Excel 2016 中打开早期版本的工作簿文件。

② 选择"文件"→"另存为"命令，弹出"另存为"对话框，在"保存类型"下拉列表中选择"Excel 工作簿（*.xlsx）"格式保存。

2．与 Word、PowerPoint 共享数据

Excel 中的表格数据可以在 Word、PowerPoint 文件中共享。

（1）复制粘贴

具体操作步骤如下：

① 在 Excel 2016 中打开工作簿文件，复制要共享的数据。

② 打开 Word 或 PowerPoint 文件，在需要共享的位置右击，在弹出的快捷菜单中选择适当的粘贴方式即可。

（2）对象方式

具体操作步骤如下：

① 打开 Word 或 PowerPoint 文件。

② 在需要共享的位置单击"插入"→"文本"组中"对象"按钮，在弹出的"对象"对话框中选择"Microsoft Excel 97–2003 Worksheet"命令，即在共享位置插入一个 Excel 表格，双击这个表格就可以进行 Excel 编辑。

除此之外，Excel 文件还可以保存为其他多种类型的文件（如 PDF、网页等）并支持共享。

6.4.3 宏

宏是可以重复运行的一个或一组操作。在 Excel 中有时会遇到一些重复性的操作，这时候就可以使用宏来完成。

1．录制宏

（1）显示"开发工具"

具体操作步骤如下：

① 选择"文件"→"选项"命令，弹出"Excel 选项"对话框，单击"自定义功能区"标签。

② 在右侧界面"自定义功能选择"的"主选项卡"列表中选中"开发工具"复选框，最后单击"确定"按钮，如图 6–37 所示。

扫一扫

录制和使用宏

图 6-37　"自定义功能区"标签

（2）录制宏

具体操作步骤如下：

① 录制宏。首先单击"开发工具"→"代码"组中"录制宏"按钮，弹出"录制宏"对话框，如图 6-38 所示，然后输入宏名、设置快捷键、选择保存位置、添加宏的说明，最后单击"确定"按钮，开始录制宏。此后这个宏将记录工作表中的所有操作，直到结束录制。

② 停止宏录制。工作表中的所有操作执行完毕后，单击"开发工具"→"代码"组中"停止录制"按钮，结束宏录制。

③ 保存宏。选择"开始"→"另存为"命令，弹出的"另存为"对话框，在"保存类型"下拉列表中选择"Excel 启用宏的工作簿（*.xlsm）"格式保存。下次再打开文件时，将会提示启用宏。

（a）"代码"分组

（b）"录制宏"对话框

图 6-38　录制宏

2．启用宏

具体操作步骤如下：

① 打开需要应用宏的工作表。

② 首先单击"开发工具"→"代码"组中"宏"按钮，弹出"宏"对话框，如图 6-39 所示，选择要运行的宏，单击"执行"按钮，即可对当前工作表执行宏记录的操作。

图 6-39 "宏"对话框

3. 删除宏

具体操作步骤与启用宏类似，在打开"宏"对话框后，选择要删除的宏，单击"删除"按钮即可。

课后习题 6

一、思考题

1. 在 Excel 中，如何为已有日期的单元格显示星期几？

2. 在 Excel 中，如何将存在重复值的单元格设置为统一格式？

3. 在 Excel 中从外部获取数据有什么优点？

二、操作题

1. 在 Excel01 文件中进行下列操作，完成后以原文件名保存。

① 在 Sheet1 工作表"日期"列的所有单元格中，标注每个日期属于星期几，例如日期为"2021/1/6"的单元格应显示为"2021/1/6 星期三"，日期为"2021/1/7"的单元格应显示为"2021/1/7 星期四"。

② "费用类别"列的所有单元格的内容只能是"交通费""餐饮费""住宿费""通信费""其他"中的一个，并提供用下拉箭头输入，然后按照效果图（见图 6-40）依次输入每个人员所对应的费用类别。

③ 为数据区域 A2:C16 套用表格格式"表样式浅色 16"。

2. 在 Excel02 文件中进行下列操作，完成后以原文件名保存。

① 在 Sheet1 工作表，第一行前插入一个空行，合并后居中，输入标题"城市天气情况"，适当调整字体、字号、行高。

② 将"天气"列为"晴"的"城市"列对应单元格字体以蓝色、加粗显示。（提示：使用条件格式）

③ 设置表格中"城市"和"日期"两列数据不能被修改，密码为空。

效果图如图 6-41 所示。

3. 在 Excel03 文件中进行下列操作，完成后以原文件名保存。

① 打开工作簿 Excel03.xlsx，在最左侧插入一个空白工作表，重命名为"员工档案"，并将该工作表标签颜色设为标准蓝色。

② 以分隔符分隔的文本文件"员工档案.csv"自 A1 单元格开始导入工作表"员工档案"中。将

第 1 列数据从左到右依次分成“工号”和“姓名”两列显示；将工资列的数字格式设为不带货币符号的会计专用，适当调整行高列宽；最后创建一个名为“档案”，包含数据区域 A1:N102、包含标题的表，同时删除外部链接。效果图如图 6-42 所示。

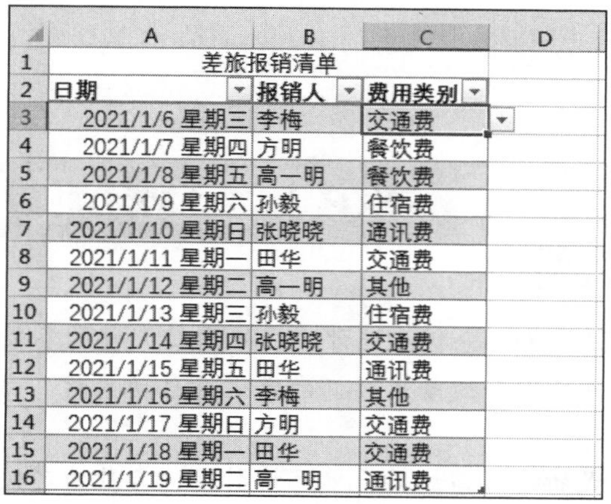

	A	B	C	D
1	差旅报销清单			
2	日期	报销人	费用类别	
3	2021/1/6 星期三	李梅	交通费	
4	2021/1/7 星期四	方明	餐饮费	
5	2021/1/8 星期五	高一明	餐饮费	
6	2021/1/9 星期六	孙毅	住宿费	
7	2021/1/10 星期日	张晓晓	通讯费	
8	2021/1/11 星期一	田华	交通费	
9	2021/1/12 星期二	高一明	其他	
10	2021/1/13 星期三	孙毅	住宿费	
11	2021/1/14 星期四	张晓晓	交通费	
12	2021/1/15 星期五	田华	通讯费	
13	2021/1/16 星期六	李梅	其他	
14	2021/1/17 星期日	方明	交通费	
15	2021/1/18 星期一	田华	交通费	
16	2021/1/19 星期二	高一明	通讯费	

图 6-40 Excel01 效果图

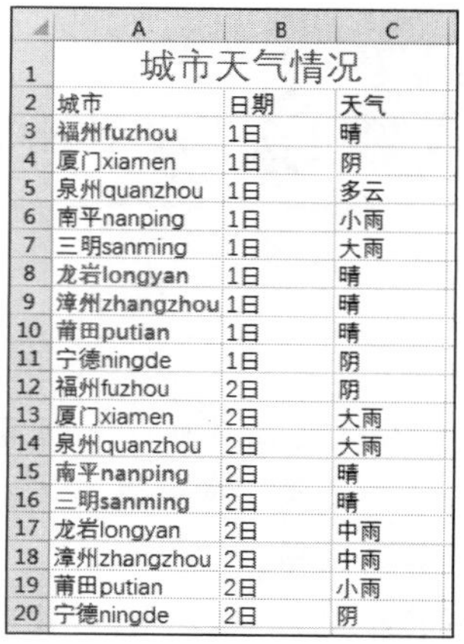

	A	B	C
1	城市天气情况		
2	城市	日期	天气
3	福州fuzhou	1日	晴
4	厦门xiamen	1日	阴
5	泉州quanzhou	1日	多云
6	南平nanping	1日	小雨
7	三明sanming	1日	大雨
8	龙岩longyan	1日	晴
9	漳州zhangzhou	1日	晴
10	莆田putian	1日	晴
11	宁德ningde	1日	阴
12	福州fuzhou	2日	阴
13	厦门xiamen	2日	大雨
14	泉州quanzhou	2日	大雨
15	南平nanping	2日	晴
16	三明sanming	2日	晴
17	龙岩longyan	2日	中雨
18	漳州zhangzhou	2日	中雨
19	莆田putian	2日	小雨
20	宁德ningde	2日	阴

图 6-41 Excel02 效果图

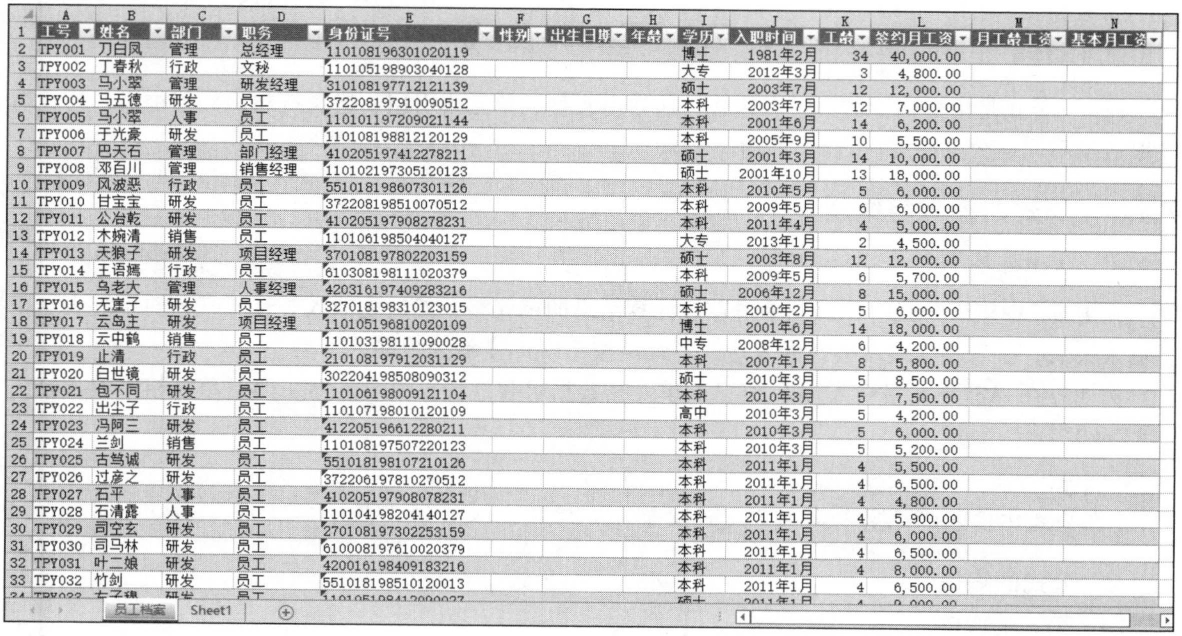

	A	B	C	D	E	F	G	H	I	J	K	L	M	N
1	工号	姓名	部门	职务	身份证号	性别	出生日期	年龄	学历	入职时间	工龄	签约月工资	月工龄工资	基本月工资
2	TPY001	刀白凤	管理	总经理	110108196301020119				博士	1981年2月	34	40,000.00		
3	TPY002	丁春秋	行政	文秘	110105198903040128				大专	2012年3月	3	4,800.00		
4	TPY003	马小翠	管理	研发经理	310108197712121139				硕士	2003年7月	12	12,000.00		
5	TPY004	马五德	研发	员工	372208197910090512				本科	2003年7月	12	7,000.00		
6	TPY005	马小翠	人事	员工	110101197209021144				本科	2001年6月	14	6,200.00		
7	TPY006	于光豪	研发	员工	110108198812120129				本科	2005年9月	10	5,500.00		
8	TPY007	巴天石	管理	部门经理	410205197412278211				硕士	2001年3月	14	10,000.00		
9	TPY008	邓百川	管理	销售经理	110102197305120123				硕士	2001年10月	13	18,000.00		
10	TPY009	风波恶	行政	员工	551018198607301126				本科	2010年5月	5	6,000.00		
11	TPY010	甘宝宝	研发	员工	372208198510070512				本科	2009年5月	6	6,000.00		
12	TPY011	公冶乾	研发	员工	410205197908278231				本科	2011年4月	4	5,000.00		
13	TPY012	木婉清	销售	员工	110106198504040127				大专	2013年1月	2	4,500.00		
14	TPY013	天狼子	研发	项目经理	370108197802203159				硕士	2003年8月	12	12,000.00		
15	TPY014	王语嫣	行政	员工	610308198111020379				本科	2009年5月	6	5,700.00		
16	TPY015	乌老大	管理	人事经理	420316197409283216				硕士	2006年12月	8	15,000.00		
17	TPY016	无崖子	研发	员工	327018198310123015				本科	2010年2月	5	6,000.00		
18	TPY017	云岛主	研发	项目经理	110105196810020109				博士	2001年6月	14	18,000.00		
19	TPY018	云中鹤	销售	员工	110103198111090028				中专	2008年12月	6	4,200.00		
20	TPY019	止清	行政	员工	210108197912031129				本科	2007年1月	8	5,800.00		
21	TPY020	白世镜	研发	员工	302204198508090312				硕士	2010年3月	5	8,500.00		
22	TPY021	包不同	研发	员工	110106198009121104				本科	2010年3月	5	7,500.00		
23	TPY022	出尘子	行政	员工	110107198010120109				高中	2010年3月	5	4,200.00		
24	TPY023	冯阿三	研发	员工	412205196612280211				本科	2010年3月	5	6,000.00		
25	TPY024	兰剑	销售	员工	110108197507220123				本科	2010年3月	5	5,200.00		
26	TPY025	古笃诚	研发	员工	551018198107210126				本科	2011年1月	4	5,500.00		
27	TPY026	过彦之	研发	员工	372206197810270512				本科	2011年1月	4	6,500.00		
28	TPY027	石平	人事	员工	410205197908078231				本科	2011年1月	4	4,800.00		
29	TPY028	石清露	人事	员工	110104198204140127				本科	2011年1月	4	5,900.00		
30	TPY029	司空玄	研发	员工	270108197302253159				本科	2011年1月	4	6,000.00		
31	TPY030	司马林	研发	员工	610008197610020379				本科	2011年1月	4	6,500.00		
32	TPY031	叶二娘	研发	员工	420016198409183216				本科	2011年1月	4	8,000.00		
33	TPY032	竹剑	研发	员工	551018198510120013				本科	2011年1月	4	6,500.00		

图 6-42 Excel03 效果图

第7章

Excel 公式与函数

Excel 公式与函数可以帮助用户轻松地进行数据计算、分析和统计。用户通过大量的各类函数和自己构造的公式，可以满足不同的计算需求，计算结果会随着原数据的变化而自动更新，大大地提高了计算的效率。

本章介绍了 Excel 2016 的公式与函数，包括公式的输入与编辑、单元格引用、名称的定义与引用、函数的输入与编辑、常用的函数等。

7.1　Excel 公式

Excel 公式是用户构造的一组表达式，通常由常量、单元格引用、运算符和函数等构成，公式与一般数据不同，公式始终以"="开始。

7.1.1　公式的输入与编辑

1. 公式的输入

在 Excel 中输入公式时，首先单击存放计算结果的单元格，然后先输入等号"="，向系统表示正在输入公式，接着输入表示公式的表达式，最后按【Enter】键完成输入。

例如：在 A3 单元格输入 A1 和 A2 单元格数据求和的计算结果，则在 A3 单元格中输入公式"=A1+A2"。

> ⓘ 提示
>
> 在公式中输入的运算符都必须是西文的半角字符。

2. 公式的编辑

（1）公式的修改

方法 1：首先双击公式所在单元格，进入编辑状态，然后通过单元格对公式进行修改，最后按【Enter】键完成修改。

方法 2：首先单击公式所在单元格，然后通过编辑栏对公式进行修改，最后按【Enter】键完成修改。

（2）公式的删除

首先单击公式所在单元格，然后按【Delete】键即可删除公式。

7.1.2　公式的复制与填充

1．公式的复制

首先单击公式所在单元格，然后右击，在弹出的快捷菜单中选择"复制"命令，接着右击目标单元格，在弹出的快捷菜单中选择"粘贴"命令，完成公式的复制。

2．公式的填充

首先单击公式所在单元格，然后通过拖动单元格的填充柄进行公式的填充。

> **提示**
>
> 公式复制与填充的都不是单元格数据本身，而是单元格的公式。默认情况下，公式复制或填充时对单元格的引用采用的是相对引用。

7.1.3　单元格引用

扫一扫

Excel 公式会使用常量、单元格引用、运算符和函数等元素，其中最经常使用到的是单元格引用。所谓单元格引用是指在公式中引用指定工作表中的单元格或单元格区域。Excel 中填充复制公式的本质就是单元格引用。

单元格引用

1．相对引用

相对引用与包含公式的单元格位置相关，引用的单元格地址是相对于公式所在单元格的相对位置，不是固定不变的地址。默认情况下，公式中单元格都是使用相对引用。单元格相对引用时，以"列标行号"表示，例如：A3、B1:B2 等。

公式在填充复制时，公式中相对引用的单元格地址会自动调整，例如：在 A3 单元格中输入公式"=A1+A2"，并使用填充柄向右填充复制公式，B3 单元格中显示的公式就变为了"=B1+B2"。

2．绝对引用

绝对引用与包含公式的单元格位置无关，引用的单元格地址是固定不变的地址。公式在填充复制时，如果希望引用的单元格地址保持不变，那么这时就需要使用绝对引用。单元格绝对引用时，单元格的列标与行号前都必须加上"$"符号，以"$列标$行号"表示，例如：$A$3、$B$1:$B$2 等。

公式在填充复制时，公式中绝对引用的单元格地址保持不变，例如：在 A3 单元格中输入公式"=$A$1+$A$2"，并使用填充柄向右填充复制公式，B3 单元格中显示的公式仍然是"=$A$1+$A$2"。

3．混合引用

混合引用是指在单元格引用时希望单元格的行保持不变而列相对变化或者单元格的列保持不变而行相对变化。当单元格的行不变而列变化时，以"列标$行号"表示，例如：A$3；当单元格的列不变而行变化时，以"$列标行号"表示，例如：$A3。

4．跨工作表引用

跨工作表引用是指引用其他工作表的单元格数据，以"工作表名!单元格地址"表示，例如：Sheet3!A3 表示引用 Sheet3 工作表的 A3 单元格数据。

5．跨工作簿引用

跨工作簿引用是指引用其他工作簿中工作表的单元格数据，以"[工作簿名]工作表名!单元格地址"表示，例如：[工作簿 1]Sheet3!A3 表示引用工作簿 1 中 Sheet3 工作表的 A3 单元格数据。

7.2 名称的定义与引用

Excel 中名称是一种特殊的简略表示法，名称可以表示单元格、单元格区域、函数、常量等。Excel 中如果需要反复引用某个单元格区域，每次引用都重新输入单元格区域，操作过程烦琐且容易出错，这时候可以通过创建名称的方式来提高引用的效率。

扫一扫

名称的定义与引用

7.2.1 名称的定义

1．名称的语法规则

Excel 中名称的创建与编辑都需要遵循一定的语法规则。

① 唯一性：名称在其适用范围内必须始终唯一。

② 有效字符：名称必须以字母、下画线"_"或反斜杠"\"作为第一个字符，其余字符可以是数字、字母、句点"."和下画线。大小写字母"C"、"c"、"R"和"r"不能使用。

③ 空格无效：名称中不能使用空格。

④ 单元格地址不能作为名称。例如：名称不能是 A3、B$2、$C3 等。

⑤ 名称长度：一个名称最多不能超过 255 个西文字符。

⑥ 不区分大小写：名称中可以出现大小写字母，但同一个字母的大小写会被认为是同一个字符。例如：定义了名称 Class，如果在同一工作簿中再定义名称 class、CLASS，则均会被认定为与 Class 重名而不被允许。

2．名称的定义

名称必须先定义后使用，常用的名称定义方法有：

方法 1：通过"名称框"定义名称。

具体操作方法：首先选择需要命名的单元格或单元格区域，然后单击编辑栏左侧的"名称框"并输入一个名称，最后按【Enter】键创建名称。

例 7-1 在如图 7-1 所示的工作表格中将单元格区域 B2:B7 命名为"天气"。

具体操作步骤如下：

① 选择单元格区域 B2:B7。

② 单击编辑栏左侧的"名称框"，接着在"名称框"中输入"天气"。

③ 按【Enter】键。

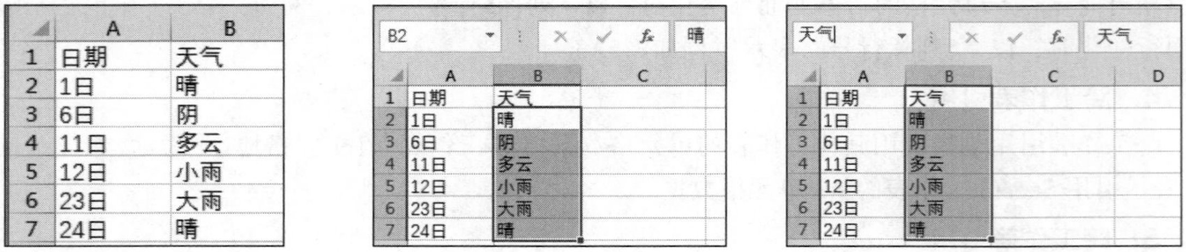

（a）原数据　　　　　　　（b）选择数据区域　　　　　　（c）编辑栏输入名称

图 7-1　通过"名称框"定义名称

方法 2：通过"新建名称"对话框定义名称。

具体操作步骤如下：

① 选择需要命名的单元格区域。

② 单击"公式"→"定义的名称"组中"定义名称"按钮，弹出"新建名称"对话框，如图 7-2 所示。

图 7-2　通过"新建名称"对话框定义名称

③ "名称"文本框中输入定义的名称；"范围"下拉列表设置名称适用的范围；"备注" 框中输入名称的说明性文字，"引用位置"中显示的是当前选择的单元格或单元格区域，根据实际需要可进行修改。例 7-1 通过"新建名称"对话框定义名称时，输入效果如图 7-2 所示。

④ 单击"确定"按钮，完成名称的定义。

7.2.2　名称的引用

名称定义之后，可以通过在"名称框"输入名称来快速地选定已命名的区域，还可以通过名称在公式和函数中实现绝对引用。

1. 通过"名称框"引用

首先单击"名称框"右侧的箭头 按钮，打开下拉列表，列表中将显示所有已经被命名过的单元格或单元格区域名称，然后单击选择名称，名称对应的单元格或单元格区域即被选中，如图 7-3 所示。

（a）单击"名称框"右侧的箭头　　　　　　　　（b）选定已命名的区域

图 7-3　通过"名称框"引用

2. 通过公式和函数引用

首先单击公式所在的单元格，然后单击"公式"→"定义的名称"组中"用于公式"按钮，接着在下拉列表中选择需要引用的名称，引用的名称在当前单元格的公式中显示，最后按【Enter】键。

7.2.3 名称的编辑和删除

Excel 中如果对已经定义的名称进行修改编辑，那么所有引用此名称的位置都会随之自动更新。

1. 名称的编辑

首先单击"公式"→"定义的名称"组中"名称管理器"按钮，弹出"名称管理器"对话框，如图 7-4 所示，然后选择需要修改的名称，单击"编辑"按钮，弹出"编辑名称"对话框，如图 7-4 所示，对名称、备注、引用位置等项进行修改即可。

2. 名称的删除

首先打开"名称管理器"对话框，然后选择需要删除的名称，单击"删除"按钮即可。

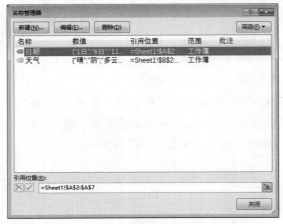

（a）"名称管理器"对话框

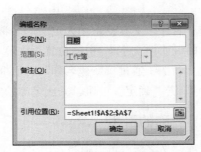

（b）"编辑名称"对话框

图 7-4 名称的编辑

7.3 Excel 函数

Excel 函数是为了满足更复杂的计算需求而预置的算法，主要用于处理简单四则运算无法解决的计算问题。Excel 中的函数是 Excel 预先编辑好的公式，用户可以不需定义直接使用。

7.3.1 函数的分类

Excel 中预置了大量不同类型的函数，为用户在日常生活和工作中进行数据计算提供了强有力的支持。根据功能的不同，Excel 2016 的函数主要分为财务、日期与时间、统计、查找与引用等。

1. 财务函数

财务函数可以用于大部分的财务统计和计算。

例如：EFFECT(nominal_rate, npery)函数可返回年有效利率。

2. 日期与时间函数

日期与时间函数可以用于分析或处理公式中的日期和时间值。

例如：DAYS(end_date, start_date)函数可返回两个日期之间的天数。

3．数学与三角函数

数学与三角函数主要用于各种数学计算和三角计算。

例如：MOD(number, divisor)函数可返回两个数相除的余数。

4．统计函数

统计函数主要用于一定范围内数据的统计分析。

例如：COUNTIFS(criteria_range, criteria,…)函数可统计满足一组给定条件的指定单元格个数。

5．查找与引用函数

查找与引用函数主要用于查询特定的数据或特定数据的单元格引用。

例如：ROWS(array)函数可返回某一引用或数组的行数。

6．数据库函数

数据库函数主要用于对存储在数据清单或数据库中的数据进行分析，判断其是否符合某些特定的条件。

例如：DAVERAGE(database, field, criteria)函数可计算满足给定条件的列表或数据库的列中数值的平均值。

7．文本函数

文本函数主要用于公式中文本字符串的处理。

例如：LEFT(text, num_chars)函数可从一个文本字符串的第一个字符开始返回指定个数的字符。

8．逻辑函数

逻辑函数主要用于测试某个条件是否成立，成立返回逻辑值 TRUE，不成立返回逻辑值 FALSE。

例如：AND(logical1, logical2, …)函数可检查是否所有参数均为 TRUE，如果所有参数均为 TRUE，则返回 TRUE。

9．信息函数

信息函数主要用于确定单元格中数据的类型，还可以使单元格在满足一定的条件时返回逻辑值。

例如：ISBLANK(value)函数可检查是否引用了空单元格，如果是则返回 TRUE，否则返回 FALSE。

10．工程函数

工程函数主要用于工程应用中，可以处理复杂的数字，在不同的计数体系和度量体系之间转换。

例如：BIN2HEX(number, places)函数可将二进制数转换为十六进制数。

11．多维数据集函数

多维数据集函数主要用于返回多维数据集中的相关信息。

例如：CUBEMEMBER(connection, member_expression, caption)函数可从多维数据集返回成员或元组。

12．兼容性函数

兼容性函数是指这些函数已由新函数取代，新函数可以提供更好的精确度，其名称更好地反映其用法，但用户仍可以使用这些函数与 Excel 早期版本兼容。

例如：RANK(number, ref, order)函数可返回某数字在一列数字中相对于其他数值的大小排名，此函数与 Excel 2007 和早期版本兼容。

13．Web 函数

Web 函数主要用于返回 Web 服务的相关信息。

例如：WEBSERVICE(url)函数可从 Web 服务返回数据。

7.3.2 函数的输入与编辑

1．函数的输入

Excel 中函数的输入方法主要有以下几种：

（1）通过单元格直接输入

与输入公式类似，输入函数可以在单元格中直接输入"=函数名（参数列表）"，在输入的过程中 Excel 会提示输入的参数，如图 7-5 所示。

（2）通过"插入函数"按钮输入

① 选择需要输入函数的单元格。

② 单击"公式"→"函数库"组中"插入函数"按钮或者单击编辑栏左侧的"插入函数"按钮 f_x，弹出"插入函数"对话框，如图 7-6 所示。

③ 在"或选择类别"下拉列表中选择函数类别、"选择函数"列表中选择需要的函数。如果无法明确具体函数，也可以在"搜索函数"框中输入函数相关的简单描述，然后单击"转到"按钮。

④ 单击"确定"按钮，弹出相应函数的"函数参数"对话框，设置函数参数后单击"确定"按钮。

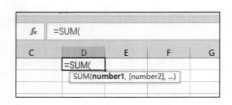

图 7-5　通过单元格输入函数　　　　　　图 7-6　弹出"插入函数"对话框

（3）通过"函数库"组输入

① 选择需要输入函数的单元格。

② 单击"公式"→"函数库"组中相应函数类别按钮下方的箭头，弹出该类别函数的下拉列表，如图 7-7 所示（以文本类别为例）。

③ 在打开的函数列表中选择所需的函数，弹出相应函数的"函数参数"对话框，如图 7-7 所示（以 LEFT 函数为例）。

④ 在"函数参数"对话框中设置函数参数后单击"确定"按钮。

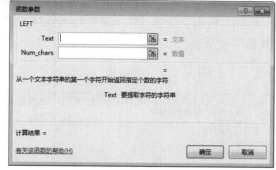

（a）函数类别下拉列表　　　　　　　　　　　　　　　　（b）"函数参数"对话框

图 7-7　通过"函数库"组插入

2．函数的编辑

方法 1：首先双击函数所在单元格，进入编辑状态，然后通过单元格对函数及其参数进行修改，最后按【Enter】键。

方法 2：首先选择函数所在单元格，然后单击编辑栏，在编辑栏中对函数及其参数进行修改，最后单击编辑栏左侧的按钮 ✓。

7.3.3　常用函数

1．求和函数 SUM

格式：SUM(number1, [number2], …)

功能：返回单元格区域中所有数值的和。

参数说明：number1 是必需的，表示相加的第一个数值参数，number2，…是可选的。

例如：如果求 A1:C1 单元格区域的和，可以使用公式"=SUM(A1:A3)"。

2．条件求和函数 SUMIF

格式：SUMIF(range, criteria, [sum_range])

功能：返回指定单元格区域中满足给定条件的所有数值的和。

参数说明：range 是必需的，表示根据条件进行计算的单元格的区域。criteria 是必需的，表示指定的条件，用于决定哪些单元格参加计算。sum_range 是可选的，表示参加求和计算的实际单元格，如果省略，则使用 range。

ⓘ **提示**

任何文本条件、含有逻辑或数学符号的条件都必须用双引号的西文字符""""括起来，例如："">90""、"讲师"等。

例 7-2 在如图 7-8（a）所示工作表中的 F2 单元格计算交通费的总额。

具体操作步骤如下：

① 首先单击 F2 单元格，然后单击编辑栏左侧的"插入函数"按钮 *f*ₓ，弹出"插入函数"对话框，如图 7-8（b）所示，选择"数学与三角函数"类型中的 SUMIF 函数，最后单击"确定"按钮，弹出"函数参数"对话框。

（a）原数据 　　　　　　　　　　　　　　　（b）"插入函数"对话框

图 7-8　例 7-2 图 1

② 在"函数参数"对话框中输入 Range、Criteria、Sum_range 三个参数，如图 7-9（a）所示，最后单击"确定"按钮，效果如图 7-9（b）所示。

（a）"函数参数"对话框 　　　　　　　　　　（b）效果图

图 7-9　例 7-2 图 2

3. 多条件求和函数 SUMIFS

格式：SUMIFS(sum_range, criteria_ range1, criteria1, [criteria_ range2, criteria2], …)

功能：返回指定区域内满足一组给定条件的所有单元格的和。

参数说明：sum_range 是必需的，表示进行求和计算的区域，单元格必须是数字，包含数字的引用、数组或名称，空值和文本值将被忽略。criteria_range1 是必需的，表示计算关联条件的第一个区域。criteria1 是必需的，表示第一个求和条件。criteria_ range2, criteria2, … 是可选的。

扫一扫

例 7-3

例 7-3　在如图 7-10（a）所示工作表中的 F5 单元格计算田华的交通费总额。

具体操作步骤如下：

① 首先单击 F5 单元格，然后单击编辑栏左侧的"插入函数"按钮，弹出"插入函数"对话框，选择"数学与三角函数"类型中的 SUMIFS 函数，最后单击"确定"按钮，弹出"函数参数"对话框。

② 在"函数参数"对话框中输入参数，如图 7-10（b）所示，最后单击"确定"按钮。

　　　　（a）原数据　　　　　　　　　　　（b）"函数参数"对话框

图 7-10　SUMIFS 函数的使用

4．求平均值函数 AVERAGE

格式：AVERAGE(number1, [number2], …)

功能：返回一组数值中的平均值。

参数说明：number1 是必需的，number2, …是可选的。

例如：如果求 B3:B7 区域的平均值，可以使用公式"=AVERAGE(B3:B7)"。

5．条件求平均值函数 AVERAGEIF

格式：AVERAGEIF(range,criteria, [average_range])

功能：返回指定区域内满足给定条件的所有单元格的算术平均值。

函数的使用方法与 SUMIF 类似，不再重复。

6．多条件求平均值函数 AVERAGEIFS

格式：AVERAGEIFS(average_range, criteria_ range1, criteria1, [criteria_ range2, criteria2], …)

功能：返回指定区域内满足一组给定条件的所有单元格的算术平均值。

函数的使用方法与 SUMIFS 类似，不再重复。

7．绝对值函数 ABS

格式：ABS(number)

功能：返回给定数值的绝对值。

参数说明：number 是必需的，表示需要绝对值的数。

例如：计算 -3 绝对值，可以使用公式"= ABS (-3)"，返回结果为 3。

8. 向下取整函数 INT

格式：INT(number)

功能：返回数值向下取整为最接近的整数。

参数说明：number 是必需的，表示需要向下取整的数。

例如：5.23 向下取整，可以使用公式"=INT(5.23)"，返回结果为 5。–5.23 向下取整，可以使用公式"=INT(–5.23)"，返回结果为–6。

9. 四舍五入函数 ROUND

格式：ROUND (number, num_digits)

功能：按指定位数对数值进行四舍五入。

参数说明：number 是必需的，表示需要四舍五入的数；num_digits 是必需的，表示四舍五入后保留的小数位。

例如："=ROUND(5.235, 1)"表示数值 5.235 四舍五入，并保留 1 位小数，结果为 5.2。"= ROUND (5.235, 2)"表示数值 5.235 四舍五入，并保留 2 位小数，返回结果为 5.24。

10. 取余函数 MOD

格式：MOD (number, divisor)

功能：返回两数相除的余数。

参数说明：number 是必需的，表示被除数；divisor 是必需的，表示除数。

例如："=MOD(5,2)"表示 5 除以 2 的余数，返回结果为 1。

11. 计数函数 COUNT

格式：COUNT(value1, [value2], …)

功能：返回指定单元格区域中包含数字的单元格的个数。

参数说明：value1 是必需的，表示要计算其中数字的个数的第一项、单元格引用或区域。value2, … 是可选的，表示要计算其中数字的个数的其他项、单元格引用或区域，最多可包含 255 个。

例如：计算 B3:B7 单元格区域中包含数字的单元格的个数，可以使用公式"= COUNT (B3:B7)"。

12. 条件计数函数 COUNTIF

格式：COUNTIF(range, criteria)

功能：返回指定区域内满足给定条件的单元格的个数。

参数说明：range 是必需的，表示需要进行计数的单元格区域。criteria 是必需的，表示指定的条件，用于决定要统计哪些单元格的数量。

例如：统计工作表中 B3:B7 单元格区域内数值大于 200 的单元格的个数，可以使用公式"=COUNTIF(B3:B7,">200")"。

13. 多条件计数函数 COUNTIFS

格式：COUNTIFS(criteria_ range1, criteria1, [criteria_ range2, criteria2], …)

功能：返回指定区域内满足一组给定条件的单元格的个数。

参数说明：criteria_ range1 是必需的，表示需要进行计数的第一个区域；criteria1 是必需的，表示第一个计数条件；criteria_ range2, criteria2, … 是可选的。

例如：统计工作表中 A3:A7 单元格值为"机械"且 B3:B7 单元格区域内数值大于 200 的单元格的

个数，可以使用公式"=COUNTIFS(A3:A7,"机械",B3:B7,">200")"。

14．求最大值函数 MAX

格式：MAX(number1, [number2], …)

功能：返回一组数值中的最大值。

参数说明：number1 是必需的，number2，…是可选的。

例如：求 B3:B7 单元格区域内的最大值，可以使用公式"=MAX(B3:B7)"。

15．求最小值函数 MIN

格式：MIN (number1, [number2], …)

功能：返回一组数值中的最小值。

参数说明：number1 是必需的，number2，…是可选的。

函数的使用方法与 MAX 类似。

16．条件判断函数 IF

格式：IF(logical_test, [value_if_true], [value_if_false])

功能：判断指定条件是否为 TRUE，如果为 TRUE，函数将返回一个值；如果为 FALSE，函数将返回另一个值。

参数说明：logical_test 是必需的，表示要测试的条件；value_if_true 是可选的，表示 logical_test 的结果为 TRUE 时，希望返回的值；value_if_false 是可选的，表示 logical_test 的结果为 FALSE 时，希望返回的值。

当测试条件比较复杂时，一个 IF 函数无法实现，可以使用 IF 函数的嵌套来实现。

例 7-4　如图 7-11（a）所示的工作表中，如果语文成绩大于或等于 90，则"等级"显示"优秀"，否则显示"良好"。

具体操作方法：

方法 1：首先单击单元格 C2，然后输入"=IF(B2>=90,"优秀","良好")"，按【Enter】键，最后使用填充柄填充至 C7 单元格。

方法 2：首先单击单元格 C2，，然后单击编辑栏左侧的"插入函数"按钮 *fx*，弹出"插入函数"对话框，选择"逻辑"类型中的 IF 函数，单击"确定"按钮，弹出"函数参数"对话框。接着在"函数参数"对话框中输入参数，如图 7-11（b）所示，单击"确定"按钮。最后使用填充柄填充至 C7 单元格，如图 7-11（c）所示。

（a）原数据　　　　　　（b）IF 函数的"函数参数"对话框　　　　　（c）效果图

图 7-11　IF 函数的使用

例 7-5 如图 7-11（a）所示的工作表中，如果语文成绩大于或等于 90，则 "等级" 显示 "优秀"，如果语文成绩大于或等于 80 且小于 90，显示 "良好"，如果语文成绩小于 80，显示 "及格"。

扫一扫

例 7-5

具体操作步骤如下：

① 单击单元格 C2。

② 输入 "=IF(B2>=90,"优秀",IF(B2>=80,"良好","及格"))"，按【Enter】键。

③ 使用填充柄填充至 C7 单元格，效果如图 7-12 所示。

	A	B	C	D	E	F	G
	fx		=IF(B2>=90,"优秀",IF(B2>=80,"良好","及格"))				
1	姓名	语文	等级				
2	李梅	90	优秀				
3	方明	78	及格				
4	高一明	88	良好				
5	孙毅	83	良好				
6	张晓晓	76	及格				
7	田华	80	良好				

图 7-12　IF 函数的嵌套

17. 逻辑与函数 AND

格式：AND(logical1，[logical2]，…)

功能：各参数进行与运算，返回逻辑值。如果所有参数的值均为 "逻辑真（TRUE）"，则返回 "逻辑真（TRUE）"，否则返回 "逻辑假（FALSE）"。

参数说明：logical1 是必需的，表示第一个想要测试且计算结果可为 TRUE 或 FALSE 的条件。logical2，… 是可选的，表示其他想要测试且计算结果可为 TRUE 或 FALSE 的条件。

18. 逻辑或函数 OR

格式：OR(logical1，[logical2]，…)

功能：各参数进行或运算，返回逻辑值。所有参数中只要有一个逻辑值为 "逻辑真（TRUE）"，则返回 "逻辑真（TRUE）"。

参数说明：logical1 是必需的，表示第一个想要测试且计算结果可为 TRUE 或 FALSE 的条件。logical2，… 是可选的，表示其他想要测试且计算结果可为 TRUE 或 FALSE 的条件。

19. 排位函数 RANK.AVG 和 RANK.EQ

格式：RANK.AVG(number, ref, [order])、RANK.EQ(number, ref, [order])

功能：返回某数字在一列数字中相对于其他数值的大小排名，如果多个数值相同，RANK.AVG 函数返回平均排位，RANK.EQ 函数则返回实际排位。

参数说明：number 是必需的，表示要查找其排位的数字；ref 是必需的，表示数字列表或对一个数据列表的引用，非数字值将被忽略；order 是可选的，表示排位方式的数字，如果 order 为 0 或忽略，则进行基于降序的排位，如果 order 不为 0，则是基于升序的排位。

例 7-6 如图 7-13 所示的工作表格中，在 "排名" 列根据 "合计降水量" 列中的数值进行降序排名。

具体操作步骤如下：

① 单击单元格 O2。

② 单击编辑栏左侧的 "插入函数" 按钮 ，弹出 "插入函数" 对话框，选择 "统计" 类型中的 RANK.EQ

函数，单击"确定"按钮，弹出"函数参数"对话框。

③ 在"函数参数"对话框中输入参数，如图 7–14 所示，单击"确定"按钮。

④ 使用填充柄填充至 O32 单元格。

城市（毫米）	1月	2月	3月	4月	5月	6月	7月	8月	9月	10月	11月	12月	合计降水量	排名
北京beijing	0.2		11.6	63.6	64.1	125.3	79.3	132.1	118.9	31.1		0.1	626.3	
天津tianjin	0.1	0.9	13.7	48.8	21.2	131.9	143.4	71.3	68.2	48.5		4.1	552.1	
石家庄shijiazhuang	8		22.1	47.9	31.5	97.1	129.2	238.6	116.4	16.6	0.2	0.1	707.7	
太原taiyuan	3.7	2.7	20.9	63.4	17.6	103.8	23.9	45.2	56.7	17.4			355.3	
呼和浩特huhehaote	6.5	2.9	20.3	11.5	7.9	137.4	165.5	132.7	54.9	24.7	6.7		571	
沈阳shenyang		1	37.2	71	79.1	88.1	221.1	109.3	70	17.9	8.3	18.7	721.7	
长春changchun	0.2	0.5	32.5	22.3	62.1	152.5	199.8	150.5	63	17	14.1	2.3	716.8	
哈尔滨haerbin			21.8	31.3	71.3	57.4	94.8	46.1	80.4	18	9.3	8.6	439	
上海shanghai	90.9	32.3	30.1	55.5	84.5	300	105.8	113.5	109.3	56.7	81.6	26.3	1086.5	
南京nanjing	110.1	18.9	32.2	90	81.4	131.7	193.3	191	42.4	38.4	27.5	18.1	975	
杭州hangzhou	91.7	61.4	37.7	101.9	117.7	361	114.4	137.5	44.2	67.4	118.5	20.5	1273.9	
合肥hefei	89.8	12.6	37.3	59.4	72.5	203.8	162.3	177.7	5.6	50.4	28.3	10.5	910.2	
福州fuzhou	70.3	46.9	68.7	148.3	266.4	247.6	325.6	104.4	40.8	118.5	35.1	12.2	1484.8	
南昌nanchang	75.8	48.2	145.3	157.4	104.1	427.6	133.7	68	31	16.6	138.7	9.7	1356.1	
济南jinan	6.8	5.9	13.1	53.5	61.6	27.2	254	186.7	73.9	18.6	3.4	0.4	705.1	
郑州zhengzhou	17	2.5	2	90.8	59.4	24	309.7	58.5	64.4	13.3	12.9	3.1	658.2	
武汉wuhan	72.4	20.7	79	54.3	344.2	129.4	148.1	240.7	40.8	92.5	39.1	5.6	1266.8	
长沙changsha	96.4	53.8	159.9	101.6	110	114.1	215	143.9	146.7	55.8	243.9	9.5	1452.9	
广州guangzhou	98	49.9	70.9	111.7	285.2	834.6	170.3	188.4	262.6	136.4	61.9	14.1	2284	
南宁nanning	76.1	70	18.7	45.2	121.8	300.6	260.1	317.4	187.6	47.6	156	23.9	1625	
海口haikou	35.5	27.7	13.6	53.9	193.3	227.3	164.7	346.7	337.5	901.2	20.9	68.9	2391.2	
重庆chongqing	16.2	42.7	43.8	75.1	69.1	254.4	55.1	108.4	54.1	154.3	59.8	29.7	962.7	
成都chengdu	6.3	16.8	33	47	69.7	124	235.8	147.2	267	58.8	22.6		1028.2	
贵阳guiyang	15.7	13.5	68.1	62.1	156.9	89.9	275	364.2	98.9	106.1	103.3	17.2	1370.9	
昆明kunming	13.6	12.7	15.7	14.4	94.5	133.5	281.5	203.4	75.4	49.4	82.7	5.4	982.2	

图 7–13　例 7–6 原数据

ℹ️ **提示**

参数 ref 表示的数据区域范围是固定不变的，所以要使用单元格的绝对引用。

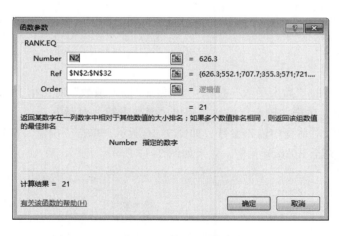

图 7–14　RANK.EQ 函数的"函数参数"对话框

20．垂直查询函数 VLOOKUP

格式：VLOOKUP (lookup_value, table_array, col_index_num, [range_lookup])

功能：查找指定单元格区域第一列满足条件的元素，确定待检索单元格在区域中的行序号，再进一步返回选定单元格的值。

参数说明：lookup_value 是必需的，表示需要在数据表首列进行搜索的值，可以是数值、引用或字符串。table_array 是必需的，表示需要查找的数据所在的单元格区域，特别要注意的是这个区域第一列的值必须是 lookup_value 查找的值。col_index_num 是必需的，表示待返回的数据所在列的列号，为 1 时，返回数据表 table_array 第一列中的数值；为 2 时，返回数据表 table_array 第二列中的数值，以此类推。range_lookup 是可选的，表示在查询时需要精确匹配还是大致匹配，如果输入 false，则精确匹配；如果输入 true 或忽略，则大致匹配。

扫一扫

例 7-7

例 7-7　如图 7-15 所示，请根据图书编号在"销售订单明细表"工作表的"图书名称"列中，使用 VLOOKUP 函数完成图书名称的自动填充。"图书名称"和"图书编号"的对应关系在"图书编号对照表"中。

（a）"订单明细表"工作表　　　　　　　　（b）"编号对照"工作表

图 7-15　例 7-7 原数据

具体操作步骤如下：

① 单击单元格 E2。

② 单击编辑栏左侧的"插入函数"按钮 *fx*，弹出"插入函数"对话框，选择"查找与引用"类型中的 VLOOKUP 函数，单击"确定"按钮，弹出"函数参数"对话框。

③ 在"函数参数"对话框中输入参数，如图 7-16 所示，单击"确定"按钮。

④ 使用填充柄填充至 E636 单元格，效果如图 7-17 所示。

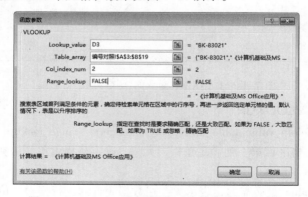

图 7-16　VLOOKUP 函数的"函数参数"对话框

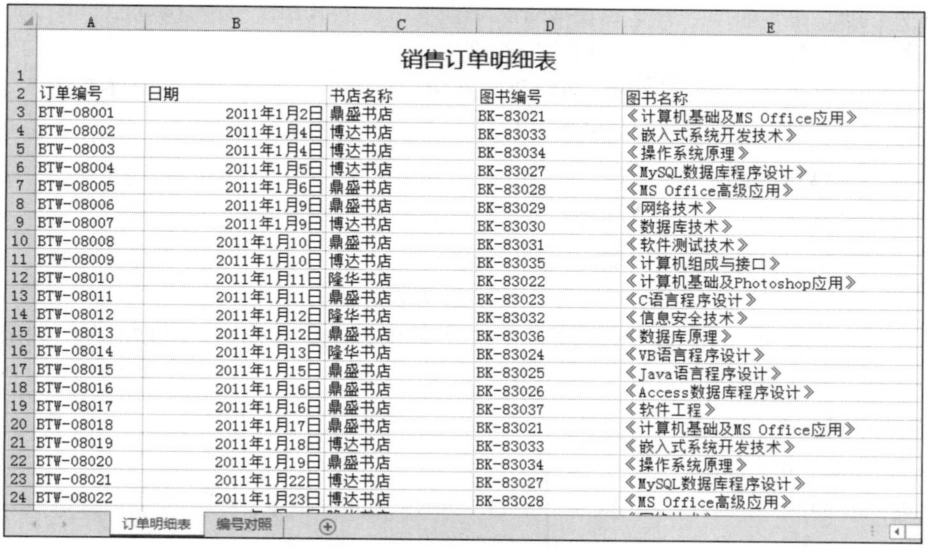

	A	B	C	D	E
1	销售订单明细表				
2	订单编号	日期	书店名称	图书编号	图书名称
3	BTW-08001	2011年1月2日	鼎盛书店	BK-83021	《计算机基础及MS Office应用》
4	BTW-08002	2011年1月4日	博达书店	BK-83033	《嵌入式系统开发技术》
5	BTW-08003	2011年1月4日	博达书店	BK-83034	《操作系统原理》
6	BTW-08004	2011年1月5日	博达书店	BK-83027	《MySQL数据库程序设计》
7	BTW-08005	2011年1月6日	鼎盛书店	BK-83028	《MS Office高级应用》
8	BTW-08006	2011年1月9日	鼎盛书店	BK-83029	《网络技术》
9	BTW-08007	2011年1月9日	博达书店	BK-83030	《数据库技术》
10	BTW-08008	2011年1月10日	鼎盛书店	BK-83031	《软件测试技术》
11	BTW-08009	2011年1月10日	博达书店	BK-83035	《计算机组成与接口》
12	BTW-08010	2011年1月11日	隆华书店	BK-83022	《计算机基础及Photoshop应用》
13	BTW-08011	2011年1月11日	鼎盛书店	BK-83023	《C语言程序设计》
14	BTW-08012	2011年1月12日	隆华书店	BK-83032	《信息安全技术》
15	BTW-08013	2011年1月12日	鼎盛书店	BK-83036	《数据库原理》
16	BTW-08014	2011年1月13日	隆华书店	BK-83024	《VB语言程序设计》
17	BTW-08015	2011年1月15日	鼎盛书店	BK-83025	《Java语言程序设计》
18	BTW-08016	2011年1月16日	鼎盛书店	BK-83026	《Access数据库程序设计》
19	BTW-08017	2011年1月16日	鼎盛书店	BK-83037	《软件工程》
20	BTW-08018	2011年1月17日	鼎盛书店	BK-83021	《计算机基础及MS Office应用》
21	BTW-08019	2011年1月18日	博达书店	BK-83033	《嵌入式系统开发技术》
22	BTW-08020	2011年1月19日	鼎盛书店	BK-83034	《操作系统原理》
23	BTW-08021	2011年1月22日	博达书店	BK-83027	《MySQL数据库程序设计》
24	BTW-08022	2011年1月23日	博达书店	BK-83028	《MS Office高级应用》

图 7-17　例 7-7 效果图

提示

参数 table_array 表示的数据区域范围是固定不变的，所以要使用单元格的绝对引用；参数 range_lookup 输入 false 是为了查找时能够精确匹配。

21. 截取字符串函数 MID

格式：MID(text,start_num,num_chars)

功能：从文本字符串中指定的起始位置起返回指定长度的字符。

参数说明：text 是必需的，表示包含准备从中提取字符的文本字符串；start_num 是必需的，表示准备提取的第一个字符的位置；num_chars 是必需的，表示准备提取的字符串长度。

例如：如果单元格 B3 的值为“福建省南平市武夷山风景区”，那么“=MID(B3,7,3)”表示从单元格 B3 的第 7 个字符开始提取 3 个字符，返回值为“武夷山”。

22. 左侧截取字符串函数 LEFT

格式：LEFT(text，[num_chars])

功能：从文本字符串的第一个字符开始返回指定长度的字符。

参数说明：text 是必需的，表示包含准备从中提取字符的文本字符串。num_chars 是可选的，表示准备提取的字符串长度，如果忽略，则提取长度为 1。

例如：如果单元格 B3 的值为“福建省南平市武夷山风景区”，那么“=LEFT(B3,3)”表示从单元格 B3 提取前 3 个字符，返回值为“福建省”。

23. 右侧截取字符串函数 RIGHT

格式：RIGHT(text，[num_chars])

功能：从文本字符串的最后一个字符开始返回指定长度的字符。

参数说明：text 是必需的，表示包含准备从中提取字符的文本字符串。num_chars 是可选的，表示准备提取的字符串长度，如果忽略，则提取长度为 1。

例如：如果单元格 B3 的值为"福建省南平市武夷山风景区"，那么"=RIGHT(B3,3)"表示从单元格 B3 提取最后 3 个字符，返回值为"风景区"。

24．求字符个数函数 LEN

格式：LEN(text)

功能：返回文本字符串的字符个数。

参数说明：text 是必需的，表示需要计算长度的文本字符串。

例如：如果单元格 B3 的值为"福建省南平市武夷山风景区"，那么"=LEN(B3)"表示单元格 B3 中的字符串长度，返回值为 12。

25．日期年份函数 YEAR

格式：YEAR(serial_number)

功能：返回日期对应的年份值，是一个 1900 ~ 9999 之间的数字。

参数说明：serial_number 是必需的，表示需要查找年份的日期。

例如：如果单元格 B3 的值为"2021/1/1"，那么"=YEAR(B3)"的返回值为年份 2021。

26．当前日期函数 TODAY

格式：TODAY ()

功能：返回当前计算机系统的日期。

参数说明：无参数。

例如：YEAR(TODAY( ))表示当前计算机系统的日期对应的年份。

27．当前日期和时间函数 NOW

格式：NOW ()

功能：返回当前计算机系统的日期和时间。

参数说明：无参数。

28．星期函数 WEEKDAY

格式：WEEKDAY (serial_number, [return_type])

功能：返回代表一周中的第几天的数值，是一个 1 到 7 之间的整数。

参数说明：serial_number 是必需的，表示需要查找的日期；return_type 是可选的，用于确定返回值类型的数字。

① return_type 值为 1 或省略，返回的数字表示：1（星期日）~7（星期六）。

② return_type 值为 2，返回的数字表示：1（星期一）~7（星期日）。

③ return_type 值为 3，返回的数字表示：0（星期一）~6（星期日）。

④ return_type 值为 11，返回的数字表示：1（星期一）~7（星期日）。

⑤ return_type 值为 12，返回的数字表示：1（星期二）~7（星期一）。

⑥ return_type 值为 13，返回的数字表示：1（星期三）~7（星期二）。

⑦ return_type 值为 14，返回的数字表示：1（星期四）~7（星期三）。

⑧ return_type 值为 15，返回的数字表示：1（星期五）~7（星期四）。

⑨ return_type 值为 16，返回的数字表示：1（星期六）~7（星期五）。

⑩ return_type 值为 17，返回的数字表示：1（星期日）~7（星期六）。

例如：如果单元格 B3 的值为"2021/1/1"，那么"= WEEKDAY (B3,2)"的返回数字 5，表示 B3 单元格的日期为星期五。

课后习题 7

一、思考题

1. 公式与函数有什么区别？

2. 单元格的相对引用与绝对引用有什么区别？

3. RANK.AVG 和 RANK.EQ 两个函数有什么区别？

4. 在 Excel 中，需要对指定区域内满足多个条件的单元格求平均值，最优的函数是什么？

二、操作题

1. 正则明事务所的统计员小王要对本所外汇报告的完成情况进行统计分析，并据此计算员工奖金。请你根据下列要求帮助小王完成统计工作并对结果进行保存：

① 将文件夹下的"Excel 素材 1.xlsx"文件另存为"Excel.xlsx"，后续操作均基于此文件。

② 在文档中，将以每位员工姓名命名的 5 个工作表内容合并到一个名为"全部统计结果"的新工作表中，合并结果自 A2 单元格开始、保持 A2 ~ G2 单元格中的列标题依次为报告文号、客户简称、报告收费(元)、报告修改次数、是否填报、是否审核、是否通知客户，然后将以每位员工姓名命名的 5 个工作表设置隐藏。

③ 在"客户简称"和"报告收费(元)"两列之间插入一个新列、列标题为"责任人"，要求该列中的内容只能是员工姓名高晓丹、刘君瀛、王铬铮、石明岩、杨晓珂中的一个，并提供输入用下拉箭头，然后按照原始工作表名依次输入每个报告所对应的责任人的姓名。

④ 利用条件格式"浅红色填充"标记重复的报告文号，按"报告文号"升序、"客户简称"笔画降序的方式排列数据区域。在重复的报告文号后面依次增加(1)、(2)格式的序号进行区分［使用西文括号，如 13(1)］。

⑤ 在数据区域的最右侧增加"完成情况"列，并在该列中按以下规则运用公式和函数填写统计结果：当左侧"是否填报"、"是否审核"和"是否通知客户" 三项全部为"是"时，显示"完成"；否则为"未完成"。

⑥ 在数据区域的最右侧增加"报告奖金"列，按下列要求对每个报告的员工奖金数用函数进行统计计算(单位：元)。另外，当完成情况为"完成"时，每个报告多加 30 元的奖金，未完成时则没有额外奖金：

报告收费金额/元	每个报告奖金/元
小于或等于 1 000	100
大于 1 000 小于或等于 2 800	报告收费金额的 8%
大于 2 800	报告收费金额的 10%

⑦ 适当调整数据区域的数字格式、对齐方式以及行高和列宽等格式，并为其套用一个恰当的表格样式。最后设置表格中仅"完成情况"和"报告奖金"两列数据不能被修改，密码为空。

⑧ 打开工作簿"Excel 素材 2.xlsx"，将其工作表 Sheet1 移动或复制到工作簿"Excel.xlsx"的最

右侧，并将"Excel.xlsx"中的 Sheet1 重命名为"员工个人情况统计"。

⑨ 在工作表"员工个人情况统计"中，对每位员工的报告完成情况及奖金数进行计算统计并依次填入相应的单元格中。

2. 财务部助理小王需要向主管汇报 2013 年度公司差旅报销情况，现在请按照如下需求完成工作：

① 将"Excel素材.xlsx"文件另存为"Excel.xlsx"（".xlsx"为扩展名），后续操作均基于此文件。

② 在"费用报销管理"工作表"日期"列的所有单元格中，标注每个报销日期属于星期几，例如日期为"2013 年 1 月 20 日"的单元格应显示为"2013 年 1 月 20 日 星期日"，日期为"2013 年 1 月 21 日"的单元格应显示为"2013 年 1 月 21 日 星期一"。

③ 如果"日期"列中的日期为星期六或星期日，则在"是否加班"列的单元格中显示"是"，否则显示"否"（必须使用公式函数）。

④ 使用公式统计每个活动地点所在的省份或直辖市，并将其填写在"地区"列所对应的单元格中，例如"北京市"、"浙江省"。

⑤ 依据"费用类别编号"列内容，使用 VLOOKUP 函数，生成"费用类别"列内容。对照关系参考"费用类别"工作表。

⑥ 在"差旅成本分析报告"工作表 B3 单元格中，统计 2013 年第二季度发生在北京市的差旅费用总金额。

⑦ 在"差旅成本分析报告"工作表 B4 单元格中，统计 2013 年员工钱顺卓报销的火车票费用总额。

⑧ 在"差旅成本分析报告"工作表 B5 单元格中，统计 2013 年差旅费用中，飞机票费占所有报销费用的比例，并保留 2 位小数。

⑨ 在"差旅成本分析报告"工作表 B6 单元格中，统计 2013 年发生在周末（星期六和星期日）的通讯补助总金额。

3. 期末考试结束了，初三（14）班的班主任助理王老师需要对本班学生的各科考试成绩进行统计分析，并为每位学生制作一份成绩通知单下发给家长。按照下列要求完成该班的成绩统计工作并按原文件名进行保存：

① 打开工作簿"学生成绩.xlsx"，在最左侧插入一个空白工作表，重命名为"初三学生档案"，并将该工作表标签颜色设为"紫色(标准色)"。

② 将以制表符分隔的文本文件"学生档案.txt"自 A1 单元格开始导入工作表"初三学生档案"中，注意不得改变原始数据的排列顺序。将第一列数据从左到右依次分成"学号"和"姓名"两列显示。最后创建一个名为"档案"，包含数据区域 A1:G56、标题的表，同时删除外部链接。

③ 在工作表"初三学生档案"中，利用公式及函数依次输入每位学生的性别"男"或"女"、出生日期"××××年××月××日"和年龄。其中：身份证号的倒数第 2 位用于判断性别，奇数为男性，偶数为女性；身份证号的第 7~14 位代表出生年月日；年龄需要按周岁计算，满 1 年才计 1 岁。最后适当调整工作表的行高和列宽、对齐方式等，以方便阅读。.

④ 参考工作表"初三学生档案"，在工作表"语文"中输入与学号对应的"姓名"；按照平时、期中、期末成绩各占 30%、30%、40%的比例计算每位学生的"学期成绩"并填入相应单元格中；按成绩由高到低的顺序统计每位学生的"学期成绩"排名并按"第 n 名"的形式填入"班级名次"列中；按照下列条件填写"期末总评"：

语文、数学的学期成绩	其他科目的学期成绩	期末总评
≥102	≥90	优秀
≥84	≥75	良好
≥72	≥60	及格
<72	<60	不合格

⑤ 将工作表"语文"的格式全部应用到其他科目工作表中，包括行高（各行行高均为 22 默认单位）和列宽（各列列宽均为 14 默认单位）。并按上述④中的要求依次输入或统计其他科目的"姓名"、"学期成绩"、"班级名次"和"期末总评"。

⑥ 分别将各科的"学期成绩"引入工作表"期末总成绩"的相应列中，在工作表"期末总成绩"中依次引入姓名、计算各科的平均分、每位学生的总分，并按成绩由高到低的顺序统计每位学生的总分排名、并以 1、2、3…形式标识名次，最后将所有成绩的数字格式设为数值，保留两位小数。

⑦ 在工作表"期末总成绩"中分别用红色（标准色）和加粗格式标出各科第一名成绩。同时将前 10 名的总分成绩用浅蓝色填充。

⑧ 调整工作表"期末总成绩"的页面布局以便打印：纸张方向为横向，缩减打印输出使得所有列只占一个页面宽（但不得缩小列宽），水平居中打印在纸上。

第 **8** 章

Excel 图表

Excel 图表是以图形的形式表示工作表数据、计算结果和统计分析结果。图表的表现力强，比枯燥的数据本身更加能够简单直观、形象生动地呈现数据变化的规律，便于用户进行数据对比和数据分析。

本章介绍了 Excel 2016 的图表，包括图表基本知识、图表的创建、图表的编辑与修饰、迷你图的创建与编辑等。

8.1　图表基本知识

Excel 图表功能全面、类型丰富，并且能够随着数据的变化而变化，用户能够轻松地使用不同的图表来表示各类数据及其变化规律。

扫一扫

图表基本知识

8.1.1　图表类型

Excel 2016 提供了多种类型的图表，不同类型的图表以不同的形状、颜色、结构等来描述数据。常用的图表类型有柱形图、折线图、饼图、条形图、面积图等。

1. 柱形图

柱形图是用于显示一段时间内的数据变化或说明各项之间的比较情况。通常柱形图沿水平轴显示类别，沿垂直轴显示数值。

柱形图的子类别包括簇状柱形图、堆积柱形图、百分比堆积柱形图、三维簇状柱形图、三维堆积柱形图、三维百分比堆积柱形图和三维柱形图。默认情况下，系统选择的是簇状柱形图，如图 8-1（a）所示。

2. 折线图

折线图可以显示一段时间内的连续数据，非常适合于显示在相等时间间隔下数据的趋势。通常折线图中类别数据沿水平轴均匀分布，所有数值沿垂直轴均匀分布。

折线图的子类别包括折线图、堆积折线图、百分比堆积折线图、带数据标记的折线图、带标记的堆积折线图、带数据标记的百分比堆积折线图和三维折线图。默认情况下，系统选择的是折线图，如图 8-1（b）所示。

3. 饼图

饼图可以显示一个数据系列中各项的大小与各项总和的比例。

饼图的子类别包括饼图、三维饼图、复合饼图、复合条饼图和圆环图。默认情况下，系统选择的是饼图，如图 8-2（a）所示。

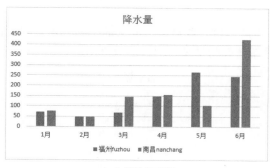
（a）簇状柱形图

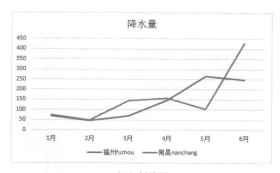
（b）折线图

图 8-1　图表类型 1

4．条形图

条形图可以显示各项数据之间的比较情况。通常条形图沿水平轴显示值，沿垂直轴显示类别。

条形图的子类别包括簇状条形图、堆积条形图、百分比堆积条形图、三维簇状条形图、三维堆积条形图和三维百分比堆积条形图。默认情况下，系统选择的是簇状条形图，如图 8-2（b）所示。

（a）饼图

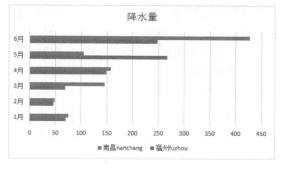
（b）簇状条形图

图 8-2　图表类型 2

5．面积图

面积图可以用于描述数值随时间变化的趋势，强调数量随时间而变化的程度。面积图可以显示每个系列所占据的面积，还可以显示整体趋势。

面积图的子类别包括面积图、堆积面积图、百分比堆积面积图、三维面积图、三维堆积面积图和三维百分比堆积面积图，其中，堆积面积图如图 8-3（a）所示。默认情况下，系统选择的是面积图。

6．XY 散点图

XY 散点图可以用于显示若干数据系列中各数值之间的关系，或者将两组数字绘制为 xy 坐标的一个系列。XY 散点图有水平数值轴（X 轴）和垂直数值轴（Y 轴）两个数值轴。散点图通常用于显示和比较数值。

XY 散点图的子类别包括散点图、带平滑线和数据标记的散点图、带平滑线的散点图、带直线和数据标记的散点图、带直线的散点图、气泡图和三维气泡。默认情况下，系统选择的是散点图，如图 8-3（b）所示。

7．股价图

股价图可以用来显示股价的波动，也可以用来显示其他数据（如每年温度等）的波动，必须按正确的顺序组织数据才能创建股价图。

　　股价图的子类别包括盘高–盘低–收盘图、开盘–盘高–盘低–收盘图、成交量–盘高–盘低–收盘图和成交量–开盘–盘高–盘低–收盘图。默认情况下，系统选择的是盘高–盘低–收盘图。

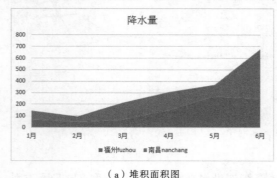 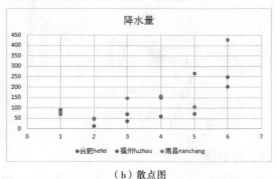

（a）堆积面积图　　　　　　　　　　　　　　（b）散点图

图 8-3　图表类型 3

8．曲面图

　　曲面图可以用于找到两组数据间的最佳组合。例如在地形图上，颜色和图案表示具有相同取值范围的区域。

　　曲面图的子类别包括三维曲面图、三维曲面图（框架图）、曲面图和曲面图（俯视框架图）。默认情况下，系统选择的是三维曲面图，如图 8-4（a）所示。

9．雷达图

　　雷达图用于比较若干数据系列的聚合值。

　　雷达图的子类别包括雷达图、带数据标记点的雷达图和填充雷达。默认情况下，系统选择的是雷达图，如图 8-4（b）所示。

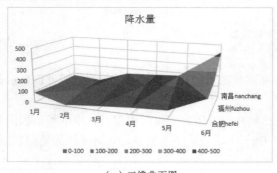 

（a）三维曲面图　　　　　　　　　　　　　　（b）雷达图

图 8-4　图表类型 4

10．树状图

　　树状图用于提供数据的分层视图，方便比较分类的不同级别。树状图按颜色和接近度显示类别，并可以轻松显示大量数据，而其他图表类型难以做到。

　　树状图下无子类别。

　　除此之外，Excel 2016 中还包含直方图、瀑布图等类型的图表。

8.1.2　图表元素

Excel 图表包含图表标题、坐标轴标题、数据标签等许多元素，如图 8-5 所示。通常不同类型的图表在默认情况下显示的图表元素也是不同的，用户可以根据实际需要进行调整。

1. 图表区

图表区包含整个图表及其全部元素。

2. 绘图区

绘图区是通过坐标轴来划分的区域，包括所有数据系列、分类名、刻度线标志和坐标轴标题。

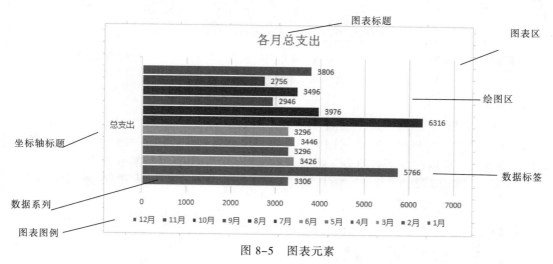

图 8-5　图表元素

3. 图表标题

图表标题是用户自定义的用于说明图表的文本。图表标题可以在图表上方的居中位置，也可以根据需要调整至其他位置。

4. 坐标轴

坐标轴是界定图表绘图区的线条，用作度量的标准。

5. 坐标轴标题

坐标轴标题是用于说明坐标轴的文本。坐标轴标题可以自动与坐标轴对齐，也可以根据需要调整至其他位置。

6. 数据系列

数据系列是图表中绘制的相关数据，每个数据系列具有唯一的颜色或图案。

7. 数据标签

数据标签是用于注明数据系列中数据点的详细信息，代表源于数据表单元格的单个数据点或值。

8. 图表图例

图表图例是为图中的数据系列或分类指定颜色，便于用户区分不同的数据系列或分类。

8.2　图表的创建

Excel 中为工作表数据创建图表，通常可以通过以下几个步骤来完成：

①　选择数据源。数据源是工作表中用于生成图表的数据区域，可以是连续的单元格区域，也可以是不连续的单元格区域，如图 8-6 所示。

（a）原始单元格区域选择	（b）连续的单元格区域	（c）选择不连续的单元格区域

图 8-6　选择数据源

②　插入图表。

方法 1：单击"插入"→"图表"组中右下角"对话框启动器"按钮，弹出"插入图表"对话框，如图 8-7 所示。可以在"推荐的图表"选项卡中从系统推荐的图表类型中选择合适的图表类型插入图表，也可以在"所有图表"选项卡中选择合适的图表类型插入图表。

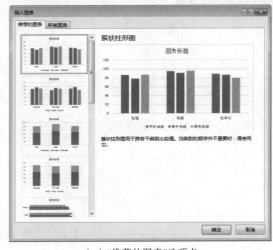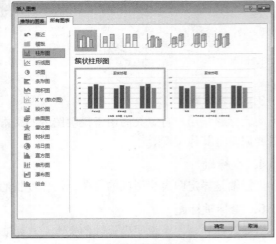

（a）"推荐的图表"选项卡	（b）"所有图表"选项卡

图 8-7　"插入图表"对话框

方法 2：首先单击"插入"→"图表"组中某图表类型，然后从下拉列表中选择合适的图表子类型插入图表，如图 8-8 所示。

这时如果需要查看更多的图表类型，可以选择下拉列表的最后一个命令"更多柱形图"（注意：单击不同图表类型的下拉列表，最后一个命令名称会有所区别，如"插入折线图或面积图"类型下拉列表最后一个命令是"更多折线图"），弹出"插入图表"对话框，如图 8-7 所示，可以在"推荐的图表"选项卡中从系统推荐的图表类型中选择合适的图表类型插入图表，也可以在"所有的图表"选项卡中选择合适的图表类型插入图表。

③ 调整图表位置。将光标移动到图表空白区域，光标变为 ✛ 形时按下鼠标左键不放拖动图表至目标位置。

④ 调整图表大小。首先单击图表，然后将光标移动到图表的四个边角，当光标变为双向箭头时，按下鼠标左键不放拖动鼠标。

例 8-1　如图 8-9（a）所示的工作表中，按各商品的实际销售金额插入饼图，产生的图表放置在工作表中的 A8:E20 单元格区域内。

具体操作步骤如下：

① 选择数据源。拖动鼠标选择 A1:A6 单元格，按下【Ctrl】键不放，再拖动鼠标选择 E1:E6 单元格，如图 8-9（b）所示。

图 8-8　"插入柱形图或条形图"下拉列表

	A	B	C	D	E
1	品名	平均单价(元)	数量	折价率	实际销售金额(元)
2	电冰箱	2350	242	0.05	540265.00
3	电视机	3468	102		336049.20
4	录像机	4200	60	0.06	236880.00
5	洗衣机	1886	89	0.07	156104.22
6	数码相机	2466	233	0.08	528611.76

（a）原始数据

	A	B	C	D	E
1	品名	平均单价(元)	数量	折价率	实际销售金额(元)
2	电冰箱	2350	242	0.05	540265.00
3	电视机	3468	102		336049.20
4	录像机	4200	60	0.06	236880.00
5	洗衣机	1886	89	0.07	156104.22
6	数码相机	2466	233	0.08	528611.76

（b）选择数据源

图 8-9　例 8-1 数据表

② 插入图表。首先单击"插入"→"图表"组中"插入饼图或圆环图"按钮，然后从下拉列表中选择"饼图"图表插入，如图 8-10（a）所示。

③ 调整图表位置。将光标移动到图表空白区域，光标变为 ✛ 形时按下鼠标左键不放拖动图表至 A8 位置。

④ 调整图表大小。首先单击图表，然后将光标移动到图表的四个边角，当光标变为双向箭头时，按下鼠标左键不放拖动鼠标调整图表大小至 A8:E20 单元格区域，效果如图 8-10（b）所示。

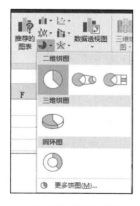

（a）选择"饼图"图表

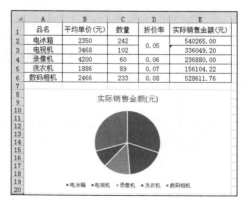

（b）效果图

图 8-10　插入图表与调整图表

8.3 图表的编辑与修饰

Excel 图表创建后，用户可以根据实际情况对图表各个元素进行编辑，使图表可以更加清晰地呈现工作表数据及其变化规律。

8.3.1 更改图表类型

Excel 图表创建后，用户可以根据需要对图表的类型进行更改。

具体操作步骤如下：

步骤 1：右击准备更改图表类型的图表。

步骤 2：在弹出的快捷菜单中选择"更改图表类型"命令，弹出"更改图表类型"对话框，如图 8-11 所示。

步骤 3：在"更改图表类型"对话框中选择新的图表类型即可。

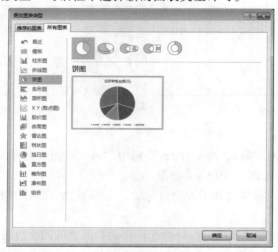

图 8-11 "更改图表类型"对话框

8.3.2 添加或删除图表元素

Excel 图表创建后，用户可以根据需要为图表添加或删除图表标题、数据标签、图例等图表元素。

1. 添加或删除图表标题

（1）添加图表标题

通常创建图表时，图表上方的居中位置会自动添加系统默认的图表标题，如图 8-12（a）所示，单击图表标题即可进行修改。

如果创建图表时没有显示图表标题，可以单击"图表工具|设计"→"图表布局"组中"添加图表元素"按钮，然后在弹出的下拉列表中选择"图表标题"命令，如图 8-12（b）所示。通过选择图表位置"图表上方"或"居中覆盖"来添加图表标题。

（2）删除图表标题

单击图表标题，然后按【Delete】键或者选择"图表工具|设计"→"图表布局"组中"添加图表

元素"→"图表标题"→"无"命令，如图 8-12（b）所示。

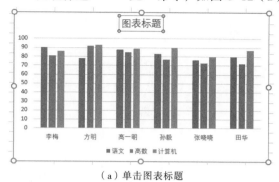

（a）单击图表标题

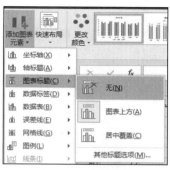

（b）"图表标题"命令

图 8-12　添加或删除图表标题

2．添加或删除轴标题

（1）添加轴标题

首先单击图表，然后选择"图表工具|设计"→"图表布局"组中"添加图表元素"→"轴标题"命令，如图 8-13（a）所示，单击"主要横坐标轴"或"主要纵坐标轴"命令，图表区会显示横坐标或纵坐标的"坐标轴标题"文本框，如图 8-13（b）所示，最后在"坐标轴标题"文本框中输入坐标轴标题内容即可。

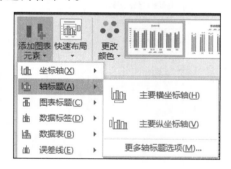

（a）"轴标题"命令

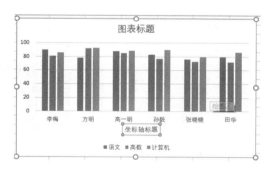

（b）添加"主要横坐标轴"

图 8-13　添加或删除轴标题

（2）删除轴标题

单击轴标题，然后按【Delete】键。

3．坐标轴设置

方法 1：首先单击图表，然后选择"图表工具|设计"→"图表布局"组中"添加图表元素"→"坐标轴"→"更多轴选项"命令，如图 8-14（a）所示，Excel 右侧出现"设置坐标轴格式"任务窗格，如图 8-14（b）所示，可以对填充与线条 、效果 、大小与属性 、坐标轴选项 等格式进行设置。

方法 2：双击图表的横坐标或纵坐标，打开"设置坐标轴格式"任务窗格中相应的"坐标轴选项"。

例 8-2　将如图 8-15 所示的图表纵坐标的主要刻度单位设置为 50。

具体操作步骤如下：

① 双击图表的横坐标或纵坐标，打开右侧"设置坐标轴格式"任务窗格中纵坐标的"坐标轴选项"。

② 在主要单位文本框中输入 50 即可，如图 8-15 所示。

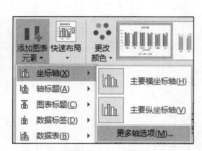

（a）"更多轴选项"命令 　　　　　　　　　　　（b）坐标轴选项

图 8-14　设置坐标轴格式

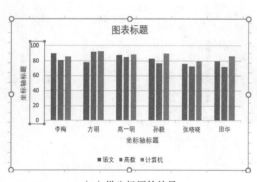

（a）纵坐标原始效果

（b）主要单位设置为 50

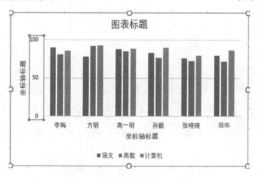

（c）纵坐标设置后效果

图 8-15　纵坐标刻度设置

4．添加或删除数据标签

（1）添加数据标签

首先单击图表，然后选择"图表工具|设计"→"图表布局"组中"添加图表元素"→"数据标签"命令，如图 8-16（a）所示，最后选择相应的显示方式即可，效果如图 8-16（b）所示。

（2）删除数据标签

与添加的方式类似。如果需要删除数据标签，只要在上述步骤最后选择显示方式为"无"。

（a）"数据标签"命令

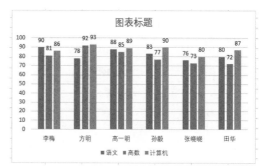

（b）添加"数据标签外"效果

图 8-16　添加或删除数据标签

5．图例编辑

（1）添加图例

首先单击图表，然后选择"图表工具|设计"→"图表布局"组中"添加图表元素"→"图例"命令，如图 8-17 所示，最后选择相应的显示方式即可。

（2）删除图例

与添加的方式类似。只需要在最后选择显示方式为"无"。

（3）设置图例

与添加的方式类似。只需要在"图例"命令下选择"其他图例选项"命令，Excel 右侧出现"设置图例格式"任务窗格，如图 8-17 所示，可以对填充与线条🖍️、效果⬠、图例选项📊等格式进行设置。

6．更改图表布局和样式

创建图表后，用户可以通过更改图表布局和样式快速地调整图表的外观，实现各图表元素的自动格式化，以达到最佳的图表效果。

（1）更改图表布局

首先单击图表，然后单击"图表工具|设计"→"图表布局"组中"快速布局"按钮，接着在弹出的下拉列表中选择需要的布局方式即可，如图 8-18 所示。

（a）"图例"命令

（b）填充与线条

（c）效果

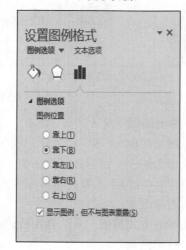

（d）图例选项

图 8-17　图例设置

（2）更改图表样式

　　首先单击图表，然后单击"图表工具|设计"选项卡，在"图表样式"列表中选择合适的样式即可，如图 8-18 所示。

图 8-18　"图表布局""图表样式"组

例 8-3　将如图 8-19 所示的图表作如下调整。

① 图表类型更改为"堆积柱形图"。

② 输入图表标题"销售评估",为图表应用图表布局方式"布局 3"。

③ 设置数据系列格式:"系列绘制在"为"次坐标轴","分类间距"为 25%,无填充,边框线为 2 磅红色实线。

④ 删除"次坐标轴垂直(值)轴"。

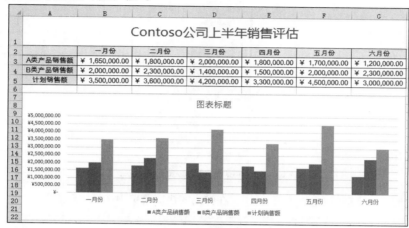

图 8-19　原始图表

具体操作步骤如下:

① 右击图表,在弹出的快捷菜单中选择"更改图表类型"命令,弹出"更改图表类型"对话框,选择图表类型"堆积柱形图"。

② 首先单击图表标题,然后在"图表标题"文本框内输入"销售评估",接着单击"图表工具|设计"→"图表布局"组中"快速布局"按钮,最后在弹出的下拉列表中选择图表布局方式"布局 3"。

③ 右击图表数据系列,在弹出的快捷菜单中选择"设置数据系列格式"命令,如图 8-20 所示,Excel 右侧弹出"设置数据系列格式"任务窗格,在"系列选项"中设置"系列绘制在"为"次坐标轴","分类间距"为 25%。在"填充与线条"中设置为"无填充",边框线为 2 磅红色实线,如图 8-21 所示。

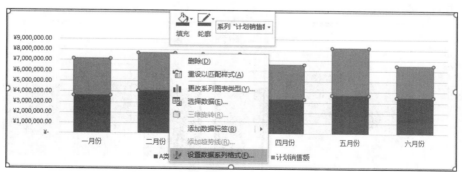

图 8-20　"设置数据系列格式"命令

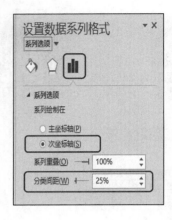
（a）"系列选项"设置

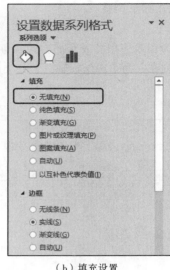
（b）填充设置

（c）边框设置

图 8-21　设置图表的数据系列格式

④ 右击图表的"次坐标轴 垂直（值）轴"，在弹出的快捷菜单中选择"删除"命令，如图 8-22 所示。

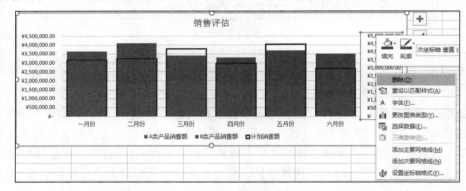

图 8-22　删除"次坐标轴 垂直（值）轴"

完成效果如图 8-23 所示。

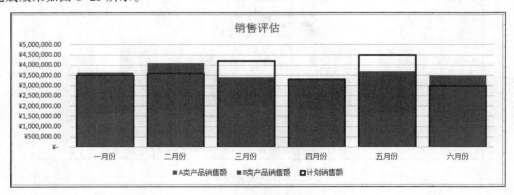

图 8-23　完成效果

8.4　迷你图的创建与编辑

Excel 迷你图是一种可以在单元格中生成的微型图表，它可以直观地呈现一系列数据的变化趋势，如成绩的变化、降水量的增减等。

8.4.1　迷你图的创建

Excel 中迷你图的创建方法：首先单击需要创建迷你图的单元格，然后选择"插入"→"迷你图"组［见图 8-24（a）］→某迷你图类型（折线图、柱形图和盈亏），弹出"创建迷你图"对话框，如图 8-24（b）所示，接着在"数据范围"框中选择数据源的数据范围、"位置范围"框中指定迷你图放置位置，最后单击"确定"按钮即可创建迷你图。

如果相邻区域中还有数据系列需要创建迷你图，可以采用填充的方式，填充方式与公式填充一样。

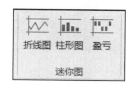

（a）"迷你图"组

（b）"创建迷你图"对话框

图 8-24　创建迷你图

例 8-4　在如图 8-25 所示工作表中，为各城市上半年的降水量创建迷你柱形图。

具体操作步骤如下：

① 首先单击 H2 单元格，然后单击"插入"→"迷你图"组中"柱形图"按钮，弹出"创建迷你图"对话框。

扫一扫

例8-4

	A	B	C	D	E	F	G	H
1	城市（毫米）	1月	2月	3月	4月	5月	6月	上半年降水量趋势
2	北京beijing	0.2		11.6	63.6	64.1	125.3	
3	天津tianjin	0.1	0.9	13.7	48.8	21.2	131.9	
4	石家庄shijiazhuang	8		22.1	47.9	31.5	97.1	
5	太原taiyuan	3.7	2.7	20.9	63.4	17.6	103.8	
6	呼和浩特huhehaote	6.5	2.9	20.3	11.5	7.9	137.4	
7	沈阳shenyang		1	37.2	71	79.1	88.1	
8	长春changchun	0.2	0.5	32.5	22.3	62.1	152.5	
9	哈尔滨haerbin			21.8	31.3	71.3	57.4	
10	上海shanghai	90.9	32.3	30.1	55.5	84.5	300	
11	南京nanjing	110.1	18.9	32.2	90	81.4	131.7	
12	杭州hangzhou	91.7	61.4	37.7	101.9	117.7	361	
13	合肥hefei	89.8	12.6	37.3	59.4	72.5	203.8	
14	福州fuzhou	70.3	46.9	68.7	148.3	266.4	247.6	
15	南昌nanchang	75.8	48.2	145.3	157.4	104.1	427.6	
16	济南jinan	6.8	5.9	13.1	53.5	61.6	27.2	
17	郑州zhengzhou	17	2.5	2	90.8	59.4	24.6	
18	武汉wuhan	72.4	20.7	79	54.3	344.2	129.4	
19	长沙changsha	96.4	53.8	159.9	101.6	110	116.4	
20	广州guangzhou	98	49.9	70.9	111.7	285.2	834.6	
21	南宁nanning	76.1	70	18.7	45.2	121.8	300.6	
22	海口haikou	35.5	27.7	13.6	53.4	193.3	227.3	
23	重庆chongqing	16.2	42.7	43.8	75.1	69.1	254.4	
24	成都chengdu	6.3	16.8	33	47	69.7	124	
25	贵阳guiyang	15.7	13.5	68.1	62.1	156.9	89.9	
26	昆明kunming	13.6	12.7	15.7	14.4	94.5	133.5	

主要城市降水量

图 8-25　例 8-4 原始数据

② 在"创建迷你图"对话框的"数据范围"框中选择单元格区域 B2:G2，然后在"位置范围"框中指定迷你图放置位置$H$2，最后单击"确定"按钮。

③ 首先单击 H2 单元格，然后使用填充柄，填充 H2:H32 单元格区域，效果如图 8-26 所示。

A	B	C	D	E	F	G	H
城市（毫米）	1月	2月	3月	4月	5月	6月	上半年降水量趋势
北京beijing	0.2		11.6	63.6	64.1	125.3	
天津tianjin	0.1	0.9	13.7	48.8	21.2	131.9	
石家庄shijiazhuang	8		22.1	47.9	31.5	97.1	
太原taiyuan	3.7	2.7	20.9	63.4	17.6	103.8	
呼和浩特huhehaote	6.5	2.9	20.3	11.5	7.9	137.4	
沈阳shenyang		1	37.2	71	79.1	88.1	
长春changchun	0.2	0.5	32.5	22.3	62.1	152.5	
哈尔滨haerbin			21.8	31.3	71.3	57.4	
上海shanghai	90.9	32.3	30.1	55.5	84.5	300	
南京nanjing	110.1	18.9	32.2	90	81.4	131.7	
杭州hangzhou	91.7	61.4	37.7	101.9	117.7	361	
合肥hefei	89.8	12.6	37.3	59.4	72.5	203.8	
福州fuzhou	70.3	46.9	68.7	148.3	266.4	247.6	
南昌nanchang	75.8	48.2	145.3	157.4	104.1	427.6	
济南jinan	6.8	5.9	13.1	53.5	61.6	27.2	
郑州zhengzhou	17	2.5	2	90.8	59.4	24.6	
武汉wuhan	72.4	20.7	79	54.3	344.2	129.4	
长沙changsha	96.4	53.8	159.9	101.6	110	116.4	
广州guangzhou	98	49.9	70.9	111.7	285.2	834.6	
南宁nanning	76.1	70	18.7	45.2	121.8	300.6	
海口haikou	35.5	27.7	13.6	53.9	193.3	227.3	
重庆chongqing	16.2	42.7	43.8	75.1	69.1	254.4	
成都chengdu	6.3	16.8	33	47	69.7	124	
贵阳guiyang	15.7	13.5	68.1	62.1	156.9	89.9	
昆明kunming	13.6	12.7	15.7	14.4	94.5	133.5	

主要城市降水量

图 8-26　例 8-4 效果图

8.4.2　迷你图的编辑

迷你图创建后，用户可以通过"迷你图工具|设计"选项卡对迷你图进行修改编辑，如图 8-27 所示，包括为迷你图添加文本、设置迷你图格式、修改迷你图类型等。

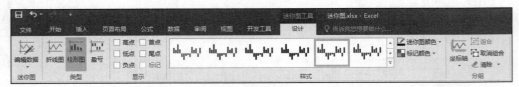

图 8-27　"迷你图工具|设计"选项卡

1．添加文本

迷你图是以背景的方式插入单元格的，因此在迷你图所在单元格可以直接输入文本，并可以对文本和单元格格式进行正常设置。

2．更改类型

首先单击需要更改类型的迷你图，然后选择"迷你图工具|设计"→"分组"组中"取消组合"命令，如图 8-27 所示，接着选中"迷你图工具|设计"→"类型"组中需要的迷你图类型即可。

3．显示数据标记

首先单击需要显示数据标记的迷你图，然后选择"迷你图工具|设计"→"显示"组中"高点"、"低点"、"首点"、"尾点"、"负点"和"标记"所需要的复选框。

4．处理空单元格和隐藏单元格

迷你图引用的数据源有时候可能包含一些空单元格和被隐藏的单元格，这时用户可以设置此类单元格在迷你图中的显示规则。

首先单击需要显示数据标记的迷你图，然后选择"迷你图工具|设计"→"迷你图"→"编辑数据"→"隐藏和清空单元格"命令，弹出"隐藏和空单元格设置"对话框，如图 8-28 所示，在对话框中根据实际需要进行设置即可。

（a）"隐藏和清空单元格"命令　　　（b）"隐藏和空单元格设置"对话框

图 8-28　处理空单元格和隐藏单元格

5．设置迷你图样式

首先单击需要设置的迷你图，然后选择"迷你图工具|设计"→"样式"组，接着可以分别在"样式"列表中选择迷你图样式、在"迷你图颜色"下拉列表中选择迷你图颜色、在"标记颜色"下拉列表中选择不同标记值的颜色，如图 8-29 所示。

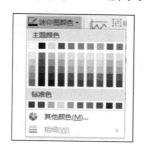

（a）"迷你图颜色"下拉列表　　　（b）"标记颜色"下拉列表

图 8-29　设置迷你图颜色和标记颜色

6．清除迷你图

首先单击需要清除的迷你图，然后单击"迷你图工具|设计"→"分组"组中"清除"按钮即可清除迷你图。

课后习题 8

一、思考题

1．图表中包括哪些元素？

2．图表的坐标轴刻度如何进行编辑？

3．迷你图与普通图表有什么区别？

4. 如何对单个迷你图进行编辑？

二、操作题

1. 请根据下列要求对成绩单进行整理和分析：

① 将文件夹下的"Excel 素材 1.xlsx"文件另存为"Excel.xlsx"（".xlsx"为文件扩展名），后续操作均基于此文件。

② 对工作表"第一学期期末成绩"中的数据列表进行格式化操作：将"学号"列设为文本，将所有成绩列设为保留两位小数的数值；设置行高 15，列宽 8.5，设置所有单元格对齐方式为"水平垂直居中"。

③ 利用"条件格式"功能进行下列设置：将语文、数学、英语三科中不低于 110 分的成绩所在的单元格以红色颜色填充，其他四科中高于 95 分的成绩设置字体颜色为蓝色。

④ 利用函数计算每一位学生的总分及平均成绩。

⑤ 学号第 3、4 位代表学生所在的班级，例如："120105"代表 12 级 1 班 5 号。请通过函数提取每位学生所在的班级并按下列对应关系填写在"班级"列中：

"学号"的 3、4 位对应班级

01	1 班
02	2 班
03	3 班

⑥ 复制工作表"第一学期期末成绩"，将副本放置到原表之后；改变该副本表标签的颜色为绿色，并重新命名为"第一学期期末成绩分类汇总"字样。

⑦ 通过分类汇总功能求出每个班各科的平均成绩，每组结果不分页显示。

⑧ 以分类汇总结果为基础，创建一个簇状柱形图，对每个班各科平均成绩进行比较，图表标题为"各班各科的平均成绩"，设置纵坐标轴最小值固定为 0，最大值固定为 120，主要刻度单位固定为 40，并将该图表放置在 B29:J40 单元格。

⑨ 直接保存并关闭 Excel。

2. 阿文是某食品贸易公司销售部助理，现需要对 2015 年的销售数据进行分析，请根据以下要求，帮助她完成此项工作。

① 将文件夹下"Excel_素材.xlsx"文件另存为"Excel.xlsx"（".xlsx"为文件扩展名），后续操作均基于此文件。

② 命名"产品信息"工作表的单元格区域 A1:D78 名称为"产品信息"；命名"客户信息"工作表的单元格区域 A1:G92 名称为"客户信息"。

③ 在"订单明细"工作表中，完成下列任务：

a. 根据 B 列中的产品代码，在 C 列、D 列和 E 列填入相应的产品名称、产品类别和产品单价（对应信息可在"产品信息"工作表中查找）。

b. 设置 G 列单元格格式，折扣为 0 的单元格显示"-"，折扣大于 0 的单元格显示为百分比格式，并保留 0 位小数（如 15%）。

c. 在 H 列中计算每笔订单的销售金额，公式为"金额=单价×数量×（1-折扣）"，设置 E 列和 H 列单元格为货币格式，保留 2 位小数。

④ 在"订单信息"工作表中，完成下列任务：

a．根据 B 列中的客户代码，在 E 列和 F 列填入相应的发货地区和发货城市（提示：需首先清除 B 列中的空格和不可见字符），对应信息可在"客户信息"工作表中查找。

b．在 G 列计算每笔订单的订单金额，该信息可在"订单明细"工作表中查找（注意：一笔订单可能包含多个产品），计算结果设置为货币格式，保留 2 位小数。

c．使用条件格式，将每笔订单订货日期与发货日期间隔大于 10 天的记录所在单元格填充颜色设置为"红色"，字体颜色设置为"白色，背景 1"。

⑤ 在"产品类别分析"工作表中，完成下列任务：

a．在 B2:B9 单元格区域计算每类产品的销售总额，设置单元格格式为货币格式，保留 2 位小数，并按照销售额对表格数据降序排序。

b．在单元格区域 D1:L17 中创建复合饼图，并根据样例文件"图表参考效果.png"设置图表标题、绘图区、数据标签的内容及格式。

⑥ 在"客户信息"工作表中，根据每位客户的销售总额计算其所对应的客户等级（不要改变当前数据的排序），等级评定标准可参考"客户等级"工作表；使用条件格式，将客户等级为 1 级~5 级的记录所在单元格填充颜色设置为"红色"，字体颜色设置为"白色，背景 1"。

⑦ 为文档添加自定义属性，属性名称为"机密"，类型为"是或否"，取值为"是"。

3．许晓璐是某自行车贸易企业的管理人员，正在分析企业 2014—2016 国外订货的情况。请帮助她运用已有的数据完成这项工作。

① 将"Excel 素材.xlsx"文件另存为"Excel .xlsx"（".xlsx"为文件扩展名）的 Excel 工作簿，后续操作均基于此文件。

② 在"销售资料"工作表中完成下列任务：

a．将 B 列（"日期"列）中不规范的日期数据修改为 Excel 可识别的日期格式，数字格式为"January 1,2014"，并适当调整列宽，将数据右对齐。

b．在 C 列（"客户编号"列）中，根据销往地区在客户编号前面添加地区代码，代码可在"地区代码"工作表中进行查询。

c．在 H 列（"产品价格"列）中，填入每种产品的价格，具体价格信息可在"产品信息"工作表中查询。

d．在 J 列（"订购金额"列）中，计算每笔订单的金额，公式为"订购金额=产品价格×订购数量"，并调整为货币格式，货币符号为"$"，保留 0 位小数。

e．修改 E 列（"销往国家"列）中数据有效性设置的错误，以便根据 D 列中显示销往地区的不同，在 E 列中通过下拉列表可以正确显示对应的国家，例如在 D2 单元格中数据为"北美洲"，则在 E2 单元格中数据有效性所提供的下拉列表选项为"加拿大，美国，墨西哥"(销往地区和销往国家的对应情况可从"销往国家"工作表中查询，不能更改数据验证中的函数类型)。

f．冻结工作表的首行。

③ 参考样例效果图片"销售汇总.jpg"，在"销售汇总"工作表中完成下列任务：

a．将 A 列中的文本"销售地区"的文字方向改为竖排。

b．在 C3:F6 单元格区域中，使用 SUMIFS 函数计算销往不同地区各个类别商品的总金额，并调整为货币格式，货币符号为"$"，保留 0 位小数。

c．在 B8 单元格中设置数据验证，以便可以通过下拉列表选择单元格中的数据，下拉列表项为

"服饰配件，日用品，自行车款，自行车配件"，并将结果显示为"日用品"。

d. 定义新的名称"各类别销售汇总"，要求这个名称可根据 B8 单元格中数值的变化而动态引用该单元格中显示的产品类别对应的销往各个地区的销售数据，例如当 B8 单元格中的数据修改为"自行车配件"时，名称引用的单元格区域为"F3:F6"。

e. 在 C8:F20 单元格区域中创建簇状柱形图，水平（分类）轴标签为各个销往地区的名称，图表的图例项(数据系列)的值来自名称"各类别销售汇总"，图表可根据 B8 单元格中数值的变化而动态显示不同产品类别的销售情况，取消网格线和图例，并根据样例效果设置数值轴的刻度。

f. 在 C3:F6 单元格区域中设置条件格式，当 B8 单元格中所显示的产品类别发生变化时，相应产品类别的数据所在单元格的格式也发生动态变化，单元格的填充颜色变为红色，字体颜色变为"白色，背景 1"。

④ 创建名为"销售情况报告"的新工作表，并置于所有工作表的左侧，并在此工作表中完成下列任务：

a. 将工作表的纸张方向修改为横向。

b. 在单元格区域 B11:M25 中，插入布局为"表格列表"的 SmartArt 图形，并参照样例图片"报告封面.jpg"填入相应内容。

c. 为 SmartArt 图形中标题下方的 5 个形状添加超链接，使其可以分别链接到文档中相同名称工作表的 A2 单元格。

第**9**章

Excel 数据管理与分析

Excel 的数据管理与分析功能主要是对工作表中数据进行分析处理，帮助用户更有效地组织并管理数据，同时建立直观、形象的数据表现形式。

本章介绍了 Excel 2016 的数据管理与分析功能，包括数据排序、筛选、分类汇总、数据透视表和合并计算等。

9.1 数 据 排 序

用户在输入数据时，原始的数据往往是无序的，给后期数据的统计分析带来了不便。为了解决这个问题，Excel 提供了数据排序的功能。Excel 数据排序是对工作表中的数据清单按照用户的需要进行顺序排列，可以按关键字的升降序进行排序，也可以按自定义序列进行排序。

> **提示**
> 隐藏的行列不会参与排序。

9.1.1 按关键字排序

1. 单个关键字

根据单个关键字对数据进行排序的具体操作步骤：

步骤 1：单击参与排序的列的某个单元格。

步骤 2：单击"数据"选项卡→"排序和筛选"组中"升序"按钮 或"降序"按钮 ，即可快速地按所选列数值升序或降序排序。

2. 多个关键字

在排序过程中，当排序列的数据出现相同值时，单个关键字的排序无法完美地解决排序中的先后问题，可以通过设置多个关键字的排序有效解决此类问题。

具体操作步骤如下：

① 首先单击参与排序的数据区域中的任意单元格，然后单击"数据"→"排序和筛选"组中"排序"按钮，弹出"排序"对话框，如图 9-1（a）所示。

② 在"排序"对话框中，首先选择"主关键字"，然后在"排序的依据"下拉列表中选定关键字排序的依据是基于数值还是基于格式（单元格颜色、字体颜色、单元格图标），最后在"次序"下拉

列表中选择升序或降序。如果需要对排序条件进一步设置，可以单击"选项"按钮，弹出"排序选项"对话框，如图 9-1（b）所示，对"区分大小写"、"方向"和"方法"项进行设置。

（a）"排序"对话框   （b）"排序选项"对话框

图 9-1　"排序"对话框和"排序选项"对话框

③ "排序"对话框中，单击"添加条件"按钮，根据需要添加"次要关键字"作为排序的第二个、第三个……依据，每个次要关键字根据需要设置"排序依据"和"次序"项。

④ 单击"确定"按钮，完成排序设置。

例 9-1　对如图 9-2 所示的数据先按"费用类别"升序排列，然后按"差旅费用金额"降序排列。

具体操作步骤如下：

① 单击数据区域中的任意单元格。

② 单击"数据"→"排序和筛选"组中"排序"按钮，弹出"排序"对话框，设置如图 9-3 所示。

③ 单击"确定"按钮，排序效果如图 9-3 所示。

	A	B	C
1	报销人	费用类别	差旅费用金额
2	李梅	交通费	120
3	方明	餐饮费	200
4	高一明	餐饮费	150
5	孙毅	住宿费	300
6	张晓晓	通讯费	100
7	田华	交通费	140
8	高一明	其他	200
9	孙毅	住宿费	345
10	张晓晓	交通费	230
11	田华	通讯费	50
12	李梅	其他	30
13	方明	交通费	170
14	田华	交通费	210
15	高一明	通讯费	50

图 9-2　例 9-1 原数据

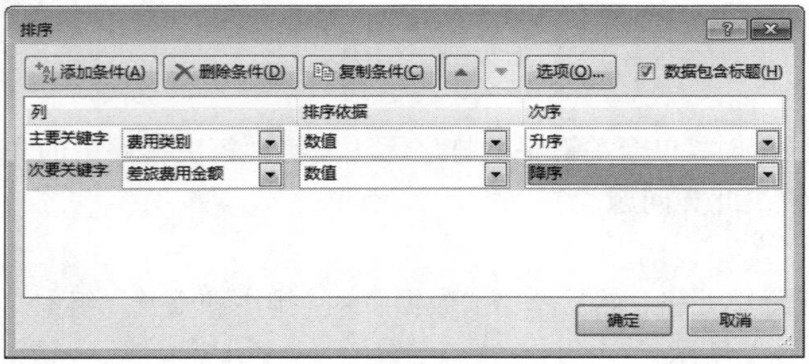

（a）"排序"对话框设置

	A	B	C
1	报销人	费用类别	差旅费用金额
2	方明	餐饮费	200
3	高一明	餐饮费	150
4	张晓晓	交通费	230
5	田华	交通费	210
6	方明	交通费	170
7	田华	交通费	140
8	李梅	交通费	120
9	高一明	其他	200
10	李梅	其他	30
11	张晓晓	通讯费	100
12	田华	通讯费	50
13	高一明	通讯费	50
14	孙毅	住宿费	345
15	孙毅	住宿费	300

（b）排序效果

图 9-3　排序设置和效果

9.1.2 按自定义序列排序

在 Excel 中，当按照关键字的升序或降序排列无法满足用户需求时，用户还可以按照自定义的序列顺序进行数据排序。具体操作方法：首先创建一个自定义序列，然后选择参与排序的数据，接着打开"排序"对话框，在"次序"下拉列表中选择"自定义序列"命令，打开"自定义序列"对话框，从中选择已经创建的自定义序列，即可按照用户自定义的序列顺序进行排序。

例 9-2 在如图 9-2 所示的数据中，对费用类别按交通费、通信费、餐饮费、住宿费、其他的顺序排列。

具体操作步骤如下：

① 首先单击参与排序的数据区域中的任意单元格，然后单击"数据"→"排序和筛选"组中"排序"按钮，弹出"排序"对话框。

② 在"排序"对话框中，首先选择"主要关键字"为"费用类别"，然后在"排序依据"下拉列表中选择"数值"，接着在"次序"下拉列表中选择"自定义序列"，弹出"自定义序列"对话框，最后在"自定义序列"对话框的"输入序列"框中输入"交通费、通信费、餐饮费、住宿费、其他"，如图 9-4 所示，单击"添加"按钮，添加自定义序列，再单击"确定"按钮。

（a）在"次序"下拉列表中选择"自定义序列"　　（b）"自定义序列"对话框

图 9-4 按自定义序列排序

③ 返回"排序"对话框，单击"确定"按钮，完成自定义序列排序，效果如图 9-5 所示。

（a）设置完成后的"排序"对话框　　（b）排序效果

图 9-5 自定义序列排序效果

9.2 数 据 筛 选

数据筛选功能可以查找并显示数据清单中满足条件的记录行，隐藏不满足条件的记录行。数据筛选分为自动筛选和高级筛选。

9.2.1 自动筛选

自动筛选是一种简单又快捷的筛选方法，它可以分别对数据清单中的每个字段单独建立筛选，多个字段之间的筛选是条件并存的状态。

具体操作步骤如下：

① 单击数据清单中的任意单元格。

② 单击"数据"→"排序和筛选"组中"筛选"按钮，当前数据清单中的每个字段名（即列标题）右侧会出现一个筛选箭头，接着单击筛选箭头，在弹出的筛选下拉列表中根据需要进行设置即可。其中，筛选下拉列表显示的内容与当前列的数据格式有关。当数据格式为文本时，筛选下拉列表将显示"文本筛选"命令，如图 9-6（a）所示，当数据格式为数值时，筛选下拉列表将显示"数字筛选"命令，如图 9-6（b）所示。

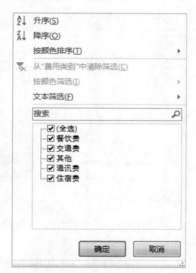

（a）"文本筛选"命令

（b）"数字筛选"命令

图 9-6 筛选下拉列表

此外，如果需要设定筛选条件，那么可以单击"数字筛选"命令或"文本筛选"命令，在其子菜单中选择"自定义筛选"命令，弹出"自定义自动筛选方式"对话框，如图 9-7 所示，在其中设置筛选条件即可。

如果需要清除自动筛选结果，可以单击"数据"→"排序和筛选"组中"清除"按钮。如果需要取消自动筛选，那么完成自动筛选后再次单击"数据"→"排序和筛选"组中"筛选"按钮即可。

例 9-3 在如图 9-2 所示的数据中筛选出交通费大于 150 元且小于 220 元的数据。

（a）选择"自定义筛选"命令

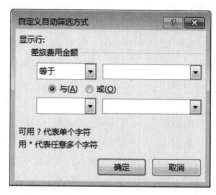

（b）"自定义自动筛选方式"对话框

图 9-7　自定义筛选条件

具体操作步骤如下：

① 首先单击数据清单中的任意单元格，然后单击"数据"→"排序和筛选"组中"筛选"按钮。

② 单击字段名"费用类别"右侧筛选箭头，在弹出的筛选下拉列表中选中"交通费"复选框，如图 9-8（a）所示。

③ 首先单击字段名"差旅费用金额"右侧筛选箭头，在弹出的筛选下拉列表中选择"数字筛选"命令，然后在其子菜单中选择"自定义筛选"命令，弹出"自定义自动筛选方式"对话框，接着在"自定义自动筛选方式"对话框进行相应设置，如图 9-8（b）所示，单击"确定"按钮即可。

（a）"费用类别"字段设置

（b）"差旅费用金额"字段设置

图 9-8　自动筛选设置

9.2.2　高级筛选

当筛选条件比较简单时，用户可以选择自动筛选快速地实现数据筛选；当筛选条件比较复杂，自动筛选无法实现用户的筛选要求时，则可以通过高级筛选来指定筛选条件以实现复杂条件的数据筛选。

具体操作步骤如下：

① 构建筛选条件。

② 单击数据清单中的任意单元格，接着单击"数据"→"排序和筛选"组中"高级"按钮，弹出"高级筛选"对话框，如图 9-9 所示，进行相应设置即可。

图 9-9 "高级筛选"对话框

其中，"高级筛选"对话框的"方式"选项表示显示筛选结果的位置，如果选择"在原有区域显示筛选结果"，则下方的"复制到"项禁止输入，如果选择"将筛选结果复制到其他位置"，则下方的"复制到"项将用于存放筛选结果的位置。"列表区域"项用于存放需要筛选的数据区域。"条件区域"项用于存放构建的筛选条件所在单元格区域。

筛选条件的构建规则：条件区域的第一行必须是字段名，且与原数据清单的字段名保持一致；需要同时满足的条件写在条件区域的同一行，不需要同时满足的条件写在不同行，如图 9-10 所示。图 9-10（a）表示不需要同时满足的条件，平时成绩大于 90 分或期中成绩大于 90 分，图 9-10（b）则表示需要同时满足的条件，平时成绩大于 90 分并且期中成绩大于 90 分。

平时成绩	期中成绩
>90	
	>90

（a）不需要同时满足的条件

平时成绩	期中成绩
>90	>90

（b）需要同时满足的条件

图 9-10 高级筛选条件区域

例 9-4 在如图 9-11（a）所示的数据中筛选出语文平时成绩大于 90 分且期末成绩大于 100 分、语文期中成绩大于 90 分且期末成绩大于 100 分的数据。

具体操作步骤如下：

① 打开"语文成绩"工作表，在空白处输入筛选条件，如图 9-11（b）所示。

② 单击数据清单中的任意单元格，接着单击"数据"→"排序和筛选"组中"高级"按钮，弹出"高级筛选"对话框，如图 9-9 所示，选择或输入相应的单元格区域即可。

扫一扫

例 9-4

	A	B	C	D
1	学号	平时成绩	期中成绩	期末成绩
2	C121401	97	96	102
3	C121402	99	94	101
4	C121403	98	82	91
5	C121404	87	81	90
6	C121405	103	98	96
7	C121406	96	86	91
8	C121407	109	112	104
9	C121408	81	71	88
10	C121409	103	108	106
11	C121410	95	85	89
12	C121411	90	94	93
13	C121412	83	96	99
14	C121413	101	100	96
15	C121414	77	87	93
16	C121415	95	88	98
17	C121416	98	118	101
18	C121417	75	81	72
19	C121418	96	90	101
20	C121419	98	101	99
21	C121420	94	86	89
22	C121421	87	79	88
23	C121422	98	101	104
24	C121423	95	91	96
25	C121424	97	95	95

语文成绩

（a）原数据

平时成绩	期中成绩	期末成绩
>90		>100
	>90	>100

（b）筛选条件

图 9-11 例 9-4 图

9.3　分类汇总

分类汇总是先将数据清单中的数据按照某一标准进行分类，然后在分完类的基础上对各类别数据分别进行求和、计数、求平均值、求最大值、求最小值等汇总计算。

扫一扫

分类汇总

9.3.1　建立分类汇总

建立分类汇总具体操作步骤如下：

① 选择需要进行分类汇总的数据区域，按照分类字段进行排序。

② 单击"数据"→"分组显示"组中"分类汇总"按钮，弹出"分类汇总"对话框，如图 9-12（b）所示，分别对"分类字段"、"汇总方式"和"选定汇总项"等进行相应设置。

③ 单击"确定"按钮。

> ⓘ 提示
>
> 建立分类汇总前，应该先以分类字段作为主要关键字对数据清单中的数据进行排序。

例 9-5　在如图 9-12（a）所示的原数据中汇总出各费用类别的差旅费用金额总额。

具体操作步骤如下：

① 首先单击数据清单中的任意单元格，然后单击"数据"→"排序和筛选"组中"排序"按钮，弹出"排序"对话框，接着在"主要关键字"下拉列表选择"费用类别"，最后单击"确定"按钮，完成排序。

② 首先单击"数据"→"分组显示"组中"分类汇总"按钮，弹出"分类汇总"对话框，如图 9-12（b）所示，然后设置"分类字段"为"费用类别"、"汇总方式"为"求和"、"选定汇总项"为"差旅费用金额"，最后单击"确定"按钮，完成分类汇总，效果如图 9-12（c）所示。

（a）原数据　　　　（b）"分类汇总"对话框　　　　（c）分类汇总效果

图 9-12　建立分类汇总

9.3.2　删除分类汇总

删除分类汇总具体操作步骤如下：

① 单击已建立分类汇总的数据区域任意单元格。

② 单击"数据"→"分组显示"组中"分类汇总"按钮，在弹出的"分类汇总"对话框中单击"全部删除"按钮。

9.3.3 数据分级显示

数据分级显示可以快速显示摘要行或摘要列，或者显示每组的明细数据，方便用户进行数据统计和分析。如果用户需要对数据清单进行分组汇总，那么可以对数据建立分级显示。

1. 自行创建分级显示

在 Excel 中分类汇总后的数据可以自动形成分级显示，普通数据也可以通过分级显示功能创建数据分级显示。

普通数据创建分级显示的具体操作步骤如下：

① 单击需要建立分级显示的数据清单任意单元格，按照分组依据字段为主要关键字进行排序。

② 选择创建组的行或列，单击"数据"→"分组显示"组中"创建组"按钮，弹出"创建组"对话框，如图 9-13（a）所示。

③ 单击"确定"按钮，即可按照所选行或列创建组。以同样的方式依次创建其他组，数据可实现分级显示。

分类汇总或创建分级显示后的工作表最左侧会出现分级显示符号 1 2 3 、显示明细数据按钮 + 和隐藏明细数据按钮 − ，如图 9-13（b）所示。

（a）"创建组"对话框

（b）分级显示符号

图 9-13　分级显示

2. 显示或隐藏明细数据

已创建分级显示的数据可以单击工作表最左侧的显示明细数据按钮 + 和隐藏明细数据按钮 − ，显示或隐藏明细数据。

单击分级显示符号 1 2 3 中某一级别的编号，处于较低级别的明细数据将被隐藏，单击最低级别的分级显示符号，所有明细数据都会显示。

3．清除分级显示

清除分级显示的具体操作方法：首先单击已建立分级显示的数据区域任意单元格，然后选择"数据"→"分组显示"组中"取消组合"→"清除分级显示"命令。

9.4　数据透视表

数据透视表是一种交互式的表格，可以实现对数据的计算、分析、汇总、浏览和呈现。数据透视表可以灵活地改变版面布局，帮助用户按照不同方式进行数据分析并从不同角度呈现汇总数据。

9.4.1　创建数据透视表

创建数据透视表的具体操作步骤如下：

① 首先单击需要创建数据透视表的数据区域任意单元格，然后单击"插入"→"表格"组中"数据透视表"按钮，弹出"创建数据透视表"对话框，如图 9-14 所示，接着在"选择一个表或区域"中指定数据源区域、在"选择放置数据透视表的位置"中选择数据透视表生成新工作表还是在现有工作表中插入。

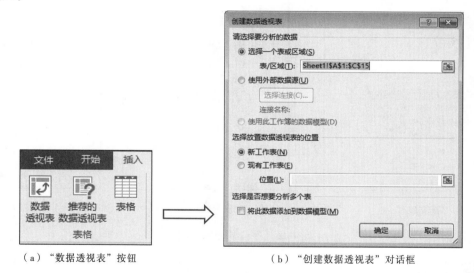

（a）"数据透视表"按钮　　　　　　　（b）"创建数据透视表"对话框

图 9-14　创建数据透视表

② 单击"确定"按钮，即可在指定位置插入空的数据透视表，如图 9-15 所示。

③ 为空白数据透视表添加字段。可以直接将字段列表中的字段拖动到布局区域的指定区域（筛选器、列、行、值），如图 9-15 所示；也可以在字段列表的字段名上右击，在弹出的快捷菜单中选择相应的命令，如图 9-16（a）所示。

④ 删除已添加的字段。只需要取消选中已添加字段的字段名前的复选框择即可，如图 9-16（b）所示。

⑤ 对已添加的字段进行筛选。单击已添加字段右侧的筛选箭头，对当前字段的数据进行筛选，如图 9-16（c）所示。

图 9-15　在新工作表中插入空白数据透视表

（a）右击字段名

（b）删除已添加字段

（c）字段筛选

图 9-16　字段的删除与筛选

9.4.2　数据透视表工具

创建数据透视表后，单击数据透视表的任意单元格，功能区中将会显示"数据透视表工具"选项卡，如图 9-17 所示，可以对数据透视表的活动字段、分组、筛选、数据、计算等项进行进一步设置。

图 9-17　"数据透视表工具"选项卡

1. 更改数据源

如果数据透视表的数据源不完全正确，可以通过更改数据源功能来更改数据区域，具体操作步骤如下：

① 单击数据透视表中任意单元格。

② 单击"数据透视表工具|分析"→"数据"组中"更改数据源"按钮，弹出"更改数据透视表数据源"对话框，如图 9-18 所示。

③ 重新选择或输入新的数据区域即可。

2．更新数据透视表

数据透视表创建后，如果数据源中的数据进行了更改，可以通过刷新功能更新数据透视表的显示，具体操作步骤如下：

① 单击数据透视表中任意单元格。

② 单击"数据透视表工具|分析"→"数据"组中"刷新"按钮即可。

3．设置活动字段

数据透视表创建后，可以对活动字段进行相应设置。

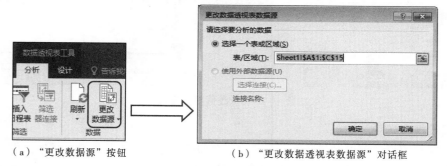

（a）"更改数据源"按钮　　　　（b）"更改数据透视表数据源"对话框

图 9-18　更改数据透视表数据源

具体操作方法：

方法 1：首先单击数据透视表中任意单元格，然后单击"数据透视表工具|分析"→"活动字段"组中"字段设置"按钮，弹出"值字段设置"对话框，如图 9-19 所示。

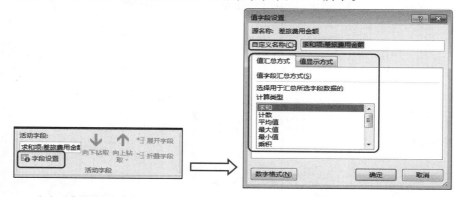

（a）"字段设置"按钮　　　　　（b）"值字段设置"对话框

图 9-19　活动字段设置

方法 2：双击数据透视表中的活动字段即可弹出"值字段设置"对话框。

（1）修改活动字段名称

"值字段设置"对话框中，在"自定义名称"文本框输入新的字段名即可，如图 9-19 所示。

（2）修改值汇总方式

"值字段设置"对话框中，在"值汇总方式"选项卡可以选择值汇总的计算类型为求和、计数、求平均值、最大值、最小值等，如图 9-19 所示。

（3）修改值显示方式

"值字段设置"对话框中，在"值显示方式"选项卡可以设置字段的值显示方式为总计的百分比、列汇总的百分比、行汇总的百分比、百分比、父行汇总的百分比等，如图 9-20 所示。

图 9-20　修改值显示方式

4. 数据透视表选项

数据透视表创建后，可以对其名称、布局、汇总和筛选等选项进行修改。具体操作步骤如下：

单击"数据透视表工具|分析"→"数据透视表"组中"选项"按钮，弹出"数据透视表选项"对话框，如图 9-21 所示。

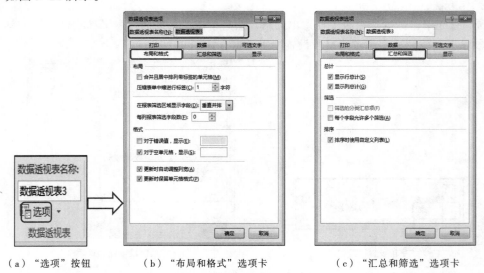

（a）"选项"按钮　　（b）"布局和格式"选项卡　　（c）"汇总和筛选"选项卡

图 9-21　"数据透视表选项"对话框

（1）更改数据透视表名称

"数据透视表选项"对话框中，在"数据透视表名称"文本框中输入新的数据透视表名称即可，如图 9-21（a）所示。

（2）更改数据透视表的布局和格式

"数据透视表选项"对话框中，可以在"布局和格式"选项卡中对数据透视表的布局、格式等进行设置，如图 9-21（b）所示。

（3）更改数据透视表的汇总和筛选

"数据透视表选项"对话框中，可以在"汇总和筛选"选项卡中对数据透视表的总计、筛选、排序等项进行设置，如图 9-21（c）所示。

5．设置数据透视表格式

数据透视表创建后，可以对其报表布局、数据透视表样式等外观格式进行设置。具体操作步骤如下：单击"数据透视表工具|设计"选项卡，选择相应的格式应用到数据透视表即可，如图 9-22 所示。

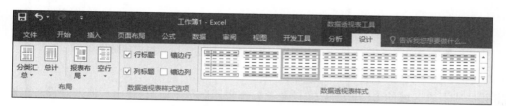

图 9-22　"数据透视表工具|设计"选项卡

例 9-6　在如图 9-23 所示工作表中，根据"销售业绩表"中的数据明细，在"按部门统计"工作表中创建一个数据透视表。自 A1 单元格开始，要求统计出各部门的人员数量，以及各部门的销售额占销售总额的比例。

扫一扫

例 9-6

图 9-23　例 9-6 原数据

具体操作步骤如下：

① 首先单击"销售业绩表"中数据区域的任意单元格，然后单击"插入"→"表格"组中"数据透视表"按钮，弹出"创建数据透视表"对话框。

② 首先在"创建数据透视表"对话框的"选择放置数据透视表的位置"中选择"现有工作表"单选按钮，然后单击"位置"右侧按钮，进行位置选择，选择"按部门统计"工作表中的 A1 单元

格，如图 9-24 所示，最后单击"确定"按钮，在"按部门统计"工作表中创建空白数据透视表。

③ 拖动"按部门统计"工作表右侧的"数据透视表字段"中的"销售团队"字段到"行标签"区域，再次拖动"销售团队"字段到"值"区域，拖动"个人销售总计"字段到"值"区域，效果如图 9-25 所示。

图 9-24　选择创建数据透视表的位置　　　　　　　图 9-25　拖动字段到指定区域

④ 双击 A1 单元格，输入标题名称"部门"。

⑤ 首先双击数据透视表区域的 B1 单元格（"计数项：销售团队"字段），弹出"值字段设置"对话框，然后在"自定义名称"文本框中输入"销售团队人数"。

⑥ 首先双击数据透视表区域的 C1 单元格（"求和项：个人销售总计"字段），弹出"值字段设置"对话框，然后在"自定义名称"文本框中输入"各部门所占销售比例"，接着选择"值显示方式"选项卡，在"值显示方式"下拉列表中选择"总计的百分比"，如图 9-26（a）所示，接着单击"确定"按钮。最终效果如图 9-26（b）所示。

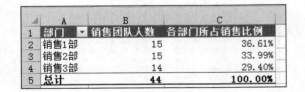

（a）"求和项：个人销售总计"字段设置　　　　　　（b）例 9-6 效果图

图 9-26　值字段设置

9.4.3　数据透视图

数据透视图是通过图形形式对数据透视表中的汇总数据进行描述，与 Excel 图表类似，数据透视图是数据透视表数据更为直观形象的呈现。

创建数据透视图的具体操作步骤如下：

① 单击数据透视表中任意单元格。

② 单击"数据透视表工具|分析"→"工具"组中"数据透视图"按钮，弹出"插入图表"对话框。

③ 选择需要的图表类型，单击"确定"按钮即可插入数据透视图，如图 9-27 所示。

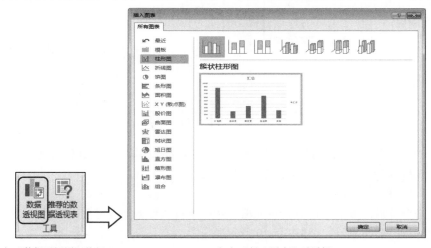

　（a）"数据透视图"按钮　　　　　　　（b）"插入图表"对话框

图 9-27　插入数据透视图

数据透视图创建后，可以单击数据透视图中的字段筛选按钮对字段进行进一步筛选，如图 9-28 所示。

数据透视图创建后，在功能区会显示"数据透视图工具|分析"、"数据透视图工具|设计"和"数据透视图工具|格式"选项卡，可以对数据透视图的图表元素、图表类型、图表格式等进行编辑。

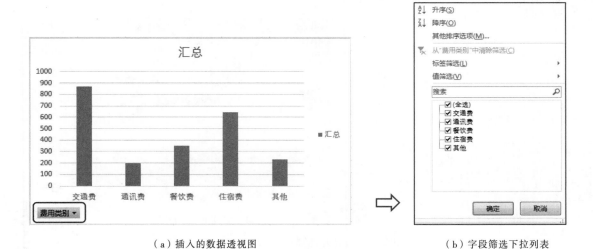

　（a）插入的数据透视图　　　　　　　（b）字段筛选下拉列表

图 9-28　数据透视图字段筛选

9.4.4 删除数据透视表和数据透视图

删除数据透视表的具体操作步骤如下：

① 单击数据透视表。

② 单击"数据透视表工具|分析"→"操作"组中"选择"→"整个数据透视表"命令。

③ 按【Delete】键。

数据透视表删除后，与之关联的数据透视图将变为普通图表。

删除数据透视图的具体操作步骤如下：

① 单击数据透视图。

② 按【Delete】键。

9.5 合 并 计 算

Excel 中的合并计算可以将多张工作表的数据汇总到指定工作表中，进行合并的工作表与合并后的目标工作表可以在同一工作簿，也可以在不同工作簿。

合并计算的具体操作步骤如下：

① 首先单击合并后工作表中的开始单元格，然后单击"数据"→"数据工具"组中"合并计算"按钮，弹出"合并计算"对话框，如图 9-29 所示。

② 在"函数"下拉列表中选择合并计算的方式：求和、计数、平均值、最大值、最小值等。

③ 在"引用位置"选择需要合并的区域，然后单击"添加"按钮，合并区域就会添加到"所有引用位置"列表框中，如此依次添加多个需要合并的区域，如图 9-29 所示。

④ 在"标签位置"组中根据需要对标签所在位置"首行"、"最左列"和"创建指向源数据的链接"进行选择。

⑤ 单击"确定"按钮，完成数据合并。

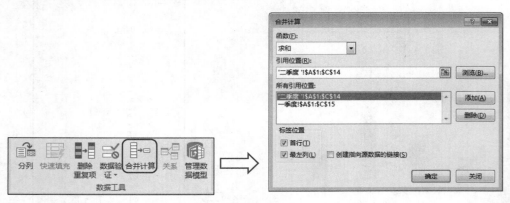

（a）"合并计算"按钮　　　　　　　　　　　（b）"合并计算"对话框

图 9-29　合并计算

扫一扫

例 9-7

例 9-7　将如图 9-30 所示的"一季度"和"二季度"两张工作表的数据进行合并，合并结果放置于工作表"上半年"中（自 A1 单元格开始），且保持最左列仍是报销人、A1

单元格的列标题为"报销人"。

（a）"一季度"工作表　　　　　　　　（b）"二季度"工作表

图 9-30　例 9-7 原数据

具体操作步骤如下：

① 首先打开"上半年"工作表，单击单元格 A1，然后单击"数据"→"数据工具"组中"合并计算"按钮，弹出"合并计算"对话框，如图 9-29（b）所示。

② 在"函数"下拉列表框中选择"求和"方式。

③ 在"引用位置"选择"一季度"和"二季度"两张工作表中需要合并的区域，然后单击"添加"按钮，合并区域就会添加到"所有引用位置"列表框中，如图 9-29（b）所示。

④ 在"标签位置"组中选择"首行"和"最左列"项。

⑤ 单击"确定"按钮，完成数据合并。

9.6　模 拟 分 析

Excel 模拟分析是通过更改单元格中的值来了解这些更改会如何影响引用这些单元格的公式结果的过程。Excel 模拟分析包含 3 种模拟分析工具：单变量求解、模拟运算表和方案管理器。

9.6.1　单变量求解

单变量求解的模拟分析是利用公式的计算结果去分析确定可能产生此结果的公式中某变量的输入值。

单变量求解的具体操作步骤如下：

① 单击公式所在的目标单元格。

② 选择"数据"→"预测"组中"模拟分析"→"单变量求解"命令，弹出"单变量求解"对话框，如图 9-31 所示，设置"目标单元格"（显示目标值的单元格）、"目标值"（期望达到的值）和"可变单元格"（能够达到目标值的可变量所在单元格）的值。

③ 单击"确定"按钮，弹出"单变量求解状态"对话框。

④ 单击"单变量求解状态"对话框中的"确定"按钮。

例 9-8　如图 9-32 所示的数据中，小明某门课程的平时成绩为 85 分，该门课程的课程成绩是由平时成绩的 50%和期末成绩的 50%构成的，小明希望知道期末需要考多少分才能使该门课程的成绩达到 90 分。

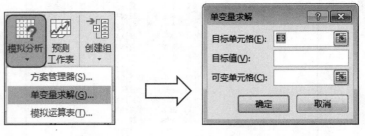

（a）"单变量求解"命令　　　　　　（b）"单变量求解"对话框

图 9-31　单变量求解

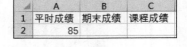

图 9-32　原数据

具体操作步骤如下：

① 单击单元格 C2，输入公式"=A2*0.5+B2*0.5"。

② 选择"数据"→"预测"组中"模拟分析"→"单变量求解"命令，弹出"单变量求解"对话框。

③ 在"目标单元格"中选择 C2 单元格，在"目标值"文本框中输入 90，在"可变单元格"中选择 B2 单元格，如图 9-33 所示。

④ 单击"确定"按钮，弹出"单变量求解状态"对话框，如图 9-33 所示，最后单击"单变量求解状态"对话框中的"确定"按钮。

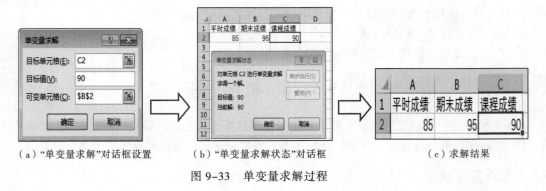

（a）"单变量求解"对话框设置　　（b）"单变量求解状态"对话框　　（c）求解结果

图 9-33　单变量求解过程

9.6.2　模拟运算表

模拟运算表可以预测公式中一个或多个变量替换为不同值时公式的计算结果。模拟运算表可以进行单一变量或两个变量的模拟运算，因此分为单变量模拟运算表和双变量模拟运算表。

1. 单变量模拟运算表

单变量模拟运算表的具体操作步骤如下：

① 输入数据与公式。

② 选择需要创建模拟运算表的数据区域，然后选择"数据"选项卡→"预测"组中"模拟分析"→"模拟运算表"命令，弹出"模拟运算表"对话框。

③ 选择变量所在单元格，如果变量在一行，则在"输入引用行的单元格"中选择行变量公式所在单元格，如果变量在一列，则在"输入引用列的单元格"中选择列变量公式所在单元格，最后单击"确定"按钮，即可在选定区域生成模拟运算表。

例 9-9　在如图 9-34 所示的工作表中，其他费用=毛利润×30%，净利润=毛利润−其他费用，使用模拟运算表计算不同毛利润情况下获得的净利润。

具体操作步骤如下：

① 单击单元格 B2，输入公式"=B1*0.3"；单击单元格 B3，输入公式"=B1−B2"。

② 单击单元格 B9，输入公式"=B2"；单击单元格 C9，输入公式"=B3"，如图 9-34 所示。

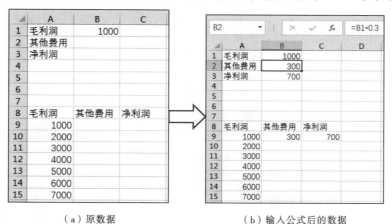

（a）原数据　　　　　　　　　　（b）输入公式后的数据

图 9-34　原数据及输入公式后的数据

③ 选择单元格区域 A9:C15，然后选择"数据"→"预测"组中"模拟分析"→"模拟运算表"命令，弹出"模拟运算表"对话框，在"输入引用列的单元格"中选择列变量公式所在单元格 B1，如图 9-35（a）所示。

④ 单击"确定"按钮，效果如图 9-35（b）所示。

（a）使用模拟运算表　　　　　　　　（b）效果图

图 9-35　使用模拟运算及效果图

2．双变量模拟运算表

双变量模拟运算表的具体操作步骤如下：

① 首先输入数据与公式，然后输入变量，在公式所在行输入一个变量的系列值，公式所在列输

入另一个变量的系列值。

② 首先选择需要创建模拟运算表的数据区域,然后选择"数据"→"预测"组中"模拟分析"→"模拟运算表"命令,弹出"模拟运算表"对话框。

③ 选择变量所在单元格,在"输入引用行的单元格"中选择行变量公式所在单元格,在"输入引用列的单元格"中选择列变量公式所在单元格,最后单击"确定"按钮,即可在选定区域生成模拟运算表。

9.6.3 方案管理器

模拟运算表最多只能进行两个变量的模拟运算,如果需要对两个以上的变量进行模拟运算,那么应该使用方案管理器。

方案管理器能够帮助用户创建和管理方案。用户在不同方案中可以创建多个假设条件的不同组合,同时可以在不同方案中进行切换以查看每个结果显示的过程。

1. 创建方案

创建方案的具体操作步骤如下:

① 首先输入数据与公式,然后输入多个变量。

② 首先选择可变单元格区域,然后选择"数据"→"预测"组中"模拟分析"→"方案管理器"命令,弹出"方案管理器"对话框,如图 9-36(a)所示。

③ 单击"方案管理器"对话框中的"添加"按钮,弹出"添加方案"对话框,如图 9-36(b)所示。

(a)"方案管理器"对话框　　　　　　　　　(b)"添加方案"对话框

图 9-36 "方案管理器"对话框中添加方案

④ 首先在"添加方案"对话框中输入方案名、选择可变单元格区域(显示变量的单元格区域),然后单击"确定"按钮,弹出"方案变量值"对话框,如图 9-37 所示,根据需要依次输入变量值。

图 9-37 "方案变量值"对话框

⑤ 单击"方案变量值"对话框中的"确定"按钮，返回"方案管理器"对话框。

⑥ 根据上述步骤可依次添加多个方案。添加完成后，单击"方案管理器"对话框中的"关闭"按钮。

2．显示方案

方案创建后，可以通过显示方案功能来查看不同方案的执行结果。

显示方案的具体操作步骤如下：

① 打开已创建方案的工作表。

② 选择"数据"→"预测"组中"模拟分析"→"方案管理器"命令，弹出"方案管理器"对话框，如图 9-38 所示。

③ 选择需要查看的方案，单击"显示"按钮即可在工作表显示应用方案后的模拟运算结果。

3．编辑方案

方案创建后，如果方案需要修改，可以通过编辑方案的功能来实现。

编辑方案的具体操作步骤如下：

① 打开已创建方案的工作表。

② 选择"数据"→"预测"组中"模拟分析"→"方案管理器"命令，弹出"方案管理器"对话框，如图 9-38 所示。

③ 选择需要编辑的方案，单击"编辑"按钮，在弹出的"编辑方案"对话框中可以对方案名称、可变单元格等进行编辑。

图 9-38 添加方案后的"方案管理器"对话框

4．删除方案

如果不再需要已创建的方案，可以通过删除方案功能来实现。

删除方案的具体操作步骤如下：

① 打开已创建方案的工作表。

② 单击"数据"→"预测"组中"模拟分析"→"方案管理器"命令，弹出"方案管理器"对话框，如图 9-38 所示，接着选择需要删除的方案，单击"删除"按钮即可。

课后习题 9

一、思考题

1．如何按照自定义序列排序？

2．数据进行分类汇总要注意什么？

3．在 Excel 中如何进行合并计算？

4．数据透视图与 Excel 图表有什么区别？

二、操作题

1. 中国的人口发展形势非常严峻，为此国家统计局每 10 年进行一次全国人口普查，以掌握全国人口的增长速度及规模。按照下列要求完成对第五次、第六次人口普查数据的统计分析：

① 新建一个空白 Excel 文档，将工作表 Sheet1 更名为"第五次普查数据"，将 Sheet2 更名为"第六次普查数据"，将该文档以"全国人口普查数据分析.xlsx"为文件名进行保存。

② 浏览网页"第五次全国人口普查公报.htm"，将其中的"2000 年第五次全国人口普查主要数据"表格导入工作表"第五次普查数据"中；浏览网页"第六次全国人口普查公报.htm"，将其中的"2010 年第六次全国人口普查主要数据"表格导入工作表"第六次普查数据"中（要求均从 A1 单元格开始导入，不得对两个工作表中的数据进行排序）。

③ 对两个工作表中的数据区域套用合适的表格样式，要求至少四周有边框且偶数行有底纹，并将所有人口数列的数字格式设为带千分位分隔符的整数。

④ 将两个工作表内容合并，合并后的工作表放置在新工作表"比较数据"中（自 A1 单元格开始），且保持最左列仍为地区名称、A1 单元格中的列标题为"地区"，对合并后的工作表适当地调整行高列宽、字体字号、边框底纹等，使其便于阅读。以"地区"为关键字对工作表"比较数据"进行升序排列。

⑤ 在合并后的工作表"比较数据"中的数据区域最右边依次增加"人口增长数"和"比重变化"两列，计算这两列的值，并设置合适的格式。其中：人口增长数=2010 年人口数-2000 年人口数；比重变化=2010 年比重-2000 年比重。

⑥ 打开工作簿"统计指标.xlsx"，将工作表"统计数据"插入正在编辑的文档"全国人口普查数据分析.xlsx"中工作表"比较数据"的右侧。

⑦ 在工作簿"全国人口普查数据分析.xlsx"的工作表"统计数据"中的相应单元格内填入统计结果。

⑧ 基于工作表"比较数据"创建一个数据透视表，将其单独存放在一个名为"透视分析"的工作表中。透视表中要求筛选出 2010 年人口数超过 5 000 万的地区及其人口数、2010 年所占比重、人口增长数，并按人口数从多到少排序。最后适当调整透视表中的数字格式。（提示：行标签为"地区"，数值项依次为 2010 年人口数、2010 年比重、人口增长数）。

2. 小李是东方公司的会计，利用自己所学的办公软件进行记账管理。为节省时间，同时又确保记账的准确性，她使用 Excel 编制了 2014 年 3 月员工工资"Excel.xlsx"。

请你根据下列要求帮助小李对该工资表进行整理和分析（提示：本题中若出现排序问题则采用升序方式）。

① 通过合并单元格，将表名"东方公司 2014 年 3 月员工工资表"放于整个表的上端、居中，并调整字体、字号。

② 在"序号"列中分别填入 1 到 15，将其数据格式设置为数值、保留 0 位小数、居中。

③ 将"基础工资"（含）往右各列设置为会计专用格式、保留 2 位小数、无货币符号。

④ 调整表格各列宽度、对齐方式，使得显示更加美观。并设置纸张大小为 A4、横向，整个工作表需调整在 1 个打印页内。

⑤ 参考考生文件夹下的"工资薪金所得税率.xlsx"，利用 IF 函数计算"应缴个人所得税"列。（提示：应缴个人所得税=应纳税所得额×对应税率-对应速算扣除数)

⑥ 利用公式计算"实发工资"列，公式为：实发工资=应付工资合计-扣除社保-应缴个人所得税。

⑦ 复制工作表"2014 年 3 月"，将副本放置到原工作表的右侧，并命名为"分类汇总"。

⑧ 在"分类汇总"工作表中通过分类汇总功能求出各部门"应付工资合计"与"实发工资"的和，每组数据不分页。

3. 李东阳是某家用电器企业的战略规划人员，正在参与制订本年度的生产与营销计划。为此，他需要对上一年度不同产品的销售情况进行汇总和分析，从中提炼出有价值的信息。根据下列要求，帮助李东阳运用已有的原始数据完成上述分析工作。

① 在考生文件夹下，将文档"Excel 素材.xlsx"另存为"Excel.xlsx"（".xlsx"为文件扩展名），之后所有的操作均基于此文档。

② 在工作表"Sheet1"中，从 B3 单元格开始，导入"数据源.txt"中的数据，并将工作表名称修改为"销售记录"。

③ 在"销售记录"工作表的 A3 单元格中输入文字"序号"，从 A4 单元格开始，为每笔销售记录插入"001、002、003 …"格式的序号；将 B 列（日期）中数据的数字格式修改为只包含月和日的格式（3/14）；在 E3 和 F3 单元格中，分别输入文字"价格"和"金额"；对标题行区域 A3:F3 应用单元格的上框线和下框线，对数据区域的最后一行 A891:F891 应用单元格的下框线；其他单元格无边框线；不显示工作表的网格线。

④ 在"销售记录"工作表的 A1 单元格中输入文字"2012 年销售数据"，并使其显示在 A1:F1 单元格区域的正中间（注意：不要合并上述单元格区域）；将"标题"单元格样式的字体修改为"微软雅黑"，并应用于 A1 单元格中的文字内容；隐藏第 2 行。

⑤ 在"销售记录"工作表的 E4:E891 中，应用函数输入 C 列（类型）所对应的产品价格，价格信息可以在"价格表"工作表中进行查询；然后将填入的产品价格设为货币格式，并保留 0 位小数。

⑥ 在"销售记录"工作表的 F4:F891 中，计算每笔订单记录的金额，并应用货币格式，保留 0 位小数，计算规则为：金额=价格×数量×（1-折扣百分比），折扣百分比由订单中的订货数量和产品类型决定，可以在"折扣表"工作表中进行查询，例如某个订单中产品 A 的订货量为 1 510，则折扣百分比为 2%（提示：为便于计算，可对"折扣表"工作表中表格的结构进行调整）。

⑦ 将"销售记录"工作表的单元格区域 A3:F891 中所有记录居中对齐，并将发生在周六或周日的销售记录的单元格的填充颜色设为黄色。

⑧ 在名为"销售量汇总"的新工作表中，自 A3 单元格开始创建数据透视表，按照月份和季度对"销售记录"工作表中的 3 种产品的销售数量进行汇总；在数据透视表右侧创建数据透视图，图表类型为"带数据标记的折线图"，并为"产品 B"系列添加线性趋势线，显示"公式"和"R2 值"（数据透视表和数据透视图的样式可参考考生文件夹中的"数据透视表和数据透视图.jpg"示例文件）；将"销售量汇总"工作表移动到"销售记录"工作表的右侧。

⑨ 在"销售量汇总"工作表右侧创建一个新的工作表，名称为"大额订单"；在这个工作表中使用高级筛选功能，筛选出"销售记录"工作表中产品 A 数量在 1 550 以上、产品 B 数量在 1 900 以上以及产品 C 数量在 1 500 以上的记录（请将条件区域放置在 1~4 行，筛选结果放置在从 A6 单元格开始的区域）。

第10章

PowerPoint 演示文稿创建

作为 Office 办公套件的重要组件之一，PowerPoint 是一款操作简单、功能强大的演示文稿制作和播放软件，其易用性、智能化和集成性等特点，给用户提供了快速便捷的工作方式。

PowerPoint 生成的文件称为演示文稿，一个演示文稿文件由若干张幻灯片组成。PowerPoint 2016 演示文稿的扩展名为.pptx。

通过 PowerPoint，不仅可以使用文本、图形、照片、表格等基本对象制作幻灯片，还可以通过添加音频、视频、动画等元素来丰富幻灯片的表现力，更可以综合运用设计主题、切换方式、背景变换等多种手段来设计具有视觉震撼力的演示文稿。

本章介绍 PowerPoint 2016 演示文稿的创建，包括创建新演示文稿、幻灯片的基本操作、组织和管理幻灯片、演示文稿视图。

10.1　创建新演示文稿

PowerPoint 2016 中新建演示文稿的方法有多种，包括新建空白演示文稿、创建基于模板和主题的演示文稿、从 Word 文档中直接发送等。

创建新演示文稿

10.1.1　新建空白演示文稿

PowerPoint 的空白演示文稿既没有格式也没有内容，需要用户从头做起。用户可以根据自己的需要选择幻灯片的版式、背景、动画等。

新建空白演示文稿的具体操作方法：

方法 1：选择"文件"→"新建"命令，弹出如图 10-1 所示的窗口。在窗口中的模板和主题效果展示区中，选择"空白演示文稿"，即可创建空白的演示文稿，该文档只包含了一张空白的标题幻灯片，演示文稿中既没有格式设置，也没有任何内容填充。

方法 2：单击快速访问工具栏的中"新建"按钮。

方法 3：按【Ctrl+N】组合键。

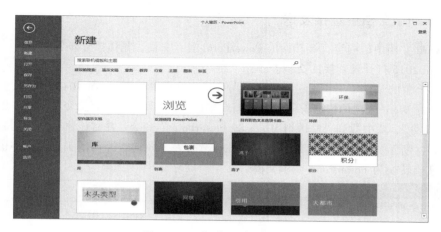

图 10-1　"新建"对话框窗口

10.1.2　创建基于模板和主题的演示文稿

PowerPoint 2016 提供了丰富的联机在线模板和主题，用户根据设计需要搜索相关模板，直接应用即可。系统已经定义好统一的格式，用户只需要填充相关内容，做小范围个性化调整即可，大大提高了演示文稿的制作效率。

创建基于模板和主题的演示文稿的具体操作步骤如下：

① 要根据某个主题进行搜索，如单击模板导航条中"教育"，将会出现如图 10-2 所示的窗体。

② 展示区域将显示联机搜索到关于"教育"为主题的所有模板和主题，窗体右侧则为"分类"列表，单击相关主题也可以进行搜索。

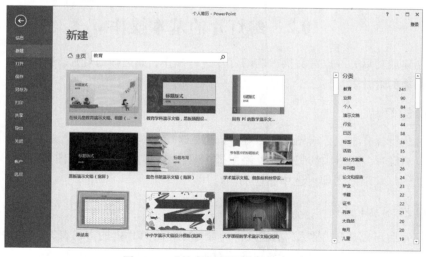

图 10-2　"教育"联机模板和主题

单击某个模板和主题，则弹出该模板的"创建"对话框，单击"创建"按钮，PowerPoint 2016 将会从网络上下载该模板，并创建一个基于此模板主题的演示文稿。该文稿已经有了统一的标准格式，用户只需要填充相关内容即可完成演示文稿的制作。

10.1.3 从 Word 文档中直接发送

可以把 Word 文档中的内容直接转换成 PowerPoint 演示文稿，具体操作步骤如下：

① 用 Word 2016 打开要转换的文档。

② 单击左上角的"自定义快速访问工具栏"中的"其他命令"，如图 10-3 所示。

③ 在打开的 Word 选项的快速访问工具栏窗口中的"从下列位置选择命令"下拉列表中选择"不在功能区中的命令"，从中找到"发送到 Microsoft PowerPoint"命令，并将该命令添加到右边的常用命令中，如图 10-4 所示，这样就可以通过 PowerPoint 软件左上角的快速访问工具栏，一键操作，快速实现将 Word 文档转换为 PowerPoint 演示文稿。

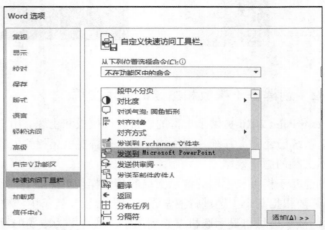

图 10-3　快速访问工具栏　　　　　图 10-4　添加"发送到 Microsoft PowerPoint"命令

10.2　幻灯片的基本操作

演示文稿创建成功后，可以对文稿中的幻灯片进行操作，如选择幻灯片、插入和删除幻灯片、移动幻灯片等。

扫一扫

幻灯片基本操作

10.2.1　选择幻灯片

在对幻灯片进行操作前，必须先选择幻灯片，就是选择操作对象，在"普通视图"下，只要单击"幻灯片"窗格中的幻灯片缩略图即可。在"幻灯片浏览"视图下，只需单击窗口中的幻灯片缩略图即可选中相应的幻灯片。

10.2.2　幻灯片添加内容

选择好幻灯片后可以通过"插入"功能区中的命令或是幻灯片内的占位符，往幻灯片里添加内容，可以是各种类型的内容，包括：文本对象、图片对象、表格对象、图表对象、SmartArt 图形对象、艺术字对象、页眉、页脚、编号和页码、影片和声音对象等。

10.2.3　插入和删除幻灯片

创建演示文稿后，通常会根据实际需要进行插入新幻灯片、删除不需要的幻灯片等操作。

① 插入新幻灯片：在普通视图模式下，左侧的幻灯片缩略图窗格中，单击要在其后放置新幻灯片的幻灯片；单击"开始"→"新建幻灯片"按钮，如图 10-5 所示；在版式库中，单击所需的新幻灯片的版式，即可在演示文稿中插入一张新幻灯片。

ⓘ 提示

> 插入新幻灯片还有一种比较简单的方法就是，在左侧的幻灯片缩略图窗格中，首先单击要在其后放置新幻灯片的幻灯片，然后按【Enter】键即可插入一张新幻灯片。

② 重新排列幻灯片的顺序：在左侧窗格中，单击要移动的幻灯片的缩略图，然后将其拖动到新位置。

③ 删除幻灯片：在左窗格中，右击要删除（若要删除多张幻灯片，请按住【Ctrl】键以选择多张幻灯片）的幻灯片缩略图，在弹出的快捷菜单中选择"删除幻灯片"命令删除幻灯片，如图 10-6 所示。

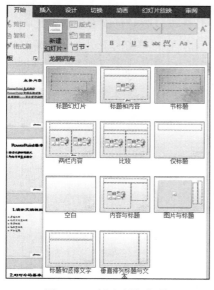

图 10-5　插入新幻灯片

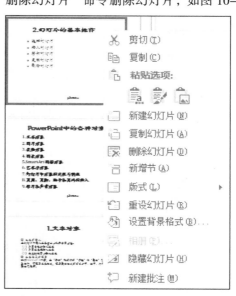

图 10-6　删除幻灯片

10.2.4　移动幻灯片

移动幻灯片就是将幻灯片从演示文稿的原位置移到演示文稿中的另一位置。

方法 1：利用菜单命令或工具按钮移动。选定要移动的幻灯片，单击"开始"→"剪贴板"组中"剪切"按钮，或者右击要移动的幻灯片，在弹出的快捷菜单中选择"剪切"命令，选择目标位置（目标位置和幻灯片的插入点的选择相同），再单击"剪贴板"组中的"粘贴"按钮，或者选择快捷菜单中的"粘贴"命令。

方法 2：利用鼠标拖动。选定要移动的幻灯片，按住鼠标左键进行拖动，这时窗格上会出现一条插入线，当插入线出现在目标位置时松开鼠标左键即可完成移动。

ⓘ 提示

> 如果要同时移动、复制或删除多张幻灯片，按住【Shift】键单击选定多张位置相邻的幻灯片，或者按住【Ctrl】键单击选定多张位置不相邻的幻灯片，然后执行相应的操作即可。

10.2.5 复制幻灯片

复制幻灯片就是生成一张与当前选中幻灯片相同的幻灯片。

方法 1：在需要复制的幻灯片缩略图上右击，在弹出的快捷菜单中选择"复制幻灯片"命令，将会在当前幻灯片后插入当前幻灯片的副本。

方法 2：选择需要复制的幻灯片，选择"开始"→"幻灯片"组中"新建幻灯片"下拉列表中的"复制选定幻灯片"命令。

10.2.6 重用幻灯片

重用幻灯片可以实现把已有的其他演示文稿中的幻灯片添加到当前演示文稿中，具体操作步骤如下：

① 选择"开始"→"新建幻灯片"→"重用幻灯片"命令，此时页面右侧会弹出一个新页面。

② 单击"浏览"按钮，找到已有的 pptx 演示文稿，选中它，单击打开，如图 10-7 所示。

③ 选中"保留源格式"复选框，接着再单击需要添加的幻灯片，可以使复制过来的幻灯片与原幻灯片保持格式不变。

④ 如果需要再重用其他演示文稿的幻灯片，接着再单击"浏览"按钮，找到另一个 ppt 演示文稿，单击打开，再重复操作上述步骤即可。

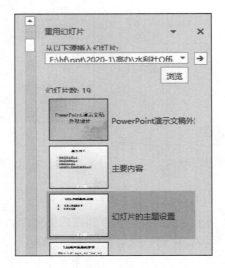

图 10-7　重用幻灯片

10.2.7 隐藏幻灯片

幻灯片放映时，如果不希望显示演示文稿中包含某张幻灯片，可以隐藏该幻灯片。隐藏幻灯片，仅仅是在幻灯片放映时隐藏，幻灯片本身仍然保留在演示文稿中。

具体操作步骤如下：

① 在左侧的幻灯片缩略图窗格中选择需要隐藏的幻灯片。

② 右击，在弹出的快捷菜单中选择"隐藏幻灯片"命令即可。

隐藏幻灯片后，左侧的幻灯片缩略图窗格中幻灯片编号会添加斜杠标记，例如 ⊠ 表示第 2 张幻灯片已隐藏。

如果需要再次显示已隐藏的幻灯片，则再次右击左侧的幻灯片缩略图窗格中的该幻灯片，在弹出的快捷菜单中选择"隐藏幻灯片"命令即可取消隐藏。

10.3　组织和管理幻灯片

当演示文稿中的幻灯片张数过多时，用户可能会厘不清整体的思路以及每张幻灯片之间的逻辑关系，此时可以将整个演示文稿划分成若干个小节，为每个节单独进行格式设置，以方便用户管理，还可以对所有的幻灯片统一设置大小和方向、编号、日期和时间。

扫一扫

组织和管理幻灯片

10.3.1　调整幻灯片的大小和方向

调整幻灯片的大小和方向的具体操作步骤如下：

选择"开始"→"幻灯片"组中"幻灯片大小"→"自定义幻灯片大小"命令，弹出"幻灯片大小"对话框，如图 10-8 所示，可以实现对幻灯片大小、方向、幻灯片编号起始值等的设置。

图 10-8　调整幻灯片大小、方向

10.3.2　添加幻灯片编号、日期和时间

添加幻灯片编号、日期和时间的具体操作方法：单击"插入"→"文本"组中"日期和时间"或"幻灯片编号"按钮，弹出如图 10-9 所示的对话框。在"幻灯片"选项卡中，"幻灯片包含内容"选项组用来定义每张幻灯片下方显示的日期和时间、幻灯片编号和页脚，其中"日期和时间"复选框下包含两个按钮，如果选中"自动更新"单选按钮，则显示在幻灯片下方的时间随计算机当前时间自动变化；如果选中"固定"单选按钮，则可以输入一个固定的日期和时间。

"标题幻灯片中不显示"复选框可以控制是否在标题幻灯片中显示其上方所定义的内容。选择完毕，可单击"全部应用"按钮或"应用"按钮。

10.3.3　将幻灯片组织成节的形式

PowerPoint 中，使用"节"可以更好地管理一个演示文稿中的一组幻灯片。

1. 创建节

创建节的具体操作步骤如下：

① 打开一个演示文稿，单击需要插入节的位置。

② 右击，在弹出的快捷菜单中选择"新增节"命令，或者选择"开始"→"幻灯片"组中"节"→"新增节"命令，弹出"重命名节"对话框。

③ 在"重命名节"对话框中输入节名称，单击"重命名"按钮。

新增节后，PowerPoint 会自动在第 1 张幻灯片之前创建节"默认节"，如图 10-10 所示。图中的演示文稿包含了用户添加的节（"PowerPoint 基本操作"、"PowerPoint 中的各种对象"和"应用案例"）和 PowerPoint 自动添加的"默认节"。

2．编辑节

PowerPoint 中为幻灯片添加节后可以对节进行重命名、删除、折叠、展开等编辑操作。

（1）重命名节

右击需要重命名的节名称，在弹出的快捷菜单中选择"重命名节"命令，弹出"重命名节"对话框，输入新的节名称，单击"重命名"按钮即可。

（2）删除节

右击需要删除的节名称，在弹出的快捷菜单中选择"删除节"命令。

（3）删除节中的幻灯片

右击需要删除的节名称，在弹出的快捷菜单中选择"删除节和幻灯片"命令。

（4）折叠/展开节

单击节名称左侧的三角形图标◢ 或▷，可以折叠或展开当前节。

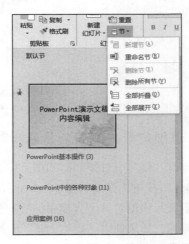

图 10-9　设置幻灯片编号、日期和时间　　　图 10-10　为文稿添加 3 个节并折叠

10.4　演示文稿视图

PowerPoint 2016 提供了 5 种视图模式，分别为普通视图、大纲视图、幻灯片浏览视图、备注页视图和阅读视图模式，用户可根据自己的阅读需要选择不同的视图模式。

10.4.1　视图模式

演示文稿视图

在进行幻灯片设计之前，首先需要了解一下演示文稿的视图模式：

（1）普通视图

普通视图是默认的视图模式，只能显示一张幻灯片。普通视图集成了"幻灯片浏览"和"大纲"两种视图。大纲视图标签仅显示演示文稿的文本内容，幻灯片浏览视图可以查看幻灯片的基本外观，如图 10-11 所示。

图 10-11　普通视图

（2）大纲视图

大纲视图含有大纲窗格、幻灯片缩略图窗格和幻灯片备注页窗格。在大纲窗格中显示演示文稿的文本内容和组织结构，不显示图形、图像、图表等对象。在大纲视图下编辑演示文稿，可以调整各幻灯片的前后顺序；在一张幻灯片内可以调整标题的层次级别和前后次序；可以将某幻灯片的文本复制或移动到其他幻灯片中，如图 10-12 所示。

图 10-12　大纲视图

（3）幻灯片浏览视图

在幻灯片浏览视图中，可以在屏幕上同时看到演示文稿中的所有幻灯片，这些幻灯片是以缩略图方式整齐地显示在同一窗口中。在该视图中可以看到改变幻灯片的背景设计、配色方案或更换模板后文稿发生的整体变化，可以检查各个幻灯片是否前后协调、图标的位置是否合适等；同时，在该视图中也可以很容易地在幻灯片之间添加、删除和移动幻灯片的前后顺序以及选择幻灯片之间的动画切换，如图 10-13 所示。

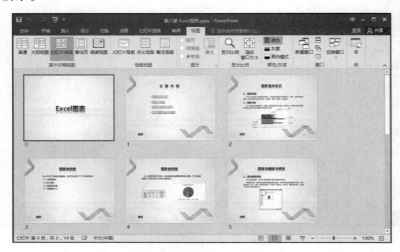

图 10-13　幻灯片浏览视图

（4）备注页视图

备注页视图主要用于为演示文稿中的幻灯片添加备注内容或对备注内容进行编辑修改。在该视图模式下无法对幻灯片的内容进行编辑。切换到备注页视图后，页面上方显示当前幻灯片的内容缩略图，下方显示备注内容占位符。单击该占位符，向占位符中输入内容，即可为幻灯片添加备注内容，如图 10-14 所示。

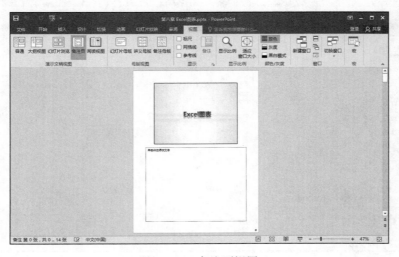

图 10-14　备注页视图

（5）阅读视图

阅读视图在幻灯片放映视图中并不是显示单个的静止画面，而是以动态的形式显示演示文稿中各个幻灯片。阅读视图是演示文稿的最后效果，所以当演示文稿创建到一个段落时，可以利用该视图来检查，从而可以对不满意的地方进行及时修改，如图 10-15 所示。

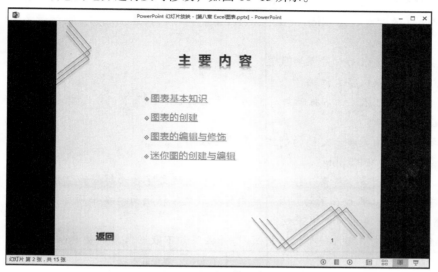

图 10-15　阅读视图

10.4.2　切换视图模式

通常情况下，PowerPoint 默认的视图为普通视图，用户可以根据实际需要切换视图。

方法 1：单击"视图"→"演示文稿视图"组中相应的视图按钮，如图 10-16 所示。

方法 2：单击状态栏中的"视图按钮"区的视图按钮 ，可以在普通视图、幻灯片浏览视图、阅读视图和幻灯片放映视图中快速切换。

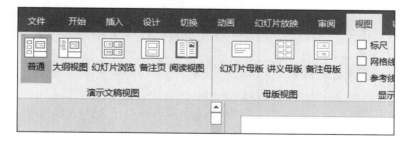

图 10-16　"演示文稿视图"按钮

课后习题 10

一、思考题

1. 新建演示文稿有哪些方法？

2. 如何重用多个演示文稿中的幻灯片？

3. 如何添加幻灯片编号？

二、操作题

1. 打开素材文件"武夷山景点景观.docx",完成以下操作：

① 利用 Word 的"发送到 Microsoft PowerPoint"命令，快速生成相应的演示文稿，并保存文件为"武夷山景点景观.pptx"。

② 把第 2 张、第 3 张幻灯片互换位置。

③ 为幻灯片添加默认格式的编号。

④ 在第 1 张、第 2 张、第 6 张幻灯片前为演示文稿添加 3 个节，分别命名为"景点景观""自然遗产""文化遗产"。

2. 根据要求完成相关演示文稿的制作，具体要求如下：

① 打开素材文件"PPT.pptx"。

② 由于文字内容较多，将第 7 张幻灯片中的内容区域文字自动拆分为 2 张幻灯片进行展示。

③ 为了布局美观，将第 6 张幻灯片中的内容区域文字转换为"水平项目符号列表"SmartArt 布局，并设置该 SmartArt 样式为"中等效果"。

④ 在第 5 张幻灯片中插入一个标准折线图，并按照如下数据信息调整 PowerPoint 中的图表内容。

年　　份	笔记本电脑	平板电脑	智能手机
2010 年	7.6	1.4	1.0
2011 年	6.1	1.7	2.2
2012 年	5.3	2.1	2.6
2013 年	4.5	2.5	3.0
2014 年	2.9	3.2	3.9

⑤ 为该折线图设置"擦除"进入动画效果，效果选项为"自左侧"，按照"系列"逐次单击显示"笔记本电脑"、"平板电脑"和"智能手机"的使用趋势。最终，仅在该幻灯片中保留这 3 个系列的动画效果。

⑥ 为演示文稿创建 3 个节，其中"议程"节中包含第 1、2 张幻灯片，"结束"节中包含最后一张幻灯片，其余幻灯片包含在"内容"节中。

⑦ 完成后直接保存并退出 PPT。

第11章
PowerPoint 演示文稿内容编辑

演示文稿创建成功后，就需要为幻灯片指定版式、添加内容、设置外观等。在演示文稿中插入适当的 SmartArt 图形、图像、图表等对象，可以使得文稿的表现力更加丰富、形象，提高用户的阅读感受。

11.1　幻灯片版式应用

幻灯片版式包含幻灯片上显示的所有内容的格式、位置和占位符。占位符是幻灯片版式上的虚线容器，用于存放标题、正文文本、表格、图表、SmartArt 图形、图片、剪贴画、视频和声音等内容。幻灯片版式还包含颜色、字体、效果和背景，统称为幻灯片的主题。

11.1.1　演示文稿中包含的版式

PowerPoint 2016 中包含了 11 种内置版式：标题幻灯片、标题和内容、节标题、两栏内容、比较、仅标题、空白、内容与标题、图片与标题、标题和竖排文字、竖排标题与文本，如图 11-1 所示，用户可以根据需要选择适合的幻灯片版式。

图 11-1　内置版式列表

11.1.2　应用内置版式

新建空白演示文稿时，幻灯片应用的版式默认为"标题幻灯片"，用户可以根据需要调整幻灯片的版式。

方法 1：首先切换到普通视图，单击需要更换版式的幻灯片，然后选择"开始"→"幻灯片"组中"版式"下拉列表中相应的幻灯片版式即可。

方法 2：首先切换到普通视图，然后右击需要更换版式的幻灯片，在弹出的快捷菜单中选择"版式"子菜单中的相应幻灯片版式即可。

11.1.3　创建自定义版式

PowerPoint 中如果内置版式不能满足使用需求时，用户可以根据需要自定义版式。

具体操作步骤如下：

① 单击"视图"→"幻灯片母版"按钮。

② 进入幻灯片母版的设计页面后，在左侧的版式列表空白位置单击，选择"编辑母版"组中的"插入版式"按钮，就可以新建一个版式。

③ 可以通过"幻灯片母版"功能区对该版式进行重命名、插入占位符、设置占位符格式等操作，如图 11-2 所示为新建一个新的版式名为"文本和 SmartArt"，并为该版式添加了标题、文本和 SmartArt 占位符。

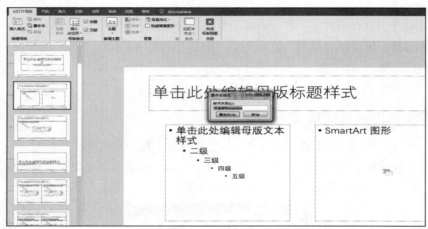

图 11-2　创建版式"文本和 SmartArt"

④ 在关闭母版视图后，在"开始"功能区的版式列表中就可以看到版式"文本和 SmartArt"，如图 11-3 所示。

图 11-3　自定义版式"文本和 SmartArt"

11.2　PowerPoint 的各种对象

PowerPoint 幻灯片中，可以添加相应的媒体对象，包括文本、图像、形状、图表、SmartArt 图形、影片和声音等，从而增强幻灯片的表现力。

扫一扫

PowerPoint 的
各种对象

11.2.1　文本

文本是 PowerPoint 中的基本元素之一。

在演示文稿中不能直接输入文字，必须通过文本占位符或插入文本框，才能录入文字。 输入文字后，文字格式设置主要包括两部分内容：字体格式和段落格式设置。在"开始"选项卡的"字体"组和"段落"组中可分别进行设置，如图 11-4 所示。如果需要更丰富的设置，可以单击右下角的"对话框启动器"按钮，将会弹出对应的对话框，进行更详细的设置。

图 11-4　字体和段落命令按钮组

11.2.2　图像

图像是 PowerPoint 中常用的元素之一。图像元素的使用可以使幻灯片更加形象生动。

通过"插入"选项卡的"图像"组，可以在幻灯片中插入各种图像元素，如图 11-5 所示。

图 11-5　插入图像元素

1. 插入图片

插入图片是指将本地磁盘中的图片插入至幻灯片，具体操作步骤如下：

① 单击需要插入图片的幻灯片。

② 单击"插入"→"图像"组中"图片"按钮，弹出"插入图片"对话框。

③ 选择需要插入的图片，单击"插入"按钮即可。

2. 插入联机图片

插入联机图片是指将联机的图片插入至幻灯片，具体操作步骤如下：

① 单击需要插入图片的幻灯片。

② 单击"插入"→"图像"组中"联机图片"按钮，弹出联机图片搜索对话框。

③ 在搜索框中输入查找图片的关键字，如图 11-6 所示，单击"搜索"按钮。

④ 选择需要插入的图片，单击"插入"按钮即可。

图 11-6 "创新"联机图片

3．插入屏幕截图

插入屏幕截图是指将屏幕截取的图片插入至幻灯片，具体操作步骤如下：

① 单击需要插入图片的幻灯片。

② 单击"插入"→"图像"组中"屏幕截图"按钮，弹出"可用的视窗"下拉列表，如图 11-7 所示。

③ 可以在"可用的视窗"下拉列表中选择一幅当前正在运行的程序窗口截图快速插入至幻灯片中，也可以选择"屏幕剪辑"命令截取当前屏幕的任意区域插入至幻灯片中。

图 11-7 屏幕截图

11.2.3 形状

形状是指可以在幻灯片中插入的自绘图形，具体操作步骤如下：

① 单击"插入"→"插图"组中"形状"按钮，即可弹出形状下拉列表，如图 11-8 所示。选择某种形状并单击，然后在幻灯片中按下鼠标左键并拖动鼠标进行绘制，即可插入相应的形状。自绘图形中可以输入文字，选中图形后右击，在弹出的快捷菜单选择"编辑文字"菜单选项，此时光标将会出现在图形中，即可录入文本，如图 11-9 所示。

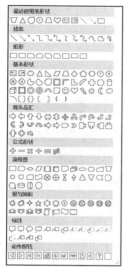

图 11-8　形状下拉列表　　　　　图 11-9　绘制形状

录入文字内容后，可以通过"开始"选项卡中的"文字"组、"段落"组对文字进行基本设置，也可以通过"格式"功能区中的"艺术字样式"组、"形状样式"组等分别对文字及形状进行设置。

11.2.4　图表

根据需要，可以将数据通过图表的方式进行展示，会使演示文稿更加形象，更具有说服力和吸引力。单击"插入"→"插图"组中"图表"按钮，将弹出插入图表对话框，选择一种适合自己的图表单击"确定"按钮，即可插入图表。

插入的图表，可以通过"设计"选项卡进行再次编辑，如修改图表样式、图表数据等，改变图表布局等，图表范例如图 11-10 所示。

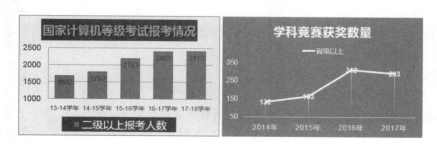

图 11-10　图表范例

11.2.5　SmartArt 图形

SmartArt 图形替代了以前的组织结构图，它是信息和观点的视觉表示形式，使用 SmartArt 图形，只需单击几下鼠标，即可创建具有设计师水准的插图。它一般有流程、层次结构、循环、关系等多种类别。

插入 SmartArt 图形有两种方式：一种是单击"插入"→"插图"组中 SmartArt 按钮；另一种是将文字直接转换为 SmartArt 图形，选中要转换的文字，右击，在弹出的快捷菜单中选择"转换为 SmartArt"

命令，然后在弹出的 SmartArt 图形列表中选择适合的类型单击即可插入，如图 11-11 所示。

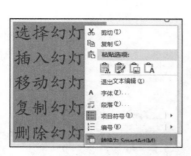 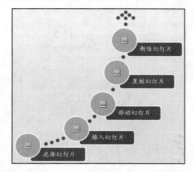

图 11-11 文本转换为 SmartArt 图形

对于插入的 SmartArt 图形的进一步编辑可以从两个方面进行：一是通过"设计"选项卡进行版式和 SmartArt 样式编辑，如图 11-12 所示；二是通过"格式"选项卡进行形状和文本编辑，包括形状修改、形状样式、艺术字样式、排列和大小等，如图 11-13 所示。

图 11-12 "设计"选项卡

图 11-13 "格式"选项卡

11.2.6 影片和声音

PowerPoint 演示文稿中可以添加音频，如音乐、旁白或声音剪辑。若要录制和收听音频，计算机必须配备声卡、话筒和扬声器。

1. 插入音频

插入音频文件具体操作步骤如下：

① 在"普通"视图中，单击要添加声音的幻灯片。

② 单击"插入"→"媒体"组中"音频"下拉箭头按钮，如图 11-14 所示。

③ 从列表项中选择其中一项：要从计算机或网络共享添加声音，请选择"PC 上的音频"，找到并选择所需的音频剪辑，然后单击插入。若要录制和添加自己的音频，请选择"录制音频"。插入音频后，幻灯片上显示的音频图标和控件，如图 11-15 所示。

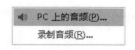 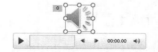

图 11-14 插入音频选项   图 11-15 音频图标和控件

在幻灯片上，选择音频剪辑图标，切换到"播放"选项卡，如图 11-16 所示，即可对插入的音频对象进行设置。

图 11-16　"播放"选项卡

（1）淡化持续时间

可以通过"淡入"和"淡出"时间框设置播放声音的过渡效果，在淡入时间内声音逐步变为最大，在淡出时间内声音逐步变为最小。

（2）开始播放模式

播放模式有两种。"自动播放"表示幻灯片进入放映模式时，音频文件自动播放；"单击播放"则需要用户单击声音文件按钮才会播放。

（3）跨幻灯片播放

默认情况下，插入的音频文件只在当前幻灯片放映时播放，当切换幻灯片时候音频文件则停止。如果插入的音频文件用于作为演示文稿的背景音乐时，则需要演示文稿在播放过程中，均处于播放状态，此时需要选中"跨幻灯片播放"复选框。

（4）循环播放，直到停止

默认状态下，音频文件只播放一次则停止，如果要循环播放，则需要选中"循环播放，直到停止"复选框。

（5）放映时隐藏

如果选中此复选框，则放映音频文件时，音频图标不会显示。

2．插入视频

插入视频的具体操作步骤如下：

① 单击"插入"→"媒体"组中"视频"下拉箭头按钮。

② 从列表中选择"PC 上的视频"，从打开的"插入视频文件"对话框中选择要插入幻灯片的视频文件，然后调整视频大小。

为进一步设置视频，可以选中视频对象，选择"播放"选项卡，如图 11-17 所示。视频的编辑与音频文件相似，在此不再赘述。

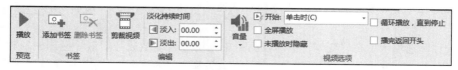

图 11-17　"播放"选项卡

11.3　设计幻灯片主题与背景

在制作演示文稿时，可以通过主题、幻灯片母版来统一幻灯片的风格和效果，达到快速修饰演示文稿的目的。为了使幻灯片更加协调、美观，还可以对幻灯片进行一些美化，如背景设置等。

扫一扫

设计幻灯片主题
与背景

11.3.1 应用设计主题

PowerPoint 主题是一组已经设置好的格式，包括主题效果、主题颜色等内容。利用设计主题，可以快速对演示文稿进行外观效果设置。PowerPoint 2016 提供了一些内置主题供用户直接使用，用户也可以在主题的基础上进一步进行调整，以满足需求。

切换到"设计"选项卡，如图 11-18 所示。在"主题"命令按钮组中选择合适的主题即可，也可以单击"其他"按钮打开如图 11-19 所示的主题库，供用户更多的选择。

图 11-18 "设计"选项卡

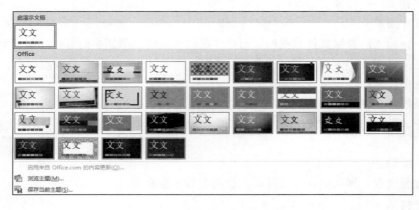

图 11-19 PowerPoint 主题库

在应用主题前可以进行实时预览，只需要将指针停留在主题库的缩略图上，即可看到应用了该主题后的演示文稿的效果。如果要改变某张幻灯片的主题，选中幻灯片后，右击"主题"命令选项组中合适的主题，弹出的快捷菜单如图 11-20 所示，选择"应用于选定幻灯片"命令即可。

主题颜色设置：主题颜色包含了文本、背景、文字强调和超链接等颜色。在应用主题之后，可以通过修改主题颜色快速调整演示文稿的整体色调。

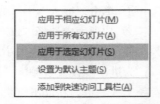

图 11-20 主题应用快捷菜单

选择"设计"选项卡，在"变体"命令按钮组中系统会自动生成与幻灯片应用主题相应的变化样式，直接选择其中一种即可改变主题的颜色、字体、效果等。如果只是要改变主题颜色，则单击"变体"组中的"其他"按钮，在弹出的菜单中选择"颜色"下拉按钮，打开如图 11-21 所示的主题颜色库。其中显示了内置主题中的所有颜色组，单击其中某个主题颜色即可改变演示文稿的整体配色。

PowerPoint 中也支持用户个性化设置，可以创建自定义主题颜色。选择图 11-21 所示的主题颜色库下方"自定义颜色"命令，弹出如图 11-22 所示的"新建主题颜色"对话框，共有 12 种颜色可以设置。

主题字体设置：在幻灯片设计中，对整个文档使用一种字体始终是一种美观且安全的设计选择，当需要营造对比效果时，可以使用两种字体。在 PowerPoint 2016 中，每个内置主题均定义了两种字体：一种用于标题，另一种用于正文文本。更改主题文字可以快速对演示文稿中的所有标题和正文文本字体进行更新。

图 11-21　主题颜色库

图 11-22　"新建主题颜色"对话框

单击"设计"→"变体"组中"其他"按钮，在弹出的菜单中选择"字体"下拉按钮，可以在打开的主题字体库中进行设置。若要创建用户自定义字体，可以选择主题字体库中的"新建主题字体"命令，弹出"新建主题字体"对话框，设置好标题文字和正文字体之后单击"保存"按钮即可完成设置。

11.3.2　背景设置

PowerPoint 2016 中，也可以通过背景来设置幻灯片的效果。用户可以使用颜色、填充图案、纹理或图片作为幻灯片背景的格式。

单击"设计"→"自定义"组中"设置背景格式"按钮，在幻灯片设计区域的右侧会出现"设置背景格式"窗格，如图 11-23 所示。

可以根据自身的需要对幻灯片背景样式进行选择。背景填充样式包括纯色填充、渐变填充、图片或纹理填充及图案填充，设置面板如图 11-23 所示。

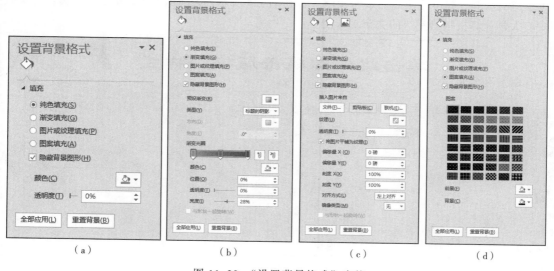

（a）　　　　　（b）　　　　　（c）　　　　　（d）

图 11-23　"设置背景格式"窗格

ℹ️ 提示

　　如果演示文稿已经采用了某种主题或整体背景已经设置完毕，而要设置某一张幻灯片的背景时，一定要选中"设置背景格式"窗格中的"隐藏背景图片"复选框；否则，看不到预想的效果。

11.3.3　模板

　　模板是一种用来快速制作幻灯片的已有文件，其扩展名为"potx"，它可以包含演示文稿的版式、主题颜色、主题字体、主题效果和背景样式等。使用模板的好处是可以方便、快速地创建风格一致的演示文稿。

　　用户若想要根据已有模板生成演示文稿，可以应用 PowerPoint 2016 的内置模板、自己创建的模板及网络下载的模板。

　　在演示文稿制作过程中，直接应用内置模板较快速方便，但容易千篇一律，失去新意。一个自己设计的、清新别致的模板更加容易给受众留下深刻印象。创建自定义模板的具体操作步骤如下：

　　① 打开现有的演示文稿或模板。

　　② 根据自身需要，对演示文稿的外观、字体等进行修改。

　　③ 选择"文件"→"另存为"命令；在"文件名"下拉列表中为设计模板输入名字；在"保存类型"下拉列表中，选择类型为"PowerPoint 模板（*.potx）"，保存后即可得到自定义模板。

11.3.4　水印应用

　　演示文稿制作水印可以防止内容被盗用，同时起到宣传的作用。在 PowerPoint 中，可以通过幻灯片母版为演示文稿添加文字或图片水印。

　　要为演示文稿添加水印，首先打开相应的文稿，单击"视图"→"母版视图"组中"幻灯片母版"按钮，选择相应的母版，在右边编辑区插入要作为水印的文字或图片，调整好该对象的位置、大小、倾斜度、透明度等，即可完成添加水印操作。如图 11-24 所示，为演示文稿添加了"武夷学院实验室管理中心大学计算机教研室"的文字水印。

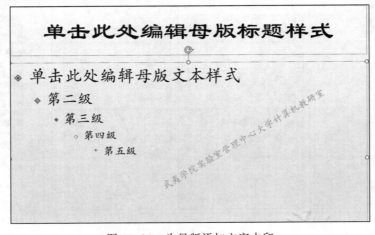

图 11-24　为母版添加文字水印

11.4　幻灯片母版

幻灯片母版相当于一种模板，它能够存储幻灯片的所有信息，包括文本和对象在幻灯片上的放置位置、文本和对象的大小、文本样式、背景、颜色主题、效果和动画等。通过幻灯片母版可以制作出多张风格相同的幻灯片，使演示文稿的整体风格更统一。

扫一扫

幻灯片母版

11.4.1　幻灯片母版概述

幻灯片母版的作用就是可以进行全局设计、修改，并将操作应用到演示文稿的所有幻灯片中。一方面提高了工作效率，另一方面也使幻灯片效果更加完整、统一。通常使用幻灯片母版进行如下操作：设计统一的背景；标题字体及内容字体的统一设置；演示文稿的 LOGO 设置；更改占位符的位置、大小和格式。

单击"视图"→"母版视图"组中"幻灯片母版"按钮，将进入母版视图，如图 11-25 所示。

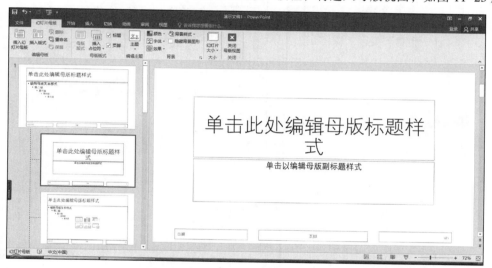

图 11-25　幻灯片母版视图

在图 11-25 中，左侧是母版缩略图窗格，右侧是母版编辑区。在母版缩略图窗格的顶部有数字编号"1"和一张较大的幻灯片母版，其中"1"表示幻灯片母版的编号。在 PowerPoint 2016 一个演示文稿中可以插入多个幻灯片母版；较大的幻灯片母版相当于所有幻灯片母版的"母片"，在这个"母片"的下方是各类版式的母版，各类版式的母版将继承"母片"的格式。

选择幻灯片母版视图后，切换到"幻灯片母版"选项卡，如图 11-26 所示，可以对幻灯片母版进行相关设置，设置完成后就会自动生效在相应的幻灯片上。

图 11-26　"幻灯片母版"选项卡

11.4.2　创建及应用自定义幻灯片母版

1．创建自定义幻灯片母版

单击"编辑母版"组中"插入幻灯片母版"按钮，即可插入一个新的幻灯片母版（注意：幻灯片母版的编号为 2），如将新幻灯片母版重命名为"我的母版"。幻灯片母版中包括了日常所用的幻灯片版式，如标题幻灯片、标题和内容、两栏内容等，可以在新母版中删除不用的版式或创建新版式。和原母版一样可以编辑新母版的各版式，设置好母版及版式后，关闭母版视图，切换到"普通视图"。单击"开始"→"幻灯片"组中"新建幻灯片"下拉按钮，在弹出的幻灯片版式下拉列表中即可看到并应用"我的母版"中的版式，如图 11-27 所示。

图 11-27　新建母版"我的母版"

2．重命名幻灯片母版

自定义幻灯片母版后，如果需要对幻灯片母版的名称进行修改，可以进行幻灯片母版重命名操作。具体操作步骤如下：

① 切换至幻灯片母版视图。单击"视图"→"母版视图"组中"幻灯片母版"按钮。

② 重命名幻灯片母版。首先单击"幻灯片母版"→"编辑母版"组中"重命名"按钮，弹出"重命名版式"对话框，如图 11-28 所示，然后在"版式名称"文本框中输入母版名称，最后单击"重命名"按钮即可。

3．复制幻灯片母版

（1）跨演示文稿复制幻灯片母版

如果在演示文稿中准备应用其他演示文稿中自定义的幻灯片母版，可以对自定义的幻灯片母版进行复制。具体操作步骤如下：

① 打开需要复制幻灯片母版和需要粘贴幻灯片母版的两个演示文稿文件。

② 切换至复制幻灯片母版的演示文稿，单击"视图"→"母版视图"组中"幻灯片母版"按钮，切换至该演示文稿的幻灯片母版视图。

③ 在左侧缩略图窗格，右击需要复制的幻灯片母版，在弹出的快捷菜单中选择"复制"命令，如图 11-29 所示。

④ 切换至需要粘贴幻灯片母版的演示文稿，进入幻灯片母版视图，在左侧缩略图窗格最下方位置右击，在弹出的快捷菜单中选择"粘贴选项"的"保留源格式"命令 。

图 11-28　"重命名版式"对话框

图 11-29　复制幻灯片母版

（2）同演示文稿内复制幻灯片母版

如果在演示文稿中希望在原有幻灯片母版的基础上新建一个自定义的幻灯片母版，可以先复制生成一份原有幻灯片母版的副本，再在幻灯片母版的副本中进行修改，具体操作步骤如下：

① 单击"视图"选项卡→"母版视图"组中"幻灯片母版"按钮，切换至该演示文稿的幻灯片母版视图。

② 在左侧缩略图窗格，右击需要复制的幻灯片母版，在弹出的快捷菜单中选择"复制幻灯片母版"命令，如图 11-29 所示。

4．删除幻灯片母版

如果在演示文稿中需要删除一些幻灯片母版，可以对幻灯片母版进行删除操作。具体操作步骤如下：

① 单击"视图"→"母版视图"组中"幻灯片母版"按钮，切换至该演示文稿的幻灯片母版视图。

② 在左侧缩略图窗格，右击需要删除的幻灯片母版，在弹出的快捷菜单中选择"删除母版"命令，如图 11-29 所示。

课后习题 11

一、思考题

1．什么是主题？

2．如何为幻灯片添加水印？

3. 如何自定义母版和版式?

二、操作题

1. 在科技馆工作的小文需要制作一份介绍诺贝尔奖的 PowerPoint 演示文稿,以便为科普活动中的参观者进行讲解。按照下列要求,帮助他完成此项任务。

① 打开素材文档 PPT.pptx("pptx"为文件扩展名),后续操作均基于此文件。

② 为演示文稿应用自定义主题"诺贝尔.thmx",并按下列要求设置主题字体:中文标题和正文字体为黑体,西文标题和正文字体为 Cambria。

③ 将第 2 张幻灯片中标题下的文本转换为"梯形列表"布局的 SmartArt 图形,并分别将 3 个形状超链接至第 3、7、11 张幻灯片。

④ 修改第 3、7、11 张幻灯片为"节标题"版式。

⑤ 参考样例文件"幻灯片 5.png"中的完成效果,在第 5 张幻灯片中完成下列操作:

a. 修改为"比较"版式。

b. 左上方占位符文本为"奖牌",右上方占位符文本为"奖金",并将这两处文本左对齐。

c. 在左下方占位符中插入图片"奖牌.jpg",删除图片中的白色背景,添加图片边框,设置图片边框颜色与标题字体颜色相同。

d. 根据本张幻灯片外部的数据源,在右下方占位符中插入带平滑线和数据标记的散点图,并设置不显示图表图例、网格线、坐标轴和图表标题;将数据标记设置为圆形、大小为 7、填充颜色为"白色,文字 1",在图表区内为每个数据标记添加包含年份和奖金数额的文本框注释;添加图表区边框,并设置边框颜色与标题字体颜色相同。

⑥ 将第 6 张幻灯片中标题下的文本转换为"交替流"布局的 SmartArt 图形 (完成效果参考样例文件"评选流程.png"),为 SmartArt 图形应用"淡出"进入动画效果,并设置效果选项为"逐个"。

⑦ 修改第 8~10 张幻灯片为"两栏内容"版式,并在右侧占位符中分别插入图片"萨特.jpg"、"希格斯.jpg"和"伦琴.jpg",适当调整图片和文字的大小,并为这 3 张图片分别应用不同的图片样式。

⑧ 修改第 12~14 张幻灯片为"内容与标题"版式,将幻灯片中原先的标题和文字内容分别放置到标题占位符和文本占位符中,在右侧的内容占位符中分别插入图片"早期风格.jpg"、"现代风格.jpg"和"文学奖证书.jpg",适当调整图片的大小,并为这 3 张图片应用"矩形投影"图片样式。

⑨ 在第 15 张幻灯片中,将左右两个文本框垂直居中对齐,设置右侧文本框中的文本为"淡出"进入动画效果,并按字/词显示、字/词之间延迟百分比的值为 20%;将右侧文本框中的文字转换为繁体。

⑩ 按照下列要求对演示文稿分节,并为每一节添加不同的幻灯片切换效果。

幻灯片	节名称	幻灯片	节名称
第 1~2 张	开始	第 11~14 张	第 3 部分
第 3~6 张	第 1 部分	第 15 张	结束
第 7~10 张	第 2 部分		

⑪ 为演示文稿添加幻灯片编号,并设置在标题幻灯片中不显示;编号位置位于每张幻灯片底部正中。

2. 在某医院的科普活动中,小李准备使用演示文稿介绍关于水的知识,参考"PPT 参考效果.docx"中的示例,按下列要求帮助小李完成演示文稿的制作:

① 将"PPT 素材.pptx"文件另存为"PPT.pptx"(".pptx"为文件扩展名),后续操作均基于此文件。

② 按如下要求修改该幻灯片母版：

a. 为演示文稿应用考生文件夹下名为"绿色.thmx"的主题。

b. 设置幻灯片母版标题占位符的文本格式：将文本对齐方式设置为左对齐，中文字体设置为方正姚体，西文字体为 Arial，并为其设置"填充：白色；轮廓：水绿色，主题色 5；阴影"的艺术字样式。

c. 设置幻灯片母版内容占位符的文本格式：将第一级（最上层）项目符号列表的中文字体设置为华文细黑，西文字体为 Arial，字号为 28，并将该级别的项目符号修改为文件夹下的"水滴.jpg"图片。

③ 关闭母版视图，调整第 1 张幻灯片中的文本，将其分别置于标题和副标题占位符中。

④ 在第 2 张幻灯片中插入布局为"带形箭头"的 SmartArt 图形，将文件夹下的"意大利面.jpg"设置为带形箭头形状的背景，该图片透明度调整为 15%，在左侧和右侧形状中分别填入第 3 张和第 8 张幻灯片中的文字内容，并使用适当的字体颜色。

⑤ 将第 3 张和第 8 张幻灯片的版式修改为"节标题"，并将标题文本的填充颜色修改为绿色。

⑥ 将第 5 张和第 10 张幻灯片的版式修改为"两栏内容"，并分别在右侧栏中插入文件夹下的图片"冰箱中的食品.jpg"和"揉面.jpg"。为图片"冰箱中的食品.jpg"应用"圆形对角，白色"的图片样式；为图片"揉面.jpg"应用"旋转，白色"的图片样式，并将该图片的旋转角度调整为 6°。

⑦ 参考"PPT 参考效果.docx"中的示例，按如下要求在第 6 张幻灯片中创建一个散点图图表：

a. 图表数据源为该幻灯片中的表格数据，X 轴数据来自"含水量%"列，Y 轴数据来自"水活度"列。

b. 设置图表水平轴和垂直轴的刻度单位、刻度线、数据标记的类型和网格线。

c. 设置每个数据点的数据标签。

d. 不显示图表标题和图例，横坐标轴标题为"含水量%"，纵坐标轴标题为"水活度"。

e. 为图表添加"淡出"的进入动画效果，要求坐标轴无动画效果，单击鼠标时各数据点从右向左依次出现。

⑧ 按如下要求为幻灯片分节：

节 名 称	节包含的幻灯片
封面和目录	第 1 张和第 2 张幻灯片
食物中的"活"水	第 3~7 张幻灯片
氢键的魔力	第 8~10 张幻灯片

⑨ 设置所有幻灯片的自动换片时间为 10 s；除第 1 张幻灯片无切换效果外，其他幻灯片的切换方式均设置为自右侧"推入"效果。

⑩ 设置演示文稿使用黑白模式打印时，第 5 张和第 10 张幻灯片中的图片不会被打印。

⑪ 利用演示文稿的检查辅助功能，为缺少可选文字的对象添加适当的可选文字。

⑫ 删除所有演示文稿备注内容。

⑬ 为演示文稿添加幻灯片编号，要求首页幻灯片不显示编号，第 2~10 张幻灯片编号依次为 1~9，且编号显示在幻灯片底部正中。

第12章

PowerPoint 演示文稿的交互和优化

PowerPoint 应用程序提供了幻灯片演示者与观众或听众之间的交互功能，制作者不仅可以在幻灯片中嵌入声音和视频，还可以为幻灯片的各种对象（包括组合图形等）设置放映动画效果，可以为每张幻灯片设置放映时的切换效果，甚至可以设计动画路径。设置了幻灯片交互性效果的演示文稿，放映演示时将会更加生动和富有感染力。

12.1　动画效果设置

扫一扫

动画效果设置

为了使幻灯片放映时引人注意、更具视觉效果，可以为幻灯片中的各种对象添加动画，再为添加的动画设置效果选项，从而可以突出重点，控制信息的流程，并提高演示文稿的趣味性。

12.1.1　为文本、图片等对象添加动画

切换到"动画"选项卡，如图 12-1 所示。

图 12-1　"动画"选项卡

对幻灯片中的对象添加动画效果的操作步骤如下：

插入动画：在幻灯片中选中要设置动画的对象，在"动画"选项卡的"动画"组的动画库中选择一个动画效果，或者单击"更多"按钮，弹出的动画效果列表如图 12-2 所示，选择某种方案后就可以实现动画的添加了。单击"高级动画"组中"动画窗格"按钮，弹出"动画窗格"窗格，在动画窗格列表中将显示已经添加的动画，如图 12-3 所示。

从图 12-2 中可以看到，PowerPoint 2016 动画库中，提供了进入、强调、退出和动作路径 4 类动画，如果要使用更丰富的动画效果，可以选择"动画效果"列表中下方的"更多进入效果"、"更多强调效果"、"更多退出效果"和"其他动作路径"命令。

进入：用于设置对象进入幻灯片时的动画效果。

强调：用于强调在幻灯片上的对象而设置的动画效果。

退出：用于设置对象离开幻灯片时的动画效果。

动作路径：用于设置按照一定路线运动的动画效果。

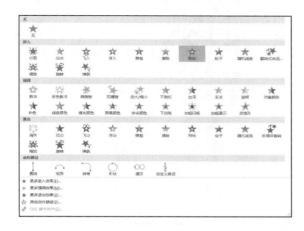

图 12-2　"动画效果"列表　　　　　　　　　　图 12-3　"动画窗格"

12.1.2　设置效果选项、计时或顺序

为对象添加动画效果后，还可以对动画效果进一步设置，比如动画开始播放的时间及播放速度、调整动画的播放顺序等。假设为文本设置了"进入"动画效果中的"旋转"效果，双击"动画窗格"后，弹出对话框如图 12-4 所示。

（a）

（b）

图 12-4　动画效果设置窗口

图 12-4（a）中，可以设置动画播放过程中添加声音效果；动画播放后是否添加变色的后续效果；动画文本可以设置文本是作为整体一起出现还是按照字母逐个出现。

图 12-4（b）中，可以设置动画开始的条件，默认是鼠标单击时播放动画，也可以设置为"与上一动画同时"或"上一动画之后"的自动播放的形式；动画是否延迟；动画播放的速度；动画是否要重复播放等。

在 PowerPoint 2016 中可以为某一个对象添加多种动画效果，如为文本添加进入、强调及退出的动画效果。选中对象后，首先为其添加"进入"的动画效果，然后继续选中该对象，单击"高级动画"组中"添加动画"下拉按钮，在动画效果下拉列表中继续添加强调和退出动画效果即可，最后为后续

添加强调和退出动画效果设置播放开始条件为"上一动画之后"。

（1）对动画重新排序

如图 12-5 所示的幻灯片上有多个动画效果，在每个动画对象上显示一个数字，表示对象的动画播放顺序。可以根据需要对动画进行重新排序，可以通过"动画"选项卡的"计时"组中"向前移动"和"向后移动"进行先后调整；也可以通过动画窗格面板中的上下按钮进行调整。

图 12-5　重新排序动画

（2）动画刷

在演示文稿制作过程中，会有很多对象需要设置相同的动画。在 PowerPoint 2016 中，提供了一个类似格式刷的工具，即动画刷。利用动画刷可以轻松、快速地复制动画效果，并应用到其他对象。动画刷的用法和格式刷类似，选择已经设置了动画效果的某个对象，单击"动画"→"高级动画"组中"动画刷"按钮，复制动画格式，然后单击想要应用相同动画效果的某个对象，两个动画效果将会完全相同。

12.1.3　自定义动作路径

除了添加"进入"、"强调"和"退出"动画之外，还可以为对象添加"动作路径"动画，各种形状的动作路径，如图 12-6 所示。图 12-7 所示为给圆球添加了"菱形"动作路径，也可以自定义路径，通过鼠标绘制一条轨迹线作为对象的动作路径。图 12-8 所示为圆球添加了自定义路径，右击轨迹线，可以通过"编辑顶点"命令对轨迹线进行调整，添加的动作路径动画同样也可以在"动画窗格"或"效果选项"里进行进一步设置。

图 12-6　更多动作路径

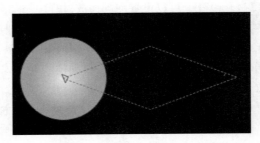

图 12-7　添加菱形路径

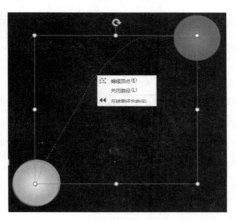

图 12-8　自定义路径并编辑顶点

12.2　幻灯片切换设置

扫一扫

幻灯片切换设置

幻灯片的切换设置，顾名思义就是在幻灯片放映过程中，每一张幻灯片在切换时的过渡效果。设置恰当的切换效果可以使幻灯片的过渡衔接更为自然，提高演示的吸引力。用户把演示文稿的幻灯片设置成统一的切换方式，也可以设置为不同的切换方式，如果在演示文稿中添加了节，则可以为每一节单独设置一种切换方式。

在幻灯片浏览视图或其他视图中，选择要添加切换效果的幻灯片，如果要选中多张幻灯片，可以按住【Ctrl】键进行选择。选择"切换"选项卡，如图 12-9 所示。

图 12-9　"切换"选项卡

添加切换效果：单击"切换"→"切换到此幻灯片"组中"其他"按钮，在弹出的切换效果列表中，选择某种效果即可。

其他设置："计时"组中"声音"选项用来设置切换过程是否加入音效；"持续时间"用来设置切换动画播放的时间长度；设置了某种切换效果后，单击"全部应用"按钮，则所有幻灯片使用该种切换效果，否则只应用到当前幻灯片；"换片方式"有两种，一种是鼠标单击，另一种是计时，设置的时间间隔到达时幻灯片就会自动切换。

12.3　幻灯片超链接与导航设置

扫一扫

超链接

演示文稿设计过程中，为了放映方便，有时候需要为演示文稿添加一些导航功能，以实现在演示文稿中的跳转操作。在 PowerPoint 中，导航一般通过超链接或动作按钮来实现，增加演示文稿的交互性。

超链接：是指由一张幻灯片跳转另一张幻灯片、文件或网址等内容的导航方式，跳转的起点为源，跳转的终点为目标。

动作按钮：PowerPoint 提供了动作按钮的功能，可以通过动作按钮来执行另一个程序，也可以利用其进行幻灯片导航。

12.3.1 超链接

选中要设置超链接的对象（文本或图片等）右击，弹出如图 12-10 所示的快捷菜单，选择"超链接"命令，弹出如图 12-11 所示的"插入超链接"对话框。

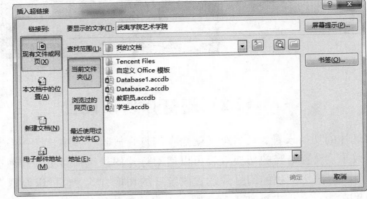

图 12-10 快捷菜单 图 12-11 "插入超链接"对话框

幻灯片中的超链接目标有 4 种方式：

① 现有文件或网页：超链接到本文档以外的文件或链接打开某个网页。

② 本文档中的位置：超链接到"请选择文档中的位置"列表中所选定的幻灯片。

③ 新建文档：超链接到新建的演示文稿。

④ 电子邮件地址：超链接到某个邮箱地址，如 wyxy@qq.com 等。

单击"超链接"对话框中"屏幕提示"按钮，输入提示文字内容，放映演示文稿时在链接位置旁边显示提示文字。

设置完毕的超链接，也可以进行编辑或删除，选择要编辑的超链接文本，右击，在弹出的快捷菜单中，选择"编辑超链接"或"取消超链接"命令即可编辑或删除超链接。

需要注意的是，设置完毕的超链接需要切换到放映模式才能看到效果。

12.3.2 动作按钮

"动作"的作用是为所选的对象添加一个动作，以指定单击该对象或鼠标移动到对象上面时，执行的某个操作。可以将演示文稿中的内置按钮形状作为动作按钮添加到幻灯片，并为其分配单击鼠标或鼠标移过时动作按钮将会执行的动作。还可以为图片或 SmartArt 图形中的文本等对象分配动作。添加动作按钮或为对象分配动作后，在放映演示文稿时通过单击鼠标或鼠标移过动作按钮时完成幻灯片跳转、运行特定程序、插入音频和视频等操作。选中要设置动作的对象，在"插入"→"链接"组中"动作"按钮，弹出"操作设置"对话框，如图 12-12 所示。

图 12-12　"操作设置"对话框

　　"单击鼠标"选项卡用来设置文稿放映的时候，鼠标单击该对象时发生的动作。"鼠标悬停"选项卡则是指文稿放映时，鼠标悬停到对象时发生的动作。两个选项卡设置方法一致，在此以"单击鼠标"为例来说明。

　　"无动作"表示鼠标单击时没有任何动作；"超链接到"的效果与上述讲的超链接效果一致，可以链接到某一张幻灯片；"运行程序"可以打开 Windows 的应用程序；"运行宏"表示可以运行事先录制好的宏；"播放声音"复选框用来设置动作运行时是否需要音效。

　　在 PowerPoint 2016 中，除了可以直接插入"动作"，还可以使用"动作按钮"来实现。单击"插入"→"插图"组中"形状"下拉按钮，在弹出的列表框最下方为"动作按钮"，如图 12-13 所示。选择某一个动作按钮在幻灯片上进行绘制，绘制完毕后，将弹出如图 12-12 所示的"操作设置"对话框。

图 12-13　动作按钮

12.4　保护并检查演示文稿

　　PowerPoint 中可以对演示文稿设置文档保护操作，从而实现让他人可以浏览演示文稿而不能对文稿进行编辑修改操作。可以对演示文稿进行审阅和检查，保证演示文稿在放映或传递之前将错误降至最低。

12.4.1　保护演示文稿

　　保护 PowerPoint 2016 演示文稿，包括将文稿设为只读、用密码进行加密、限制访问、添加数字签名、将文稿标记为最终状态等几种方法。选择"文件"→"信息"命令，就可以显示当前文稿的信息对话框，单击"保护演示文稿"按钮，则会展开其下拉菜单，如图 12-14 所示，通过该菜单命令就可以实现对演示文稿的保护操作。

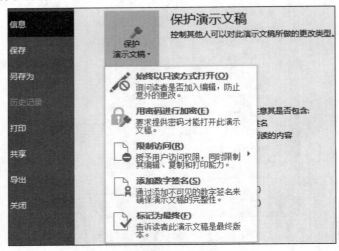

图 12-14 "保护演示文稿"下拉菜单

1．将文稿设为以只读方式打开

选择"保护演示文稿"下拉列表中的"始终以只读方式打开"命令，就可以使当前演示文稿以只读方式打开，防止对演示文稿的修改操作，如图 12-15 所示。当再次打开演示文稿时，会弹出图 12-16 所示的提示信息，这时候就只能浏览演示文稿，而不能进行编辑操作，如果需要进行编辑操作，则必须单击"仍然编辑"按钮。

图 12-15 始终以只读方式打开

图 12-16 "只读"提示

2．用密码进行加密

选择"保护演示文稿"下拉列表中的"用密码进行加密"命令，就会打开"加密文档"对话框，如图 12-17 所示，通过两次设置相同密码就可以实现用密码保护文档。当再次打开本文档时，就会弹出如图 12-18 所示对话框，要求用户输入正确密码后才可以打开本文档。如果要取消密码，则再次选择"用密码进行加密"命令，在"加密文档"对话框中删除密码，单击"确定"按钮即可。

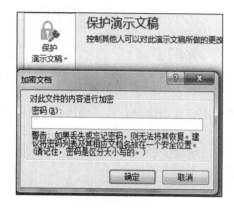

图 12-17　加密文档　　　　　　　　　　　图 12-18　打开加密文档

3. 添加修改演示文稿密码

除了为演示文稿添加打开密码外，也可以为演示文稿添加修改密码。选择"文件"→"另存为"命令，在弹出的"另存为"对话框的"工具"下拉列表中选择"常规选项"命令，打开"常规选项"对话框，如图 12-19 所示。在"修改权限密码"及"确认密码"中两次输入相同密码，确认并保存后即可实现为演示文稿添加修改密码。

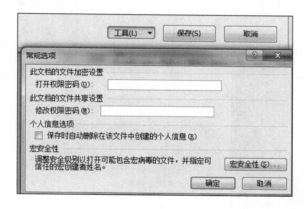

图 12-19　"常规选项"对话框

4. 限制访问

通过设置"限制权限"，可以授予用户访问权限，同时限制其编辑、复制和打印权限。如果尝试查看文档或电子邮件时收到文件权限错误，则表示有内容越过了信息权限管理（IRM）。可使用 IRM限制对 Office 中的文档、工作簿和演示文稿内容的权限。IRM 允许用户设置访问权限，有助于防止敏感信息被未授权的人员打印、转发或复制。使用 IRM 限制文件权限时，即使文件传到意外收件人处，也会强制实施访问和使用限制。

5. 添加数字签名

添加数字签名是一项比较实用的安全保护功能。数字签名以加密技术作为基础，帮助用户减轻商业交易及文档安全相关的风险。具体操作步骤如下：

① 打开要签名的演示文稿。单击"文件"→"信息"→"保护演示文稿"按钮，在展开的下拉列表中选择"添加数字签名"选项。

② 在弹出的 Microsoft PowerPoint 提示框中，直接单击"确定"按钮。

③ 弹出"获取数字标识"对话框，选择采用哪种方法来获取数字标识。选中"创建自己的数字标识"单选按钮，然后单击"确定"按钮。

④ 弹出"创建数字标识"对话框，输入要在数字标识中包含的信息，可以输入名称、电子邮件地址和单位，输入完毕后单击"创建"按钮。

⑤ 弹出"签名"对话框，在"签署此文档的目的"下面填写签署目的，单击"签名"按钮。

⑥ 弹出"签名确认"对话框，单击"确定"按钮即可完成签名操作。

6. 标记为最终状态

"标记为最终状态"命令会将文档设为只读，表示编辑已完成，这是文档的最终状态。此操作将阻止对文档进行编辑。选择"保护演示文稿"下拉列表中的"标记为最终状态"命令，即可实现该操作。

12.4.2　检查演示文稿

在发布演示文稿前，需要对文稿进行检查，以确保文档可以有更好的阅读体验，以及去除文档中的个人信息。选择"文件"→"信息"→"检查问题"命令，就可以看到相应的文档检查操作，如图 12-20 所示。

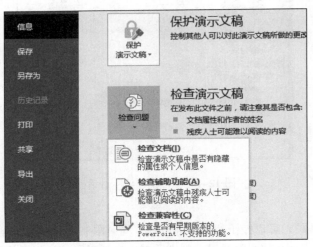

图 12-20　检查文档

选择"检查问题"下拉菜单中的"检查文档"命令，可以打开"文档检查器"对话框，如图 12-21 所示，可以对文档的文档属性、个人信息、不可见的内容、批注等内容进行检查，可以根据审阅检查结果来对每一个检查项进行确认或修改。

选择"检查问题"下拉菜单中的"检查辅助功能"命令，可以对文档中难以阅读的内容进行检查，分别以"错误"、"警告"和"提示"3 种类别给出检查结果，每一个具体问题后面还会附上建议的修改操作。

　　选择"检查问题"下拉菜单中的"检查兼容性"命令，可以检查文档是否有 PowerPoint 2016 之前的版本不支持的功能，如图 12-22 所示。

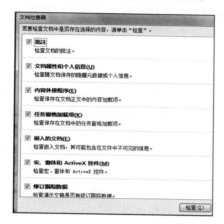

图 12-21　文档检查器

图 12-22　兼容性检查

12.5　应　用　案　例

12.5.1　案例描述

　　张老师正在准备有关儿童孤独症介绍的培训课件，按照下列要求帮助张老师组织资料，完成该课件的制作。制作完成的演示文稿共包含 13 张幻灯片。

　　① 打开素材文档 PPT.pptx，依据素材文件"1-3 张素材.txt"中的内容大纲提示，在演示文稿最前面新建 3 张幻灯片，"1-3 张素材.txt"中的"儿童孤独症的干预与治疗""目录""基本介绍"3 行内容为幻灯片标题，其下方的内容分别为各自幻灯片的文本内容。

　　② 为演示文稿应用自定义设计主题"聚合 1.thmx"，在幻灯片母版右上角插入素材图片 logo.png，改变图片样式，为其重新着色，并将其置于幻灯片所有对象底层。

　　③ 将第 1 张幻灯片的版式设为"标题幻灯片"，为标题和副标题分别指定动画效果，其顺序为：单击时标题以"飞入"方式进入后，3 秒副标题自动以任意方式进入，5 秒后标题自动以"飞出"方式退出，接着 3 秒后副标题再自动以任意方式退出。

　　④ 设置第 2 张幻灯片的版式为"图片与标题"，将考生文件夹下的素材图片 pic1.jpg 插入图片占位符中；为目录内容应用格式为 1.、2.、3.、…的编号，并分为两栏，适当增大其字号；为目录中的每项内容分别添加可跳转至相应幻灯片的超链接。

　　⑤ 将第 3 张幻灯片的版式设为"两栏内容"、背景以"羊皮纸"纹理填充；在右侧的文本框中插入一个表格，将"基本信息(见表)"下方的 5 行 2 列文本移动到右侧表格中，并根据内容适当调整表格大小。

　　⑥ 将第 6 张幻灯片拆分为 4 张标题相同、内容分别为 1. ~4.四点表现的幻灯片。

　　⑦ 将第 11 张幻灯片中的文本内容转换为"表层次结构"SmartArt 图形。适当更改其颜色、样式，设置二、三级文本的文字方向；为 SmartArt 图形添加动画效果，令 SmartArt 图形伴随着"风铃"声逐

个"弹跳"式进入；将幻灯片左侧的红色文本作为该张幻灯片的备注文字。

⑧ 除标题幻灯片外，其他幻灯片均包含幻灯片编号和内容为"儿童孤独症的干预与治疗"的页脚。

⑨ 将"结束片.pptx"中的幻灯片作为 PPT.pptx 文件的最后一张幻灯片，并保留源格式。

⑩ 为所有的其他幻灯片均应用切换效果。将幻灯片中所有中文字体设置为"微软雅黑"。

12.5.2　操作步骤

① 打开文档 PPT.pptx，在左侧幻灯片缩略图窗格中，单击第 1 张幻灯片上方的位置，单击"开始"→"幻灯片"组中"新建幻灯片"按钮，从下拉列表中选择一种合适的版式，如"标题幻灯片"，则新建了一张这种版式的幻灯片。在新的幻灯片的"标题"占位符中复制、粘贴文本文件"1–3 张素材.txt"中的"儿童孤独症的干预与治疗"；在副标题占位符中复制、粘贴文本文件中的"2016 年 2 月"。

② 具体操作步骤如下：

a. 选中任意一张幻灯片，单击"设计"→"主题"组右下角"其他"按钮，展开列表，然后选择列表中的"浏览主题"，在弹出的"选择主题或主题文档"对话框中定位到"聚合 1.thmx"所在目录并选择该文件，单击"应用"按钮。

b. 单击"视图"→"母版视图"组中"幻灯片母版"按钮，在幻灯片母版视图中，单击选中左侧幻灯片缩略图的第一张幻灯片母版。然后单击"插入"→"图像"组中"图片"按钮。定位到素材图片 logo.png 并将图片插入幻灯片母版中。拖动插入图片，将它移动到幻灯片母版的右上角。

c. 选中插入的图片，在"格式"→"图片样式"组中，任选一种样式，例如"金属椭圆"。单击"调整"组中"颜色"按钮，从下拉列表中任选一种颜色，如"褐色"。右击图片，在弹出的快捷菜单中选择"置于底层"→"置于底层"命令。

d. 选中图片，按【Ctrl+C】键复制。然后依次检查每个版式中的右上角是否已有了图片。如果没有，按【Ctrl+V】键粘贴，确保所有版式的右上角都有一张相同内容的剪贴画图片，并都被"置于底层"。单击"关闭母版视图"按钮，切换回普通视图。

③ 具体操作步骤如下：

a. 选中第 1 张幻灯片，单击"开始"→"幻灯片"组中"版式"按钮，从下拉列表中选择"标题幻灯片"。

b. 选中标题，选择"动画"→"动画"组中"飞入"命令。

c. 选中副标题，选择该分组的任意一种进入动画效果，例如"劈裂"。

d. 选中标题，单击"动画"→"高级动画"组中"添加动画"按钮，从下拉列表中选择"退出"中的"飞出"。

e. 选中副标题，单击"动画"→"高级动画"组中"添加动画"按钮，从下拉列表中选择"退出"中的任意一种效果，如"浮出"。

f. 单击"高级动画"组中"动画窗格"按钮，打开"动画窗格"任务窗格，可见窗格中有 4 项动画，前 2 项为进入动画，后 2 项为退出动画。

- 单击选中第 1 项动画。在"动画"选项卡"计时"工具组中，"开始"设置为"单击时"。
- 单击选中第 2 项动画，按住【Shift】键同时单击第 4 项动画，同时选中第 2~4 项动画。在"动画"选项卡"计时"工具组中设置"开始"为"上一动画之后"。
- 单击选中第 2 项动画在"计时"工具组的"延迟"中设置为"03.00"。

- 单击选中第 3 项动画在"计时"工具组的"延迟"中设置为"05.00"。
- 单击选中第 4 项动画在"计时"工具组的"延迟"中设置为"03.00"。

④　具体操作步骤如下：

a. 选中第 1 张幻灯片单击"开始"→"幻灯片"组中"新建幻灯片"按钮。从下拉列表中选择"图片与标题"命令，则在第 1 张幻灯片之后新建了一张这种版式的幻灯片。然后在幻灯片的标题中粘贴文本文件"1–3 张素材.txt"中的文本"目录"。

b. 单击幻灯片上的"插入来自文件的图片"占位符图标，在弹出的对话框中选择图片"pic1.jpg"，单击"插入"按钮。

c. 在幻灯片的"单击此处添加文本"的占位符中粘贴"基本介绍—疾病预防"7 段文字，并删除文字前面的空格。

d. 选中这 7 段文字，单击"开始"→"段落"组中"编号"按钮的右侧向下箭头，从该下拉列表中选择"1.、2.、3."的编号。

e. 右击文本框，在弹出的快捷菜单中选择"设置形状格式"命令。在弹出的"设置形状格式"对话框中，选择"大小与属性"，在"文本框"下方单击"分栏"按钮。在弹出的"分栏"对话框中，设置"数字"为"2"，单击"确定"按钮。

f. 选中文本框中的文字，在"开始"→"字体"组中适当增大字号，例如设置"字号"为"14"磅。

g. 在设置超链接之前，首先创建第 3 张幻灯片。在第 2 张幻灯片之后，新建一张幻灯片，版式为"两栏内容"。在这张幻灯片的标题中粘贴文本文件"1–3 张素材.txt"中的"基本介绍"。先保持第 3 张幻灯片的内容为空白，稍后再添加内容。

h. 切换到第 2 张幻灯片，选中文字"基本介绍"，单击"插入"→"链接"组中"超链接"按钮，在弹出的"插入超链接"对话框中，左侧选择"本文档中的位置"，右侧选择"3.基本介绍"，单击"确定"按钮。这样文字"基本介绍"就链接到了第 3 张幻灯片。同样的方法，依次选中"患病概率"等文字，插入超链接将它们分别链接到第 4~9 张幻灯片中。

⑤　将第 3 张幻灯片的版式设为"两栏内容"，依次单击"设计"、"设置背景格式"和"图片或纹理填充"，在"纹理"下拉列表中选择"羊皮纸"填充；在右侧的文本框中插入一个表格，将"基本信息（见表）"下方的 5 行 2 列文本移动到表格中，并根据内容适当调整表格大小。

⑥　复制第 6 张幻灯片粘贴幻灯片 3 次，删除多余内容使 6、7、8、9 成为标题相同、内容分别为1.~4.四点表现的幻灯片。

⑦　具体操作步骤如下：

a. 切换到第 11 张幻灯片，选中文本框中的所有内容。单击"开始"→"段落"组中"转换为 SmartArt 图形"按钮，在弹出的对话框中选择"层次结构"中的"表层次结构"，单击"确定"按钮，则这 5 段标题文字被转换为了 SmartArt 图形。

b. 单击"设计"→"更改颜色"按钮，从下拉列表中选择非默认颜色的任意一种颜色，如"彩色范围–强调文字颜色 2 至 3"。再从该工具组的"SmartArt 样式"列表中选择非"简单填充"的任意一种样式，如"细微效果"。适当选中 SmartArt 图形中的一些元素，单击"开始"→"段落"组中"文字方向"按钮，从下拉列表中选择合适的文字方向，如"竖排"。

c. 选中整个 SmartArt 图形。单击"动画"→"动画"组中"动画样式"窗格右下角的下箭头按钮，展开所有动画样式。从中选择"弹跳"。再单击该工具组的"效果选项"按钮，从下拉菜单中选择"逐个"。再单击该组右下角的"对话框启动器"按钮，在弹出的对话框中，切换到"效果"选项卡，设置"声音"为"风铃"，单击"确定"按钮。

d. 选中左侧的所有红色文字，按【Ctrl+X】键剪切；然后在本幻灯片的备注窗格中，按【Ctrl+V】键粘贴。单击左侧原备注内容的文本框边框选中它，按【Ctrl+X】键删除该文本框。

⑧ 单击"插入"→"文本"组中"页眉和页脚"按钮，在弹出的对话框中选中"幻灯片编号"、"页脚"和"标题幻灯片中不显示"复选框，并在"页脚"下面的文本框中输入"儿童孤独症的干预治疗"，单击"全部应用"按钮。

⑨ 具体操作步骤如下：

a. 将光标置于最后一张幻灯片之后，选择"开始"→"幻灯片"组中"新建幻灯片"→"重用幻灯片"命令，在"重用幻灯片"窗格中，浏览文件，选择"结束语. pptx"文件，单击"打开"按钮。

b. 此时在"重用幻灯片"窗格中出现一张幻灯片，选中底部"保留源格式"复选框，单击幻灯片以插入到 PPT. pptx 演示文稿中，"关闭"窗格。

⑩ 具体操作步骤如下：

a. 单击"切换"→"切换到此幻灯片"组中"其他"按钮，任意选择切换效果，在"计时"组中单击"应用到全部"。

b. 单击"开始"→"编辑"组中"替换"按钮的右侧向下箭头，从下拉菜单中选择"替换字体"。在打开的"替换字体"对话框中，设置"替换"下拉列表为中文字体"幼圆"，设置"替换为"下拉列表为"微软雅黑"，单击"替换"按钮。单击"关闭"按钮关闭对话框。保存并关闭演示文稿。

课后习题 12

一、思考题

1. 动画设置中"进入"、"强调"和"退出"分别表示什么意思？

2. 如何为一个对象添加多个动画效果？

3. 如何给对象添加到某幻灯片的超链接？

二、操作题

① 打开 PPT.pptx。

② 将 Word 文档"PPT 素材.docx"中的内容导入 PPT.pptx 中，初始生成 13 张幻灯片，要求不包含原素材中的任何格式，对应关系如下：

Word 文本颜色	对应 PPT 内容	Word 文本颜色	对应 PPT 内容
红色	标题	绿色	第二级文本
蓝色	第一级文本	黑色	备注文本

③ 创建一个名为"环境保护"的幻灯片母版，对该幻灯片母版进行下列设计：

a. 仅保留"标题幻灯片"、"标题和内容"、"节标题"、"空白"、"标题和竖排文字"和"竖排标题和文本"6 个默认版式。

　　b. 在最下面增加一个名为"标题和 SmartArt 图形"的新版式，并在标题占位符下方添加 SmartArt 占位符。

　　c. 设置幻灯片中所有中文字体为"微软雅黑"、西文字体为 Calibri。

　　d. 将所有幻灯片中一级文本的颜色设为标准蓝色、项目符号替换为图片 Bullet.png。

　　e. 将图片 Background.jpg 作为"标题幻灯片"版式的背景、透明度为 65%。

　　f. 设置除标题幻灯片外其他版式的背景为渐变填充"顶部聚光灯-个性色 5"；插入图片 Pic.jpg，设置该图片背景色透明，并对齐幻灯片的右侧和下部，将图片置于底层，不要遮挡其他内容。

　　g. 为演示文稿 PPT.pptx 应用新建的设计主题"环境保护"。

　　④ 为第 1 张幻灯片应用"标题幻灯片"版式。为其中的标题和副标题分别指定动画效果，其顺序为：单击时标题在 5 秒内自左上部飞入、同时副标题以相同的速度自右下部飞入，4 秒后标题与副标题同时自动在 3 秒内沿原方向飞出。

　　⑤ 将"PPT 素材.docx"素材中的黑色文本作为标题幻灯片的备注内容，在备注文字下方添加图片 Remark.png，并适当调整其大小。

　　⑥ 将第 3 张幻灯片中的文本转换为高 5 厘米、宽 25 厘米的艺术字，设置其艺术字样式为"填充-金色，着色 4，软棱台"，文本效果转换为"朝鲜鼓"，且位于幻灯片的正中间。

　　⑦ 将第 5 张幻灯片的版式设为"节标题"；在其中的文本框中创建目录，内容分别为第 6、7、8 张幻灯片的标题，并令其分别链接到相应的幻灯片。

　　⑧ 将第 9、10 张幻灯片合并为一张，并应用版式"标题和 SmartArt 图形"；将合并后的文本转换为"垂直块列表"布局的 SmartArt 图形，适当调整其颜色和样式，并为其添加任一动画效果。

　　⑨ 将第 10 张幻灯片的版式设为"标题和竖排文字"，并令文本在文本框中左对齐。为最后一张幻灯片应用"空白"版式，将其中包含联系方式的文本框左右居中，并为该文本框设置动画效果，令其按第二级段落"按字母"弹跳式进入幻灯片。

　　⑩ 将第 5～8 张幻灯片组织为一节，节名为"参赛条件"，为该节应用自定义设计主题"暗香扑面 1.thmx"。为演示文稿不同的节应用不同的切换方式，所有幻灯片均每隔 5 秒自动换片。

　　⑪ 设置演示文稿由观众自行浏览且自动循环播放。

第13章

放映与发布演示文稿

制作演示文稿的最终目的是为了放映。在演示文稿制作完毕后，可以根据演示文稿的用途、环境和受众需求，选择不同的放映形式或输出方式。

13.1 放映演示文稿

扫一扫

放映演示文稿

13.1.1 幻灯片放映控制

在不同的场合、不同需求情况下，演示文稿需要有不同的放映方式，可以通过设置放映方式进行设置。切换到"幻灯片放映"选项卡，如图 13-1 所示。

图 13-1 "幻灯片放映"选项卡

单击"设置"组中的"设置幻灯片放映"按钮，弹出图 13-2 所示的对话框，根据不同的需要采用不同的方式来放映演示文稿，也可以自定义放映。

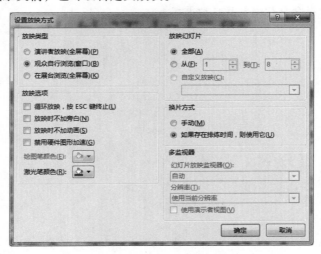

图 13-2 "设置放映方式"对话框

1．放映类型

（1）演讲者放映（全屏幕）

这种放映类型也称手动放映，是最常用的一种放映方式，放映过程中，演示文稿的内容以全屏的模式进行展示，幻灯片的切换等操作需要演讲者手动进行控制。这种放映方式适合会议或教学的场合。

（2）观众自行浏览（窗口）

此放映方式使用于小规模的演示，幻灯片显示在小窗口内，该窗口提供相应的操作命令，允许移动、复制、编辑和打印幻灯片。通过该窗口中的滚动条，可以从一张幻灯片自动到另一张幻灯片，同时还可以打开其他应用程序。

（3）在展台浏览（全屏幕）

这种放映类型也称自动放映，一般用于公共场合无人看管的设备上，此放映方式可以自动放映演示文稿，不需要人工控制，大多采用自动循环放映。自动放映也可以用于广播式的讲解场合，提前录制播放音频，放映过程中，将随着幻灯片的播放，自动讲解幻灯片的内容。

2．放映选项

（1）循环放映，按 ESC 键终止

表示当放映完最后一张幻灯片后，再次切换到第一张幻灯片继续进行放映，若要退出，可按 ESC 键。一般自动放映模式下，要选中此选项。

（2）放映时不加旁白

表示放映幻灯片时，自动隐藏伴随幻灯片的旁白，但不删除旁白。

（3）放映时不加动画

表示放映幻灯片时，将隐藏幻灯片上对象的动画效果，但不删除动画效果。

（4）禁用硬件图形加速

表示不需要为了让图形加速显示而启用硬件图形加速功能，一般在配置较低的计算机中设置该选项。

3．设置幻灯片的放映范围

在图 13-2 中，"放映幻灯片"区域，如果选择"全部"单选按钮，则放映演示文稿中的所有幻灯片；如果选择"从"单选按钮，则可以在"从"和"到"数值框中指定放映的幻灯片的起始和结束幻灯片编号；如果要进行自定义放映，则可以选择"自定义放映"单选按钮，然后在下拉列表中选择已创建的自定义放映的名称。

13.1.2　应用排练计时

演示文稿的播放，大多数情况是由用户手动操作控制播放。如果要让其自动播放，需要进行排练计时。在 PowerPoint 2016 中，提供了排练计时的功能，其作用是用来记录每张幻灯片的放映时间，供自动放映时使用。

单击"设置"组中的"排练计时"按钮，弹出如图 13-3 所示的"录制"对话框，在该对话框中有时间记录器，第一个时间是用来记录当前幻灯片的放映时间，第二个时间是用来记录幻灯片播放的总时间。单击"向前箭头"即可进入下一张幻灯片进行计时。放映到最后一张幻灯片时，屏幕上会显示一个确认的消息框，如图 13-4 所示，单击"是"按钮，演示文稿将记录排练时间。排练结束后，切换到"幻灯片浏览"视图下，可以看到每张幻灯片的播放时间。

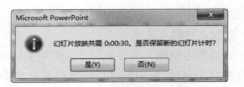

图 13-3 "录制"对话框　　　　　　　图 13-4 确认排练时间对话框

13.1.3 录制语音旁白和墨迹

使用"录制幻灯片演示"命令，可以录制包括幻灯片播放和旁白，幻灯片播放即正常的翻页与动画等操作，旁白即演讲者的讲解音频及激光笔等墨迹注释，可以通过该操作实现由演示文稿到相关内容视频文件的快速转化，是一种比较方便高效的教学视频生成方法。

在"幻灯片放映"选项卡的"录制幻灯片演示"下拉菜单中有"从头开始录制"和"从当前幻灯片开始录制"两个选项，如图 13-5 所示。选择"从头开始录制"命令，将从幻灯片第 1 页开始录制；选择"从当前幻灯片开始录制"命令，将从当前页开始。一般，第一次录制整个演示文稿时会选择"从头开始录制"命令，从第 1 页开始进行录制，全部录制结束后，如果需要对某些幻灯片的录制进行修改，可以选择"从当前幻灯片开始录制"命令，这样能覆盖前一次录制中当前幻灯片的录制内容。

选择"从头开始录制"命令或"从当前幻灯片开始录制"命令后，将弹出提示框，询问需要录制的内容，包括"幻灯片和动画计时"与"旁白、墨迹和激光笔"，默认都是选中的。正常情况下，这两个复选框都选中，这样既能录制幻灯片播放演示，又能录制旁白音频和墨迹等，以确保所有演示操作都能正常被录制下来。

单击"开始录制"按钮后即可开始录制当前演示文稿。如图 13-6 所示，其中的 3 个按钮分别为"转到下一张"、"暂停录制"和"重新录制"。翻页除了使用"转到下一张"按钮外，还可以使用键盘方向键【↓】、空格键，也可以使用鼠标滚轮向下滚动，还可以在文稿的右键快捷菜单中选择"下一张"命令，翻页过程与正常文稿放映时操作相同。暂停录制也可以在右键快捷菜单中选择"暂停录制"命令。结束录制有两种方式：正常情况下，当演示文稿录制到最后一张幻灯片结束后，会自动结束录制；如果在录制过程中需要结束，可以单击"录制"工具栏左上角的"关闭"按钮。

图 13-5 录制幻灯片演示　　　　　　　图 13-6 录制

录制结束后，在每张幻灯片的右下角，会出现一个喇叭标志，这表示旁白已被正常录制下来。在录制过程中，如果需要进行指示，可以在右键快捷菜单选择使用激光指针、笔、荧光笔等。这样，在播放过程中，所有的操作都会以墨迹的方式被播放出来。此时保存的.pptx 文件，与正常制作的演示文稿无区别，仅在播放时可以显示录制内容，可以导出文稿为视频文件，视频能完整记录所有录制操作，详细步骤参考 13.2.1。

13.1.4　自定义放映方案

自定义放映是指可以对演示文稿中的幻灯片进行选择性放映，创建过程如下：

单击"幻灯片放映"→"开始放映幻灯片"组中"自定义幻灯片放映"下拉按钮，在下拉列表中选择"自定义放映"命令，弹出如图 13-7 所示的对话框。

单击"新建"按钮，弹出"定义自定义放映"对话框，如图 13-8 所示。在对话框的左边列出了演示文稿中包含的所有幻灯片序号和标题。

图 13-7　"自定义放映"对话框

图 13-8　"定义自定义放映"对话框

选择要添加到自定义放映的幻灯片后，单击"添加"按钮，这时选定的幻灯片就出现在右边列表框中。当右边列表框中出现多个幻灯片时，可以通过右侧的上、下箭头按钮调整顺序，也可以通过删除按钮将其移除。在"自定义放映名称"文本框中输入幻灯片放映名称，单击"确定"按钮即可完成设置。

添加了自定义放映后，当放映演示文稿时，单击"幻灯片放映"→"开始放映幻灯片"组中"自定义幻灯片放映"下拉菜单就可以看到已添加的自定义放映，通过单击就可以启动选中的自定义放映，也可以通过图 13-2 所示的"设置放映方式"对话框中的"自定义放映"来指定使用已添加的自定义放映，指定后进行演示文稿的放映时就会按自定义方式进行文稿的放映。

13.2　演示文稿的发布

制作完成的演示文稿可以直接在安装有 PowerPoint 应用程序的环境下演示。如果计算机上没有安装 PowerPoint 应用程序，演示文稿文件就不能直接播放。为了解决演示文稿的共享问题，PowerPoint 提供了多种输出方式，可以将其发布或转换为其他格式的文件，也可以将其打包到文件夹或 CD，甚至可以把 PowerPoint 播放器和演示文稿一起打包。这样，即使没有安装 PowerPoint 应用程序的计算机，也可以正常放映演示文稿。

扫一扫

演示文稿的发布
和打印

13.2.1　发布为视频文件

在 PowerPoint 2016 中，可以把演示文稿导出为直接播放的视频，这样可以确保演示文稿中的动画、旁白和多媒体内容顺畅播放，即使观看者的计算机没有安装 PowerPoint 应用程序，也能观看。演示文稿转换为视频的具体操作步骤如下：

① 选择"文件"→"导出"→"创建视频"命令，如图 13-9 所示。

② 在右侧的下拉列表中分别设置输出视频的质量、视频中是使用计时和旁白及每张幻灯片的放映秒数。

可以根据需要进行视频质量、放映时间的调整。单击"创建视频"按钮，弹出"另存为"对话框，设置好文件名和保存位置，然后单击"保存"按钮，即可生成视频文件。创建视频需要较长时间，这取决于视频长度和演示文稿的复杂度。生成视频也可以直接通过选择"文件"→"另存为"命令实现。只要在保存类型中选择需要的视频文件格式即可。

图 13-9　创建视频

13.2.2　转换为直接放映格式

可以把演示文稿转换为直接放映格式，以便于文稿在没有安装 PowerPoint 应用程序的计算机上放映。选择"导出"→"更改文件类型"→"PowerPoint 放映（*.ppsx）自动以幻灯片放映形式打开"命令，如图 13-10 所示，单击"另存为"按钮，设置好保存位置和文件名就可以生成直接放映格式的文件了。

图 13-10　转换为直接放映格式

13.2.3　打包为 CD

为了便于在未安装 PowerPoint 应用程序的计算机上播放演示文稿，还可以把演示文稿打包输出，包括所有链接的外部文档，以及 PowerPoint 播放程序，刻录到 CD 光盘后，可以通过光驱自动播放。具体操作步骤如下：

① 将空白可写的 CD 放入刻录光驱。选择"文件"→"导出"→"将演示文稿打包成 CD"命令，如图 13-11 所示，单击"打包成 CD"按钮，弹出如图 13-12 所示的对话框。

若要添加其他演示文稿或其他不能自动包含的文件，可以单击"添加"按钮。默认情况下，演示文稿被设置为按照"要复制的文件"列表框中的顺序进行播放，若要更改播放顺序，可以选择一个演示文稿，然后通过向上和向下箭头按钮，将其移动到列表中的新位置。若要删除演示文稿，选中后单击"删除"按钮。输入文件名并设置完成后，单击"复制到 CD"按钮，即可将演示文稿刻录到 CD 中。

图 13-11　"将演示文稿打包成 CD"

图 13-12　"打包成 CD"对话框

13.2.4　转换为 PDF 文件

将演示文稿保存为 PDF 文件时，将会冻结格式和布局，可以很好地确保文件格式和布局在不同计算机中保持不变。用户即使没有安装 PowerPoint 应用程序也可以查看幻灯片，但不可以对其进行更改。

选择"文件"→"导出"→"创建 PDF/XPS 文档"命令，在"发布为 PDF 或 XPS"框中，选择要保存该文件的位置及文件名。单击"选项"按钮，可以在打开的"选项"对话框中设置转换幻灯片范围、发布选项、包含信息等，单击"发布"按钮，即可生成相应的 PDF 文件。

13.3　打印演示文稿

在 PowerPoint 2016 中，演示文稿制作好以后，不仅可以在计算机上展示最终效果，还可以将演示文稿打印出来长期保存。

单击"文件"→"打印"按钮，就可以对演示文稿的打印进行设置，如图 13-13 所示。可以设置打印份数、打印范围、打印内容及排列形式、颜色设定等。单击"打印全部幻灯片"下拉菜单，可以设置要打印的幻灯片范围，可以选择整个文稿、当前幻灯片、自定义范围等，或者可以选择按已添加的"自定义放映"形式来打印。单击"整页幻灯片"将会展开"打印版式"对话框，如图 13-14 所示，在该对话框中可以设置打印版式、布局形式、是否加框、打印批注、打印墨迹等。

图 13-13　打印

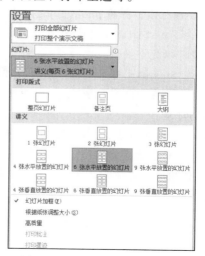

图 13-14　"打印版式"对话框

课后习题 13

一、思考题

1. 如何实现只放映演示文稿的部分幻灯片？
2. 如何为幻灯片添加不同时间长度的放映？
3. 如何实现将演示文稿转换为可以直接放映的文件？

二、操作题

1. 打开演示文稿"圆明园.pptx"进行以下设置：

① 为所有幻灯片设置自动换片，换片时间为 5 秒。

② 为除首张幻灯片之外的幻灯片添加编号，编号从 1 开始。

③ 设置打印内容为"讲义"、"2 张幻灯片"、幻灯片加边框。

④ 生成自动放映文件"圆明园.ppsx"。

⑤ 为文稿添加密码"123456"。

2. 校摄影社团在今年的摄影比赛结束后，希望可以借助 PowerPoint 将优秀作品在社团活动中进行展示。优秀的摄影作品保存在"操作题 2"文件夹中，并以 photr(1).jpg ~ photr(12).jpg 命名。按照如下需求在 PowerPoint 中完成制作工作：

① 利用 PowerPoint 应用程序创建一个相册，并包含 photr(1).jpg ~ photr(12).jpg 共 12 幅摄影作品。在每张幻灯片中包含 4 张图片，并将每张图片设置为"居中矩形阴影"相框形状。

② 设置相册主题为"操作题 2"文件夹中的"相册主题.pptx"样式。

③ 为相册中每张幻灯片设置不同的切换效果。

④ 在标题幻灯片后插入一张新的幻灯片，将该幻灯片设置为"标题和内容"版式。在该幻灯片的标题位置输入"摄影社团优秀作品赏析"；并在该幻灯片的内容文本框中输入 3 行文字，分别为"湖光春色"、"冰消雪融"和"田园风光"。

⑤ 将"湖光春色"、"冰消雪融"和"田园风光" 3 行文字转换为样式为"蛇形图片题注列表"的 SmartArt 对象，并将 photr(1).jpg、photr(6).jpg 和 photr(9).jpg 定义为该 SmartArt 对象的显示图片。

⑥ 为 SmartArt 对象添加自左至右的"擦除"进入动画效果，并要求在幻灯片放映时该 SmartArt 对象元素可以逐个显示。

⑦ 在 SmartArt 对象元素中添加幻灯片跳转链接，使得单击"湖光春色"标注形状可跳转至第 3 张幻灯片，单击"冰消雪融"标注形状可跳转至第 4 张幻灯片，单击"田园风光"标注形状可跳转至第 5 张幻灯片。

⑧ 将"操作题 2"文件夹中的"ELPHRG01.wav"声音文件作为该相册的背景音乐，并在幻灯片放映时即开始播放。

⑨ 该相册以文件名"作品.pptx"进行保存。